Berechnung und Verhalten von Wasserrohrkesseln

Ein graphisches Verfahren
zum raschen Berechnen von Dampfkesseln nebst einer
Untersuchung über ihr Verhalten im Betriebe

von

Friedrich Münzinger

Mit 127 Abbildungen und 6 Zahlentafeln im Text
sowie 20 Kurventafeln in der Mappe

Springer-Verlag Berlin Heidelberg GmbH 1929

ISBN 978-3-662-27802-4   ISBN 978-3-662-29302-7 (eBook)
DOI 10.1007/978-3-662-29302-7

Vorwort.

Der Wasserrohrkesselbau hat in den letzten 15 Jahren eine so stürmische Entwicklung durchgemacht, daß, wer sie· nicht miterlebte, sich nur schwer vorstellen kann, wieviel Kopfzerbrechen noch vor kurzer Zeit heute selbstverständliche Dinge verursachten. Als um das Jahr 1910 herum Steilrohrkessel aufkamen und man zu größeren Kettenrosten überging, waren besonders zwei Punkte unklar: die zweckmäßigste Gestaltung des Feuerraumes und der Wasserumlauf. Ich bekam diesen Übelstand gleich beim Bau der ersten großen Kesselanlage, für die ich verantwortlich war, schwer zu fühlen. Ihre 64 Kessel waren nach 8 verschiedenen „Systemen" gebaut, und es galt, sich in dem Wust einander widersprechender, von den Firmen mit großer Bestimmtheit vertretener Ansichten über den Einfluß von Rohrlänge, -anordnung, -durchmesser und -form ein eigenes Urteil zu bilden. Da man den Wasserumlauf damals (1915) noch nicht rechnerisch verfolgen konnte und fast keine Erfahrungen vorlagen, war das „konstruktive Gefühl" die einzige Hilfe. Dieser höchst unerwünschte Zustand veranlaßte mich, eine Theorie des Wasserumlaufes[a]* aufzustellen.

Etwa gleichzeitig machte die feuerfeste Einmauerung und das Durchbrennen von Wasserrohren solche Schwierigkeiten, daß ich aus einer ähnlichen Zwangslage heraus ein rechnerisch-graphisches Verfahren zum Untersuchen der Vorgänge in Feuerräumen[b] entwickelte und mit seiner Hilfe eine andere Formgebung schon zu einer Zeit empfahl, als noch starr an den engen backofenartigen Verbrennungskammern festgehalten wurde.

Beide Verfahren haben mich in der Folge vor vielen Enttäuschungen geschützt.

Auch das in diesem Buch beschriebene Rechnungsverfahren entstand unter dem Zwang der Not. Das Auftauchen der Staubfeuerungen und anderer Neuheiten, wie hoher Luft- und Speisewasservorwärmung, Auskleidung des Feuerraumes mit Kühlflächen, Verwendung von Turbinenanzapfdampf zum Erwärmen des Speisewassers, Übergang zu hohen Dampfdrücken usw., hat die Bemessung von Dampfkesseln ungleich schwieriger gemacht als in früheren Zeiten. Wohl gibt es außer Faustformeln und Erfahrungswerten auf exakten Untersuchungen beruhende Formeln für die Wärmeübertragung usw. Sie eignen sich aber, ähnlich wie die ausgezeichneten Untersuchungen der Vorgänge in Feuerräumen von Professor Wohlenberg infolge ihres verwickelten Aufbaues und weil sie Vertrautsein mit einer Reihe wenig geläufiger Größen verlangen, nicht für den täglichen Gebrauch. Denn bei sehr vielen Kesselberechnungen handelt es sich nicht um die einmalige Lösung weniger Gleichungen, sondern um das Finden eines brauchbaren Kompromisses durch wiederholtes probeweises Ändern oft mehrerer Ausgangswerte, wodurch die Rechnungen überaus zeitraubend und unübersichtlich werden.

Ich habe daher in den letzten 3 Jahren ein neuartiges Verfahren ausgearbeitet, das mit Hilfe von Kurventafeln selbst sehr verwickelte Zusammenhänge schnell zu klären gestattet. Die Schwierigkeit, auch Überhitzer und Ekonomiser organisch in das Verfahren einzugliedern (ihre Größe hängt u. a. vom Kesselwirkungsgrad und der Erzeugungswärme ab, die unter sonst gleichen Verhältnissen, z. B. gleicher Überhitzung und

---

[a] *14, 15*, S. 64.   [b] *15*, S. 4.
* Die Ziffern in den Fußnoten beziehen sich auf die Nummernfolge des Literaturverzeichnisses S. 124.

gleicher Dampferzeugung, sehr verschieden sein können), wurde durch Einführen der Verdampfungsziffer in die betreffenden Kurventafeln überwunden.

Wenngleich das neue Verfahren ein wesentlicher Fortschritt ist, so ist es doch voraussichtlich noch verbesserungsfähig. Ich habe daher geschwankt, ob ich vor seiner Veröffentlichung nicht durch langen Gebrauch im eigenen Bureau weitere Vervollkommnungen versuchen soll, bin aber zur Überzeugung gekommen, daß die geeignetste Form am schnellsten gefunden wird, wenn weite Kreise Gelegenheit haben, es selber zu erproben. Für Verbesserungsvorschläge und den Hinweis auf etwaige Fehler wäre ich daher zu großem Danke verpflichtet.

Ich möchte hier aber gleichzeitig auf die Grenzen hinweisen, die ihm wie ähnlichen Verfahren infolge der beschränkten Genauigkeit der benutzten Ausgangswerte und dadurch gezogen sind, daß ein verwickelter Vorgang, bei dem sich oft zahlreiche Einflüsse überdecken und aufheben, durch starre mathematische Formeln erfaßt werden muß. Die Schwierigkeit der rechnerischen Erfassung liegt daher öfter weniger in der eigentlichen mathematischen Behandlung als in der richtigen Formulierung ihrer Voraussetzungen.

Vorgänge in Dampfkesseln können rechnerisch nicht so zuverlässig verfolgt werden wie etwa elektrische. Zudem sind manche Erscheinungen, wie z. B. die Strahlung in Feuerräumen, noch wenig erforscht. Während aber die hierdurch bedingten Mängel mit zunehmender wissenschaftlicher Erkenntnis immer mehr verschwinden, wird die Schwierigkeit der Anwendung starrer Formeln auf die zahllosen, mathematisch kaum faßbaren Ausführungsformen wohl immer bleiben. Man bedenke z. B. welch verwickelte Gestalt viele Feuerräume haben und wie verschieden die Wärme in ihnen entbunden wird, je nachdem ob alle Verbrennungsluft zusammen mit dem Kohlenstaub eingeblasen oder allmählich zugeführt wird und ob die Verbrennung in gegeneinander blasenden Wirbelbrennern oder in U-förmiger, fast wirbelfreier Flamme erfolgt.

Auch das neue Verfahren kann daher nur eines der zahlreichen Hilfsmittel sein, deren sich der Ingenieur bedienen muß, um zum Ziele zu kommen. Ingenieurtätigkeit ist eben keine Wissenschaft wie Mathematik und kann die ihr gestellten Aufgaben nicht lediglich durch Berechnung lösen. Insbesondere kann auch das beste Rechenverfahren Mangel an konstruktivem Geschick wohl mildern, aber nicht ersetzen. Beim Entwerfen von Maschinen wird daher der „geborene Konstrukteur" ohne tiefere wissenschaftliche Bildung einem vorzüglichen, aber konstruktiv nicht veranlagten Theoretiker immer überlegen sein. Aber je verwickelter eine Maschine und je schärfer der Konkurrenzkampf wird, um so weniger kann auch der beste Konstrukteur ohne zuverlässige Vorausberechnung auskommen, wenn er aus seinen Schöpfungen das Letzte herausholen will. Hat ein Ingenieur außer gutem wissenschaftlichen Rüstzeug noch jene seltene Gabe, die man wohl am besten mit konstruktivem Gefühl und gesundem Menschenverstand bezeichnen kann, so wird er auch in verwickelten Fällen Theorie und Praxis richtig miteinander zu verbinden verstehen. Aber einen Kessel ohne dauernde Prüfung, wie die Rechnung mit der rauhen Wirklichkeit auf dem Zeichenbrett und in der Werkstätte zusammenpaßt, „berechnen" zu wollen, wäre ein Unding und spräche bei Fehlschlägen nicht gegen das benutzte Verfahren sondern seinen verfehlten Gebrauch.

Übrigens spielt bei sehr vielen Berechnungen von Dampfkesseln weniger große absolute Genauigkeit als der Umstand eine Rolle, daß die ermittelten Werte in ihrem Verhältnis zueinander richtig sind und daß etwaige Fehler in derselben Richtung liegen.

Der theoretische Teil des Buches wurde möglichst kurz, aber doch so ausführlich behandelt, als es zum Verständnis der verwickelten Vorgänge und zum richtigen Gebrauch der Rechentafeln nötig ist. Für Leser, die tiefer in die Materie eindringen wollen, ist der Literaturnachweis bestimmt.

Ich hatte ursprünglich vor, lediglich Entstehung und Gebrauch der Tafeln zu schildern, habe aber dann noch einen Abschnitt hinzugefügt, der zahlreiche, durchweg aus der Praxis stammende Fragen behandelt. Der Absicht, die Aufmerksamkeit des Lesers immer wieder auf wichtige, bisher wenig bekannte Zusammenhänge oder auf verbreitete Irrtümer zu lenken, ist es zuzuschreiben, daß manche Dinge wiederholt und in verschiedenen Abschnitten behandelt wurden. Graphischen Darstellungen wurde durchweg der Vorzug gegeben, weil ein Bild sich dem Gedächtnis besser einprägt und länger haftet als Worte.

Wenn ich weiter vorn das Erscheinen dieses Buches zum Anlaß einiger Ausführungen über Theorie und Praxis genommen habe, so möchte ich hier noch kurz auf eine interessante Erscheinung der letzten Jahre hinweisen, nämlich auf den zunehmenden Einfluß von Persönlichkeiten, die nicht aus dem Dampfkesselbau hervorgegangen, also keine „Spezialisten" sind, auf die Entwicklung dieses Zweiges der Technik. Er ist sowohl auf theoretisch-wissenschaftlichem als auch praktisch-konstruktivem Gebiet sehr stark und im Maschinenbau zur Zeit wohl einzig dastehend. Besonders infolge der Einführung der Kohlenstaubfeuerungen sind großenteils veranlaßt durch Nicht-Kesselbauer neue Maschinenelemente (wie z. B. wassergekühlte Feuerräume) und neue Bauformen (wie der Dampfgenerator) entstanden, zu denen sich in der letzten Zeit Dampferzeuger wie der Löfflerkessel und der Bensonkessel gesellten, deren Arbeitsweise und Aufbau grundsätzlich neu sind. Diese Vorgänge erinnern an die Zeit vor etwa 25 Jahren, als die ersten erfolgreichen Großgasmaschinen entstanden, und die Zukunft muß zeigen, ob der Einfluß von Außenseitern im Kesselbau ähnliche Fortschritte zeitigt wie seinerzeit bei den Gasmaschinen. Der „reine Spezialist" ist eben allzu leicht geneigt, gewisse Dinge, die er von Jugend auf kennt, als etwas Unabänderliches, gewissermaßen Sakrosanktes, anzusehen, die es durchaus nicht sind, und gerade ausgeprägte „Spezialisten" werden nicht selten dadurch von Fortschritten abgehalten, daß ihnen ihre vielseitigen Erfahrungen das Herausbringen von etwas grundsätzlich Neuem als ein zu großes Wagnis erscheinen lassen, während ein mit der Materie weniger vertrauter Ingenieur vor der Neuerung oft deshalb nicht zurückschreckt, weil er sich der damit verbundenen Gefahren unter Umständen gar nicht bewußt ist. Zweifellos ist der erstere Fall aber dem Fortschritt hinderlicher und sollte besonders für junge Ingenieure Veranlassung sein, sich unablässig zu bemühen, an eine Aufgabe möglichst voraussetzungslos heranzugehen und immer wieder zu prüfen, was an einer Sache wesentlich und unabänderlich ist und was nicht. Auch hierbei können ihm einfache und übersichtliche Berechnungsverfahren gute Dienste leisten.

Aber selbst innerhalb des Dampfkesselbaues kommt man heute ohne weitgehende Spezialisierung nicht mehr aus, weil er einen solchen Umfang erreicht hat, daß ein einzelner die Unsumme von Wissen und Erfahrung, ohne die ein geschäftlicher Erfolg unmöglich ist, nicht mehr in sich aufnehmen kann. Um so wichtiger ist es daher, bereits bei den Studierenden Verständnis für die großen Zusammenhänge zu erwecken und sie mit jenem lebendigen Geiste zu erfüllen, der allein die Gefahren weitgehender Spezialisierung vermeidet, nämlich das Unverständnis für fremde Bedürfnisse, das Unvermögen, Zufälliges von Grundsätzlichem zu unterscheiden und die Unfähigkeit oder Abneigung, die zum Erreichen eines großen gemeinsamen Zieles erforderlichen Konzessionen zu machen. Die unvermeidliche Spezialisierung ist ein deutliches Zeichen dafür wie eng heute der Wirkungskreis des einzelnen geworden ist und wie viele mit helfen müssen, um ein größeres Gebiet wissenschaftlich zu erschließen und umfassende Verbesserungen durchzuführen.

Der Dampfkesselbau könnte gefördert werden, wenn, wie ich dies schon im Jahre 1922 empfahl, sich unsere wissenschaftlichen Institute noch mehr mit Dampfkesseln beschäftigen und besonders die für die Praxis überaus wichtigen Vorgänge in Feuerräumen, z. B. auch mit Hilfe der von mir beschriebenen Wärmesonde [a] erforschen würden. Vor allem sollten einige Staubfeuerungen möglichst einfacher Form systematisch untersucht werden, weil anzunehmen ist, daß dann durch geeignete Rechenverfahren auch die Vorgänge in unregelmäßig gestalteten Feuerkammern auf einfache Weise genügend

---

16, S. 157.

genau erfaßt werden können. Jedenfalls eröffnet sich hier versuchstechnisch und mathematisch geschulten Ingenieuren ein lohnendes Betätigungsgebiet.

Herrn Professor Wohlenberg von der Yale Universität bin ich für seine wertvollen Auskünfte und dafür zu besonderem Dank verpflichtet, daß er mir mit großer Freundlichkeit einige Koeffizienten angab, die ich zum Aufzeichnen der die Vorgänge in Feuerräumen betreffenden, auf seinen Untersuchungen beruhenden Tafeln 17—20 brauchte.

Den Herren Dipl.-Ing. Andritzky, Pachmayr, Schmidt und Weidmann, die mich bei Durchführung der Berechnungen unterstützten, insbesondere aber Herrn Dipl.-Ing. Blümel, der mit vorbildlichem Eifer die immer wieder erforderlichen Änderungen durchführte, möchte ich auch an dieser Stelle meinen besten Dank aussprechen.

Der Verlagsbuchhandlung danke ich für die Bereitwilligkeit, mit der sie meine Wünsche erfüllte und die Sorgfalt, die sie der Ausstattung des Buches zuteil werden ließ. Leider haben die Kurventafeln das Buch recht verteuert, ich glaube aber, daß sich die Mehrausgabe lohnt, weil bei ihrem Abdruck im Text seine Brauchbarkeit gelitten hätte.

Zum Schluß möchte ich wünschen, daß das Buch zur Vertiefung der bildhaft klaren Vorstellung der Vorgänge in Dampfkesseln beiträgt und recht viele Ingenieure in einer ihrer wichtigsten Aufgaben unterstützt: im Ersatz von Vermutungen und dem Zufall unterworfener Schätzungen durch gesetzmäßige Erkenntnis und rechnerische Vorausbestimmung. Etwaige Unebenheiten und Lücken bitte ich mit dem Zwang, eine so zeitraubende Veröffentlichung neben einer angestrengten beruflichen Tätigkeit herauszubringen, zu entschuldigen.

Berlin, im Mai 1929.

Münzinger.

Inhaltsverzeichnis.

20 Tafeln lose in der Mappe.

Zur Beachtung.

Eine Zusammenstellung und Erklärung sämtlicher im Buch
und auf den Kurventafeln benutzter Buchstabenbezeichnungen
befindet sich auf den Seiten 120 bis 122.

I. Einleitung.

Infolge der schwierigen versuchstechnischen Klärung und rechnerischen Erfassung der Vorgänge bei der Verbrennung und der Wärmeübertragung von den Rauchgasen an die Heizfläche stößt die Berechnung von Feuerungen, Dampfkesseln, Überhitzern, Ekonomisern und Luftvorwärmern auch heute noch auf weit größere Schwierigkeiten als die vieler anderer Wärmekraftmaschinen.

Selbst die Vorgänge in einer einfachen mechanischen Feuerung sind so verwickelt, daß erst in den letzten Jahren ihre wissenschaftliche Klärung einen wesentlichen Schritt weitergekommen ist. Für die Praxis ist es aber von so großer Wichtigkeit, aus dem jetzigen Zustand roher Schätzungen und Faustformeln herauszukommen, daß heute mehr denn je zahlreiche namhafte Forscher auf diesem Gebiete intensiv arbeiten. Trotz dieser energischen Bemühungen wäre es optimistisch, zu hoffen, daß binnen kurzer Zeit Rechnungsverfahren gefunden werden, die ohne wärmetechnische Kenntnisse, gewissermaßen im Alltagsgebrauch, eine einfache, mühelose Vorausberechnung auch dem in solchen Arbeiten Ungeübten ermöglichen.

Die zuverlässige Vorausberechnung von Heizflächen leidet besonders unter dem fast völligen Mangel an genauen Rauchgastemperaturmessungen innerhalb der Kesselzüge. Es liegen zwar besonders aus den Jahren 1908—1912 einige Arbeiten vor, die zum Teil durch eine vorzügliche Übereinstimmung der von den Rauchgasen an eine bestimmte Heizfläche, z. B. den Überhitzer, abgegebenen mit der vom Dampf aufgenommenen Wärme überraschen. Es läßt sich aber heute leicht zeigen, daß hierbei fast stets entweder ein eigentümlicher Zufall oder vielleicht auch das „corriger la fortune" eine Rolle gespielt haben müssen.

Die Untersuchungen des Bayerischen Revisions-Vereins an Glattrohr-Ekonomisern aus dem Jahre 1913[a] zeigten meines Wissens zum ersten Male ungeschminkt die außerordentliche Schwierigkeit genauer Temperaturmessungen innerhalb der Heizfläche mittels einfacher Vorrichtungen. Derselbe Verein hat sich ein weiteres Verdienst dadurch erworben, daß er den Ursachen nachging und zahlenmäßig die selbst bei genauen Instrumenten und sorgsamer Versuchsdurchführung unvermeidlichen Fehler nachwies[b]. Abb. 1 stellt Meßergebnisse mit verschiedenen Thermometern dar und zeigt, welch große Fehlanzeigen selbst bei Durchflußpyrometern entstehen können, wenn die durchgesaugte Gasmenge zu klein oder der Rohrdurchmesser zu groß ist und nicht besonders weitgehender Strahlungsschutz vorgesehen wird[c]. Nicht nur der große Einfluß der Abstrahlung an die verhältnismäßig kalten Heizflächen fälscht die gemessenen Rauchgastemperaturen, sondern auch die ungleiche Verteilung der Temperatur, der Gasgeschwindigkeit und des CO_2-Gehaltes in einem bestimmten Rauchgasquerschnitt[d]. Während aber der mittlere CO_2-Gehalt selbst bei breiten Kesseln durch zahlreiche Entnahmestellen und Sammeln mehrstündiger Durchschnittsproben verhältnismäßig leicht genügend zuverlässig bestimmt werden kann, ist die Bestimmung der mittleren Temperatur, besonders im Gebiete hoher Temperaturen, außerordentlich schwierig. Die

---

[a] *43*, S. 52.
[b] *43*, S. 53, ferner *29, 23*, S. 273 u. *11*, S. 319.
[c] Nach *29*, S. 726.
[d] *14, 43*, S. 32, *33*, S. 166 u. *35*, S. 774.

Thermometer werden infolge ihrer Länge unhandlich und können kaum mehr als Absaugethermometer ausgeführt werden. Bau und Gebrauch von Thermoelementen mit elektrischer Kompensationsheizung stoßen auf noch größere Schwierigkeiten[a]. Jedenfalls ist bei breiten Kesseln lediglich die Messung richtiger Rauchgastemperaturen schon ein sehr verwickelter, große Mittel und Vorbereitungen verlangender Versuch und im Rahmen ,,normaler" Kesselversuche überhaupt nicht möglich. Wohl aber könnten sich die Laboratorien unserer technischen Lehranstalten ein großes Verdienst erwerben, wenn sie an einigen Kesseln solche Messungen durchführen und dadurch bessere Grundlagen für die genaue Ermittlung der Wärmedurchgangszahl schaffen würden.

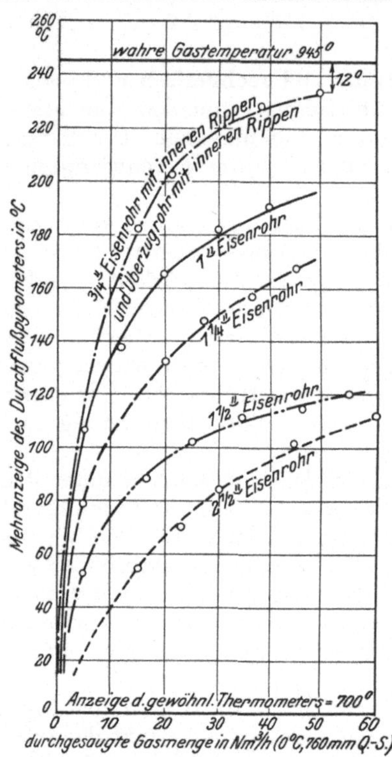

Abb. 1. Fehlanzeige von gewöhnlichen und von Durchflußpyrometern infolge von Strahlung.

Für die Bestimmung der Feuerraumtemperatur gilt Ähnliches. Bei einigermaßen großen Feuerräumen scheiden thermoelektrische Meßinstrumente mit Absaugung oder einer andern Kompensation aus, und man ist auf optische Pyrometer angewiesen, wobei gleichfalls wesentliche Fehler entstehen. Eine theoretisch einwandfreie, aber meines Wissens noch nicht erprobte Meßmethode haben Haslam und Hottel[b] angegeben. Übrigens ist der Begriff ,,Feuerraumtemperatur" meist sehr unklar, weil sie je nach der Lage der Meßstelle sehr verschieden ist. In dieser Arbeit wird mit ihr stets die mittlere Rauchgastemperatur am Eintritt in das Rohrbündel des eigentlichen Kessels gemeint.

Alles in allem sind die Verhältnisse also heute so, daß fast keine exakten, für zuverlässige Berechnungsverfahren brauchbaren Temperaturmessungen der Rauchgase an Betriebskesseln vorliegen und in naher Zeit auch schwerlich zu erwarten sind. Die Praxis behilft sich daher oft mit recht unzulänglichen Verfahren, die vielfach nicht mehr als Faustformeln sind. Eine einigermaßen zuverlässige Bestimmung des Einflusses von Änderungen an der einen oder andern Stelle auf das Verhalten eines Kessels ist zurzeit kaum möglich, und auch die erfahrensten und sorgsamsten Kesselfirmen erleiden daher immer wieder schwere Nackenschläge. Die paar dürftigen, richtigen Versuchsergebnisse sind für Rechnungen allgemeiner Art übrigens deshalb oft nicht brauchbar, weil je nach der Kesselbauart die Strömungsverhältnisse so verschiedenartig sein können, daß sie z. B. den Einfluß der Rohranordnung (versetzte oder fluchtende Rohre), der Gasströmung (senkrecht oder parallel zu den Rohren), der Gasgeschwindigkeit usw. vielfach völlig überdecken. Auch ein und dieselbe Kesselbauart, wie z. B. ein Schrägrohrkessel, kann je nach Rohrlänge, Zahl der übereinanderliegenden Rohrreihen und Zahl der Züge ganz verschiedene Strömungsverhältnisse haben.

Um den Einfluß all dieser zahlreichen Verschiedenheiten in Anordnung und Konstruktion rechnerisch auf Grund genauer Messungen an Kesseln verfolgen zu können, wären daher zahlreiche Versuchsreihen an mehreren Kesselsystemen und -größen nötig.

Ich habe, wie zweifellos viele Fachgenossen, diesen Mangel bei den Kesselanlagen, bei welchen ich verantwortlich mitzuwirken hatte, oft überaus störend empfunden, und mir seinerzeit durch Entwicklung eines graphisch-rechnerischen Verfahrens für die

---

[a] 43, S. 61, 29, S. 728.   [b] 10, S. 15.

Ermittlung der Feuerraumtemperatur[a] wenigstens auf einem wichtigen Teilgebiet ähnlich zu helfen versucht wie durch ein Verfahren zur Untersuchung des Wasserumlaufes auf einem zweiten[b]. Ich war mir dabei natürlich über die begrenzte Brauchbarkeit beider Verfahren klar und habe dies in den betreffenden Abhandlungen auch zum Ausdruck gebracht. Sie haben mir aber trotz ihrer beschränkten Anwendbarkeit vorzügliche Dienste geleistet, denn sie führten aus dem Bereiche reiner Vermutungen und regelloser Schätzungen heraus und ermöglichten einen bildhaft klaren, wenn auch vielleicht nicht zahlenmäßig absolut richtigen Aufschluß über wichtige Vorgänge.

Mein Verfahren zur Ermittlung der Feuerraumtemperatur berücksichtigte die Strahlung der Verbrennungsprodukte noch nicht. Es beruhte auf der Annahme, daß die höchste Temperatur in der obersten Brennstoffschicht gleichmäßig über die gesamte Rostfläche herrsche. In der Zwischenzeit ist durch die ausgezeichneten Forschungen von Schack[c] und der Amerikaner Wohlenberg und Morrow[d] und Wohlenberg und Lindseth[e], Broido[f], Orrok[g], Haslam und Hottel[h] gerade auf diesem Gebiete Hervorragendes geleistet worden, während ten Bosch[i], Gröber[k], Reiher[l] und Thoma[m] wertvolle Arbeiten über die Wärmeübertragung durch Berührung geschrieben haben.

Leider sind, was bei dem komplizierten Gegenstand nicht überraschen kann, die von diesen Forschern angegebenen Rechnungsverfahren so schwierig und zeitraubend, daß sie selbst in der Hand eines die Materie gut beherrschenden Ingenieurs für den Alltagsgebrauch schon des großen Zeitverlustes wegen ausscheiden.

Ich habe sie daher so umgeändert bzw. derart in Kurventafeln dargestellt, daß auch der Mann der Praxis schnell und zuverlässig mit ihnen arbeiten kann, wenn er sich der kleinen Mühe unterzieht, sich wenigstens in großen Zügen mit ihrem Entstehen und der Art, wie sie angewendet werden müssen, vertraut zu machen. Ähnlich wie in meinen Büchern „Die Leistungssteigerung von Großdampfkesseln" und „Höchstdruckdampf" wurde auch in der vorliegenden Abhandlung alles irgendwie Entbehrliche weggelassen. Für Leser, die tiefer in die Materie eindringen wollen, sind an den betreffenden Stellen zahlreiche Literaturnachweise angegeben.

Aus den Originalarbeiten bringt vorliegende Abhandlung jeweils nur so viel, als zum Verständnis der Kurventafeln und Berechnungen unbedingt notwendig ist. Einige besonders gute Definitionen und Erklärungen wurden aus den Originalarbeiten zum Teil fast wörtlich übernommen, wie z. B. in Kapitel II, weil es meines Erachtens verkehrt wäre, sie, nachdem sie in Büchern, die Allgemeingut der Ingenieurwelt sind, veröffentlicht worden sind, lediglich deshalb anders zu fassen, um ja nicht die von einem andern Autor stammende Formulierung benutzt zu haben.

Aber selbst für das Studium der knappen theoretischen Ausführungen vorliegender Arbeit dürfte vielen Lesern Zeit und Lust fehlen. Für ihre Bedürfnisse ist im Anhang eine sorgfältige Zusammenstellung sämtlicher benutzter Buchstabenbezeichnungen beigefügt, damit sie nicht erst im Text mühsam nachzusuchen brauchen, was ein bestimmter Buchstabe bedeutet. Soweit als möglich habe ich mich hierbei an die Bezeichnungen des Taschenbuches „Hütte"[n] und, wo dieses keine Angaben macht, an die des Vereins deutscher Ingenieure oder meiner früheren Bücher gehalten. Ferner ist fast auf jeder Kurventafel ein Rechenbeispiel eingetragen und an ihrem Kopfe angegeben, welche übrigen Tafeln für ihre Benutzung notwendig und an welcher Textstelle sie erklärt sind und ihre Benutzung beschrieben ist. Mit Hilfe der zahlreichen Beispiele in Abschnitt III und IV wird sich auch der in solchen Arbeiten weniger Geübte unschwer zurechtfinden. Durch die Beschränkung auf das unbedingt Nötige könnte die Abhandlung auf manchen Leser einen etwas unvollständigen Eindruck machen, sie war meines Erachtens aber unerläßlich, wenn man den Bedürfnissen weiter Kreise

---

[a] *15*, S. 4. [b] *14, 15*, S. 64.
[c] *28.* [d] *42.* [e] *41.* [f] *3*, S. 133. [g] *21*, S. 218. [h] *10*, S. 9.
[i] *2.* [k] *8 u. 9.* *22.* [m] *36.* [n] *12.*

der Praxis Rechnung tragen wollte. Ich bin mir wohl bewußt, daß es ein kleines Wagnis ist, die Kurventafeln, von denen einige noch einen reichlich „wissenschaftlichen" Eindruck machen mögen und an deren Zahl sich mancher stoßen könnte, in die Hand des „normalen" Kesselbauers oder Betriebsmannes zu legen, hoffe aber, daß es mit Hilfe der Leser gelingen möge, sie noch zu vereinfachen und ihre Zahl zu beschränken. Vorschläge über Verbesserungen oder Änderungen oder Hinweise auf etwaige Fehler und Mängel würden daher dankbar begrüßt werden.

Bereits weiter vorn wurde auf einen Umstand hingewiesen, der nicht übersehen werden darf: die Tafeln gelten nämlich für einen eindeutig bestimmten Vorgang. So ist z. B. Tafel 7 unter der Voraussetzung entworfen, daß die ganze Länge und der gesamte Umfang sämtlicher Rohre vollständig gleichmäßig und mit derselben Geschwindigkeit von den Rauchgasen bespült werden. Tatsächlich trifft dies z. B. für einen Steilrohrkessel, für welchen Tafel 7 in erster Linie in Frage kommt, fast nie genau zu. Es wird vielmehr eine vorwiegend parallele Strömung nur auf dem mittleren Teil der Rohre stattfinden, während der obere und untere vorwiegend schräg oder senkrecht unter Bevorzugung eines Teiles des Rohrumfanges bespült wird. Bei genaueren Rechnungen kann in solchen Fällen ein Mittelwert für senkrechte und parallele Bespülung eingesetzt oder sonstwie eine geeignete Korrektur vorgenommen werden. Es wird auch Sache praktischer Versuche an ausgeführten Kesseln und des durch die Abnahmeversuche ermöglichten Vergleiches mit den gemessenen Werten sein, festzustellen, welche Berichtigungen bei den verschiedenen Tafeln vorgenommen werden müssen, um den tatsächlichen Verhältnissen möglichst vollkommen Rechnung zu tragen. Auf alle Fälle setzen die Tafeln einen sinngemäßen Gebrauch unter verständiger Berücksichtigung des besonderen Falles voraus. Eine rein mechanische Anwendung könnte unter Umständen mehr schaden als nützen. Dagegen werden sie bei etwas Umsicht und gesundem Menschenverstand sehr gute Dienste leisten, wenn man sich ein Bild über den Einfluß gewisser Änderungen machen will. Hierbei können einige einfache Überlegungen sehr zur Erzielung zuverlässiger, den jeweiligen Verhältnissen gut Rechnung tragender Ergebnisse beitragen. Soll z. B. untersucht werden, wie ein Vergrößern des Überhitzers in einem bestimmten Kessel die Überhitzung und den Wirkungsgrad beeinflussen würden, so geht man, falls der Kessel in seinem bisherigen Zustande bereits untersucht wurde, zweckmäßigerweise so vor, daß man zunächst die Rechnung ohne Rücksicht auf die gemessenen Werte für den Kessel in seinem alten und dann in seinem neuen Zustand ausführt. Dann berichtigt man sinngemäß die Rechnungsergebnisse für den neuen Zustand entsprechend der Abweichung zwischen den gemessenen und den für den alten Zustand theoretisch errechneten Werten.

Die Tafeln zerfallen in drei Gruppen:

a) den allgemein gültigen, zur Ermittlung des Luftbedarfes, der entstehenden Rauchgasmenge, des Wärmeinhaltes und der spezifischen Wärme der Rauchgase in Abhängigkeit vom unteren Heizwert der Kohle, dem Luftüberschuß und der Rauchgastemperatur, ferner zur Bestimmung des mittleren Temperaturgefälles, Tafeln 1, 2, 3, 4;

b) den Tafeln, welche für die im Kesselbau häufig vorkommenden Abmessungen berechnet sind und gleichfalls ziemlich allgemeine Gültigkeit haben. Sie behandeln vorwiegend den Wärmeübergang durch Berührung und durch Strahlung, Tafeln 5, 6, 7, 8, 9, 10, 15;

c) den mehr für Sonderfälle gültigen Tafeln zur Ermittlung der Kesselheizfläche, der Überhitzer-, Ekonomiser- und Luftvorwärmerheizfläche und der Feuerraumtemperaturen, Tafeln 11, 12, 13, 14, 16, 17, 18, 19, 20.

Schließlich sind im Text noch weitere ähnliche Kurven enthalten, die ebenfalls für Spezialfälle entworfen wurden.

Kapitel II schildert die wärmetechnischen Zusammenhänge und Formeln, Kapitel III das Entstehen und den Gebrauch der Tafeln. Kapitel IV behandelt mit Hilfe der Tafeln einige Probleme des Dampfkesselbaues.

II. Theoretischer, wärmetechnischer Teil.

a) Allgemeines.

Wärme kann durch Leitung, Konvektion und Strahlung übertragen werden[a].

Bei der Übertragung durch **Leitung** wandert sie entweder in demselben Körper oder in verschiedenen miteinander in enger Berührung stehenden Körpern, von den Stoffteilchen höherer nach denen tieferer Temperatur, ohne daß die Stoffteilchen ihre gegenseitige Lage zueinander zu ändern brauchen. Reine Übertragung durch Leitung ist demnach nur in festen Körpern möglich.

Durch **Konvektion** wird Wärme übertragen, wenn sie mit dem Stoffteilchen wandert, an das sie gebunden ist, dabei in ein Gebiet anderer Temperatur kommt, um sich dort durch Leitung den kälteren Stoffteilchen mitzuteilen. Es ist also auch der Fall reiner Konvektion praktisch ohne Bedeutung. Die Strömung des Mediums kann entweder frei, d. h. nur durch den Unterschied der Dichten hervorgerufen, oder erzwungen, d. h. durch äußere Kräfte verursacht sein, was für unsere Betrachtungen die weitaus größere Bedeutung hat.

In den folgenden Untersuchungen interessiert insbesondere der Fall, wo flüssige oder gasförmige Körper an metallenen Flächen, z. B. Rohren, entlang strömen. Innerhalb der Flüssigkeit bzw. des Gases wird die Wärme teils durch Leitung, teils durch Konvektion fortgepflanzt, während der Wärmeaustausch zwischen Wandung und Flüssigkeit bzw. Gas durch Leitung erfolgen muß. Diese ganze Erscheinung soll **Wärmeübergang durch Berührung** genannt werden.

Schließlich kann Wärme noch durch **Strahlung** übertragen werden. Dieser Vorgang kann zwischen zwei Körpern, z. B. einer heißeren und einer kälteren Platte, erfolgen, ohne daß zwischen ihnen ein dritter vermittelnder Körper ist. Sie ist also im Gegensatz zur Übertragung durch Leitung oder Konvektion auch in der Luftleere möglich. Sind dagegen zwischen zwei Körpern, wie z. B. der glühenden Brennstoffschicht auf einem Roste und den Wasserrohren eines Kessels gasförmige Bestandteile, so wird je nach deren Charakter die vom Rost ausgestrahlte Wärme mehr oder weniger abgeschwächt. Andererseits haben aber besonders der Wasserdampf, die Kohlensäure und namentlich bei Staubfeuerungen auch die schwebenden Kohlen- und Aschenteilchen eine Eigenstrahlung. Die Strahlung dieser festen Teilchen kann das Gesamtbild wesentlich beeinflussen.

b) Wärmeübergang durch Berührung.

Es bezeichnen:

Q = stündlich übertragene Wärmemenge in kcal/h;

F = Heizfläche in m²;

α = Wärmeübergangszahl zwischen Heizmittel und Heizfläche, d. h. diejenige Wärmemenge, die auf 1 m² Fläche in 1 h bei 1° C Temperaturunterschied zwischen Heizmittel und Heizfläche übertragen wird, in kcal/m²h°C;

t_1 = Temperatur des Heizmittels in °C;

t_2 = Temperatur der Heizfläche in °C.

Dann ist:

$$Q = \alpha \cdot F \cdot (t_1 - t_2) \text{ kcal/h}. \tag{1}$$

Die übertragene Wärmemenge ist also proportional der Übertragungsfläche und dem Temperaturunterschied zwischen wärmeabgebendem Medium und Heizfläche. Der Faktor α ist ein Erfahrungswert, die sogenannte **Wärmeübergangszahl**.

---

[a] Nach *9*, S. 1 und 2 u. 76ff.

So einfach auf Grund dieser Formel die Ermittlung der übertragenen Wärme zunächst scheint, so verwickelt wird sie in fast allen praktisch vorkommenden Fällen dadurch, daß α von sehr zahlreichen Punkten, wie Beschaffenheit und Form der Heizfläche, Temperatur, Strömungsform, Geschwindigkeit und physikalischen Eigenschaften des strömenden Mediums, abhängt und daß t_1 und t_2 fast nie konstante Werte sind.

Zahllose Forscher haben sich mit der Untersuchung der den Beiwert α beeinflussenden Faktoren in überaus mühevollen Arbeiten beschäftigt. Wenngleich für α keine allgemeingültigen exakten Formeln gefunden sind und nach Lage der Dinge wohl auch schwerlich je gefunden werden können, so gibt es heute im Gegensatz zum Beginn dieses Jahrhunderts eine Reihe von Gebrauchsformeln, die in sehr vielen Fällen völlig ausreichen[a]. Auf ihre Ableitung wird hier verzichtet, in Kapitel III sind aber für die verschiedenen Tafeln jeweils die benutzten Formeln und ihre Verfasser angegeben. Daß sie in den mit kesseltechnischen Fragen beschäftigten Kreisen bisher so wenig Eingang gefunden haben, rührt hauptsächlich von ihrem verwickelten Aufbau und ihrer mühseligen Handhabung her, und ein Hauptzweck vorliegender Kurventafeln ist, das umständliche Rechnen durch einfaches Ablesen zu ersetzen.

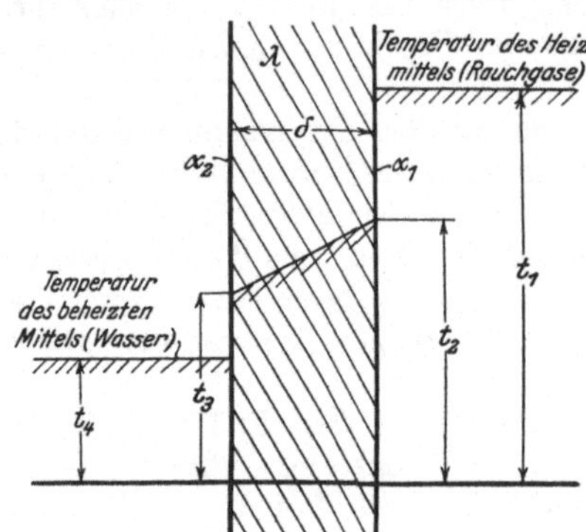

Abb. 2. Schema des Wärmedurchganges durch eine reine Wandung.

Bei den bisherigen Ausführungen wurden nur die Vorgänge auf einer Seite der Heizfläche betrachtet. Tatsächlich muß aber die Wärme bei ihrem Durchgang vom heißen zum kalten Medium zunächst einen Widerstand beim Übergang an die Heizfläche, dann den Widerstand der Heizfläche selbst und schließlich den Widerstand zwischen Heizfläche und wärmeaufnehmendem Körper überwinden. Jeder dieser Widerstände ist mit einem gewissen Temperaturabfall verbunden, Abb. 2.

Ist

$\alpha_1 =$ **Wärmeübergangszahl** zwischen Heizmittel und Heizfläche, d. h. diejenige Wärmemenge, die auf 1 m² Fläche in 1 h bei 1°C Temperaturunterschied zwischen wärmeabgebendem Mittel und Heizfläche übertragen wird, in kcal/m²h° C;

$\alpha_2 =$ **Wärmeübergangszahl** zwischen Heizfläche und beheiztem Medium, d. h. diejenige Wärmemenge, die auf 1 m² Fläche in 1 h bei 1° C Temperaturunterschied zwischen Heizfläche und wärmeaufnehmendem Mittel übertragen wird, in kcal/m²h° C;

$\delta \; =$ Dicke der Heizfläche in m,

$\lambda \; =$ **Wärmeleitzahl** der Heizfläche, d. h. die Wärmemenge, die durch 1 m² Heizfläche von 1 m Dicke bei 1° C Temperaturunterschied zwischen Innen- und Außenseite übertragen wird, in kcal/mh° C,

so läßt sich die Größe:

$k \; =$ **Wärmedurchgangszahl** zwischen wärmeabgebendem und wärmeaufnehmendem Medium, d. h. die Wärmemenge, die auf 1 m² Heizfläche von δ m Dicke bei 1° C Temperaturunterschied zwischen wärmeabgebendem und wärmeaufnehmendem Körper in 1 h übertragen wird, in kcal/m²h° C

ausdrücken durch:

$$k = \frac{1}{\dfrac{1}{\alpha_1} + \dfrac{\delta}{\lambda} + \dfrac{1}{\alpha_2}} \; \text{kcal/m}^2\text{h}°\text{C}, \tag{2}$$

und es wird:

$$Q = k \cdot F \cdot (t_1 - t_4) \; \text{kcal/h}, \tag{3}$$

---

[a] Gröber, Nusselt, Reiher, Schack u. a.

wobei:

$t_1 =$ Temperatur des wärmeabgebenden Mittels in $^\circ$ C,
$t_4 =$ Temperatur des wärmeaufnehmenden Mittels in $^\circ$ C.

Die Temperaturen t_2 (Temperatur der Heizfläche auf der Seite des heizenden Mediums) und t_3 (Temperatur der Heizfläche auf der Seite des beheizten Mediums) werden gefunden aus den Formeln

$$Q = \alpha_1 \cdot F \cdot (t_1 - t_2) \quad \text{kcal/h}, \tag{4}$$

$$Q = \frac{\lambda}{\delta} \cdot F \cdot (t_2 - t_3) \quad \text{kcal/h}, \tag{5}$$

$$Q = \alpha_2 \cdot F \cdot (t_3 - t_4) \quad \text{kcal/h}. \tag{6}$$

In vielen Fällen liegen nun, was die Temperaturen der beiden die Heizfläche bespülenden Medien betrifft, die Verhältnisse so, daß sie zuweilen, wie z. B. bei der reinen Kesselheizfläche, auf der einen Seite mit praktisch genügender Genauigkeit als konstant angenommen werden dürfen (Wasserseite), während sie auf der andern allmählich abnehmen. Bei Überhitzern, Ekonomisern und Luftvorwärmern dagegen ändern sie sich auf beiden Seiten der Heizfläche dauernd. Infolgedessen muß die sogenannte „mittlere Temperaturdifferenz" ermittelt werden, d. h. diejenige Differenz zwischen zwei konstant gedachten Temperaturen des wärmeabgebenden und wärmeaufnehmenden Mediums, bei welchen dieselbe Wärmemenge übertragen würde wie unter den tatsächlich obwaltenden Verhältnissen. Auf die „mittlere Temperaturdifferenz" ist auch der Umstand von Einfluß, ob jeweils die höchsten und die tiefsten Temperaturen von wärmeabgebendem und wärmeaufnehmendem Medium an derselben Stelle der Heizfläche auftreten (Gegenstrom), oder ob das eine Medium da am heißesten bzw. kältesten ist, wo das andere seine tiefste bzw. höchste Temperatur hat (Geichstrom). Im ersten Falle ist unter sonst gleichen Voraussetzungen die übertragene Wärme größer als im zweiten. Ein dritter typischer Strömungszustand ist der, wo das eine Medium senkrecht zum andern strömt (Kreuzstrom). Er liegt z. B. dann vor, wenn ein senkrechtes Rohrbündel, dessen Rohre von Wasser durchflossen werden, in einem horizontalen Rauchgasstrom untergebracht ist. Die für diese kennzeichnenden Fälle gültigen Formeln für die „mittlere Temperaturdifferenz" sind in Abschnitt III angegeben.

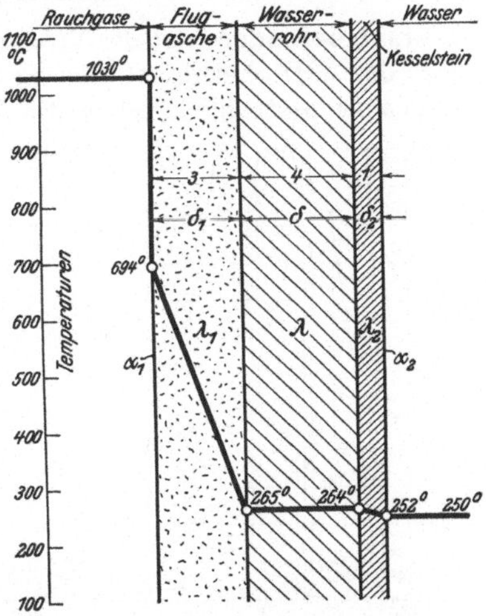

Abb. 3. Schema des Wärmedurchganges durch eine beiderseitig verschmutzte Wandung.

Setzt sich die Wand aus mehreren Schichten zusammen, was z. B. bei einer Kesselheizfläche der Fall ist, die außen mit einer δ_1 m starken (Ruß-) Schicht mit der Wärmeleitzahl λ_1 und innen mit einer δ_2 m starken (Kesselstein-) Schicht mit der Wärmeleitzahl λ_2 bedeckt ist, während die Wandstärke der Heizfläche selbst δ m und ihre Wärmeleitzahl λ betragen, Abb. 3, so ist:

$$k = \frac{1}{\frac{1}{\alpha_1} + \frac{\delta_1}{\lambda_1} + \frac{\delta}{\lambda} + \frac{\delta_2}{\lambda_2} + \frac{1}{\alpha_2}} \quad \text{kcal/m}^2 \text{h}^\circ\text{C} \tag{7}$$

Diese Formeln gelten mathematisch genau für ebene Heizflächen, Dampfkessel bestehen dagegen vorwiegend aus zylindrischen Körpern. In den allermeisten Fällen ist die Wärmeübergangszahl auf der Wasserseite weit größer als auf der Rauchgasseite. Daher genügt es für **Kessel- und Ekonomiserheizflächen** in reinem Zustand, die auf der einen Seite von **Rauchgasen**, auf der andern von Wasser bespült sind, lediglich den

Vorgang auf der Rauchgasseite zu betrachten. Man kann dann als Heizfläche die von
Rauchgasen bespülte Oberfläche, als Wärmedurchgangszahl k die Wärmeübergangszahl α_1
von Rauchgasen an Heizfläche einsetzen. Dabei sind sowohl der Wärmeübergangswiderstand von Heizfläche an Wasser als auch der Wärmeleitungswiderstand im Metall
der Heizfläche vernachlässigt, welch letzterer bei der Heizfläche von Wasserrohrkesseln
wegen der geringen Wandstärke (0,003—0,010 m) verschwindend klein ist. $\left(\dfrac{\delta}{\lambda}\text{ für}\right.$
Wasserrohre von Kesseln rd. $\dfrac{1}{5000}$ bis rd. $\dfrac{1}{10000}$ gegenüber $\dfrac{1}{\alpha_1}$ von rd. $\dfrac{1}{10}$ bis rd. $\left.\dfrac{1}{60}\right)$. Siehe
auch Beispiel 15, S. 27.

Bei **Überhitzern und Luftvorwärmern** dagegen kann im allgemeinen der Wärmeübergang an Dampf bzw. Luft nicht unberücksichtigt bleiben. Man kann dann unter
Vernachlässigung des Widerstandes der Rohrwandung selbst mit genügender Genauigkeit setzen:

$$k = \frac{1}{\dfrac{1}{\alpha_1} + \dfrac{1}{\alpha_2}} \ \text{kcal/m}^2\,\text{h}\,^\circ\text{C}. \tag{8}$$

Bei **Luftvorwärmerrohren** wird als Heizfläche F in solchen Fällen das arithmetische
Mittel zwischen äußerer und innerer Rohroberfläche gewählt.

Bei **Überhitzern** wird zweckmäßig die äußere Rohroberfläche als Heizfläche gerechnet.

c) Wärmeübergang durch Strahlung.

Eine besondere Art des Wärmeübergangs stellt die Wärmeübertragung durch **Strahlung**[a] dar. Hierbei findet eine Umsetzung der Wärme in strahlende Energie statt. Wie
bei den Lichtstrahlen, denen die Wärmestrahlen wesensgleich sind, handelt es sich bei
dieser Art der Energie-
fortleitung um eine Wel-
lenbewegung. Wenn man
sagt, ein Körper strahle
einem andern Wärme zu,
so ist dies nach Gröber
nur eine gekürzte Aus-
drucksweise für einen
verwickelten Vorgang,
der sich tatsächlich so
abspielt, daß der Körper
einen Teil seines Energie-
inhaltes, hauptsächlich
seines Wärmeinhaltes in
strahlende Energie um-
setzt, die sich beim Auf-
treffen auf den andern
Körper ganz oder teil-

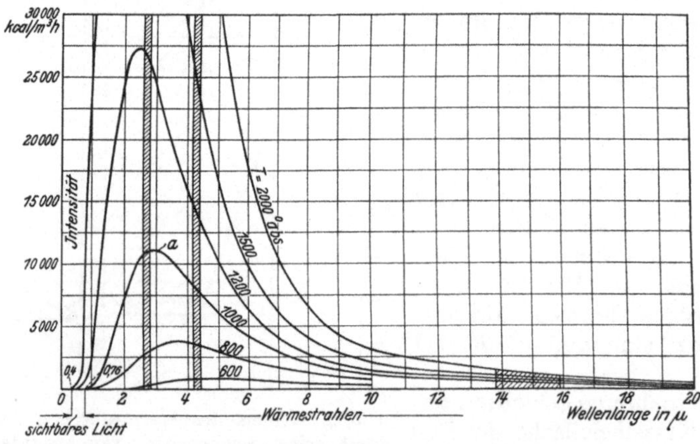

Abb. 4. Strahlungsintensität eines schwarzen Körpers.

weise wieder in Wärme verwandelt. Die von einem festen, flüssigen oder gasförmigen
Körper ausgestrahlte Wärmemenge stellt im allgemeinen nur einen Teil der von ihm
ausgestrahlten Energie dar.

Man hat nun den Begriff „schwarzer Körper" bzw. „schwarze Strahlung" eingeführt und versteht darunter einen solchen Körper, bei welchem alle auffallenden
Strahlen absorbiert werden und bei dem auch die Ausstrahlung einen Höchstwert erreicht. Der Einfachheit wegen sollen unsere Betrachtungen zunächst nur auf schwarze
Körper beschränkt bleiben. Abb. 4 zeigt, wie groß die Strahlungsintensität für ver-

---

[a] Nach *9*, S. 115ff. u. *2*, S. 2ff.

schiedene Wellenlängen ist. Ein Maß der bei einer bestimmten Temperatur, z. B. 1000° abs. von 1 m² Fläche in 1 h ausgesandten Energiemenge gibt der Flächeninhalt zwischen der Kurve a und der Abszissenachse. Die Lichtstrahlen haben eine Wellenlänge von $0,4-0,8\,\mu$, die der Wärmestrahlen liegt zwischen $0,8\,\mu$ und $340\,\mu$ $\left(1\,\mu = \frac{1}{1000}\,\text{mm}\right)$. Der Anteil der Lichtstrahlung ist daher selbst bei 1500° abs. nur ein kleiner Teil der Gesamtstrahlung. Die schnelle Zunahme der Strahlungsintensität mit der Temperatur zeigt z. B. ein Vergleich der Kurve für 1000 und 1200° abs. Das Maximum der Strahlungsintensität verschiebt sich dabei in das Gebiet der kürzeren Wellenlängen. Trotzdem ist der Anteil der Wärmestrahlung an der gesamten ausgestrahlten Energie gegenüber der Lichtstrahlung bei den in Frage kommenden Feuerungstemperaturen von 1000°C bis 1500°C noch ein überwiegender. Stephan und Boltzmann haben gezeigt, daß die je m² und Stunde ausgestrahlte Energie eines schwarzen Körpers von der Temperatur $T°$ abs.

$$E_s = C_s \cdot \left(\frac{T}{100}\right)^4 \quad \text{kcal/m}^2\text{h} \tag{9}$$

beträgt. Dabei ist $C_s = 4,9$ die **Strahlungszahl** des schwarzen Körpers.

Da es aber absolut schwarze Körper nicht gibt, fragt es sich, inwieweit dieses Stephan-Boltzmannsche Gesetz für die Praxis gültig bleibt. Es zeigt sich, daß alle Körper weniger Energie ausstrahlen als der absolut schwarze bei der gleichen Temperatur.

Im allgemeinsten Fall können Wellenlängengebiete vorhanden sein, bei denen überhaupt keine Energie ausgestrahlt wird; bei anderen Gebieten wird zwar Energie abgegeben, die aber an vielen Stellen nicht den Betrag der Energie bei schwarzer Strahlung derselben Wellenlänge erreicht. Nirgends wird jedoch die Linie der schwarzen Strahlung überschritten. In gewissen Fällen kann sich die Strahlung überhaupt auf einen oder mehrere sehr kleine Wellenlängenbereiche beschränken, nämlich bei Gasen und Dämpfen. Die in Abb. 4 schraffierten Streifen stellen z. B. die Wellenlängengebiete dar, die von der Kohlensäure ausgestrahlt und absorbiert werden. Für diese Art Strahlung ist das Stephan-Boltzmannsche Gesetz unbrauchbar. Von technischer Bedeutung ist von der **Gasstrahlung** namentlich die Strahlung von Kohlensäure und Wasserdampf, für die Schack das Strahlungsvermögen untersucht und ein Näherungsverfahren entwickelt hat, das die Berechnung ermöglicht[a]. Es zeigt sich, daß die Strahlung von dem Produkt aus Partialdruck des strahlenden Gases p in at abs. und der Stärke der strahlenden Schicht s in mm abhängig ist.

In Abb. 5 und 6 wurde für Wasserdampf und für Kohlensäure die Strahlung dargestellt, wie sie bei den in Dampfkesseln vorkommenden Verhältnissen etwa ist. Es wurde eine Braunkohle von rd. 4000 kcal/kg unterem Heizwert zugrunde gelegt und angenommen, daß der im Orsatapparat gemessene CO_2-Gehalt 14 vH betrage. Aus Tafel 8 (s. S. 22) läßt sich der Partialdruck der Kohlensäure zu 0,125 at abs., des Wasserdampfes zu 0,130 at abs. ermitteln. Für Schichtstärken von $s = \infty$ (Kurve a), $s = 1000$ mm (Kurve b) und $s = 100$ mm (Kurve c) hat dann das Produkt $p \cdot s$ die Werte unendlich, 125, 12,5 für Kohlensäure, bzw. unendlich, 130, 13,0 für Wasserdampf. Im unteren Teil von Abb. 5 und 6 wurde die Strahlung für diese drei verschiedenen Schichten in vH der Strahlung eines gleich heißen grauen Körpers (s. Erklärung weiter unten S. 11) aufgetragen. Man sieht, daß CO_2-Schichten von mehr als 1000 mm Dicke fast dieselbe Wärmemenge ausstrahlen wie eine unendlich starke CO_2-Schicht. Bei H_2O sind die Unterschiede besonders bei Temperaturen unter 800°C größer. Immerhin strahlen CO_2- bzw. H_2O-Schichten von 100 mm Stärke, wie sie in den Kesselzügen häufig vorkommen, noch rd. 3—11 vH bzw. 2—6 vH der Strahlung eines gleich heißen grauen Körpers aus.

Über dieser Darstellung wurden für dieselben Verhältnisse die entsprechenden Wärmebelastungen der Heizfläche aufgetragen unter der Annahme, daß die Wasser-

---

[a] 28.

temperatur im Rohr 250° C (entsprechend 40 at abs.) betrage. Zum Vergleich wurde noch die Heizflächenbelastung durch reine Berührung eingezeichnet, wie sie sich bei schon günstigen Verhältnissen ergibt. Da in den Rauchgasen stets CO_2 und H_2O gleichzeitig vorkommen, ist zu beachten, daß sich die Wärmebelastungen der Heizfläche durch CO_2- und H_2O-Strahlung addieren. Man erkennt, daß im Gebiete höherer Temperaturen und den in Kesselzügen häufigen Schichtstärken von 100 mm der Einfluß der Gasstrahlung mindestens so stark sein kann wie der der Wärmeübertragung durch reine Berührung. Bei größerer Schichtstärke oder ungünstigerem Wärmeübergang durch Berührung, z. B. bei kleiner Rauchgasgeschwindigkeit, kann die Belastung durch Strah-

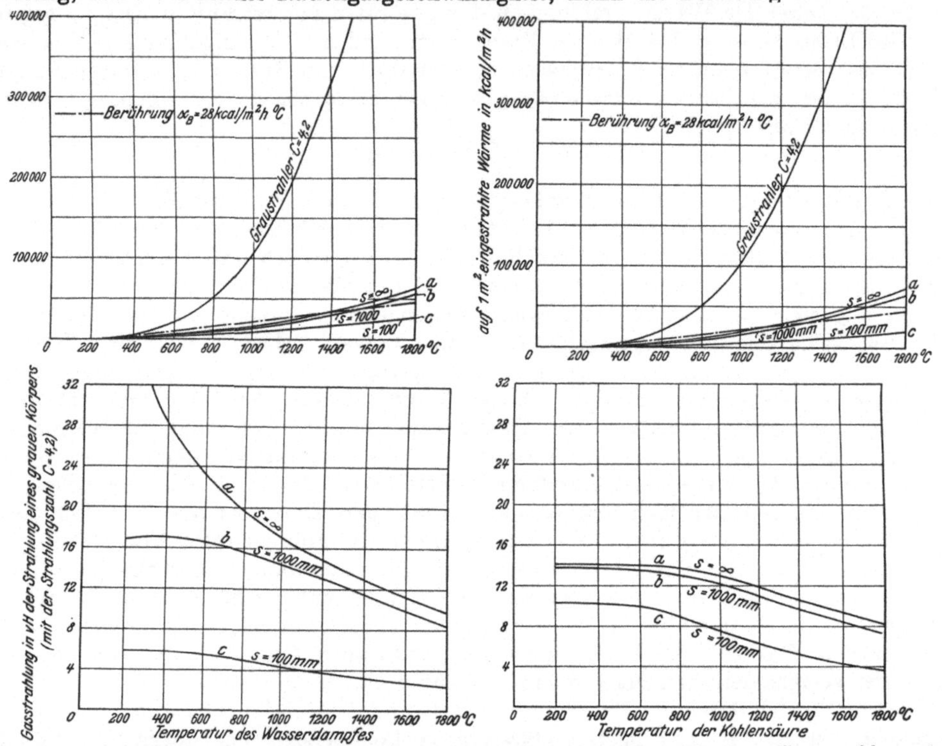

Abb. 5 und 6. Strahlung von Wasserdampf und Kohlensäure verglichen mit einem Graustrahler unter den in Dampfkesseln herrschenden Verhältnissen.

lungswärme die durch reine Berührungswärme unter Umständen bedeutend überwiegen. Schon diese einfache Betrachtung zeigt den großen Einfluß der Strahlung von Gasen innerhalb der sogenannten Berührungsheizfläche von Dampfkesseln.

Man ist von früher her, als man den Einfluß der Gasstrahlung, namentlich auch innerhalb der Kesselzüge, noch nicht erkannte, gewohnt, unter „Wärmeübertragung durch Berührung" sowohl die durch reine, tatsächliche Berührung als auch die durch Gasstrahlung übertragene Wärme zu verstehen. Aber erst seit einigen Jahren hat man die Ursache der durch die Erfahrung in zahllosen Fällen längst festgestellten Zunahme der „Wärmeübertragung durch Berührung" mit wachsender Temperatur erkannt und rechnerisch zu erfassen gelernt, nämlich die „Gasstrahlung". Trotz vielfacher Bemühungen war es früher nicht gelungen — und konnte es auch nicht gelingen —, eine gesetzmäßige Abhängigkeit der „Wärmeübertragung durch Berührung" von der Temperatur festzustellen, da ja der Einfluß der zahlreichen Faktoren, wie CO_2- und H_2O-Gehalt, Partialdruck, Schichtstärke, Temperatur usw. der Gase auf die Gasstrahlung noch nicht erforscht war. Die frühere sehr große Unsicherheit im Berechnen von rauchgasbespülten Heizflächen besteht heute nicht mehr, und es ist vorwiegend nur der Mangel an einfachen, schnellen Berechnungsverfahren, der bisher die praktische Verwertung der wichtigen neuen Erkenntnisse erschwerte.

Für viele technisch wichtige, feste Körper kann, wie Versuche von Wamsler[a] gezeigt haben, dennoch das Stephan-Boltzmannsche Strahlungsgesetz mit genügender Genauigkeit angewandt werden. Diese Körper sind die sogenannten Graustrahler, die dadurch gekennzeichnet sind, daß bei der Strahlung zwar alle Wellenlängen vertreten sind, aber nur mit einer Intensität, die überall ein fester Bruchteil der schwarzen Strahlung ist. Diese Tatsache wird dadurch berücksichtigt, daß für solche Körper eine Strahlungszahl C kleiner als 4,9 gewählt wird.

Die Energie, welche ein Flächenstück ausstrahlt, ist am stärksten in Richtung der Flächennormalen und nimmt mit wachsendem Winkel φ zwischen Flächennormale und Strahlungsrichtung ab. Nach dem Lambertschen Gesetz ist sie dem Kosinus des Winkels φ proportional.

Wenn sich zwei Körper bestrahlen, so erfolgt die Wärmeübertragung nicht so, daß lediglich der heißere Körper Wärme nach dem kälteren sendet, vielmehr strahlt auch der kältere Körper Wärme nach dem heißeren. Da aber die Wärmemengen, genau allerdings nur beim schwarzen Körper, proportional der 4. Potenz der absoluten Temperaturen sind, überwiegt die vom heißeren Körper an den kälteren abgestrahlte Wärmemenge die den umgekehrten Weg gehende.

Stehen sich zwei Körper mit großen parallelen, ebenen Oberflächen gegenüber und ist:

C_1 = Strahlungszahl des heißeren Körpers in kcal/m²h [°abs.]⁴,
C_2 = Strahlungszahl des kälteren Körpers in kcal/m²h [°abs.]⁴,
C_s = Strahlungszahl des schwarzen Körpers in kcal/m²h [°abs.]⁴,
T_1 = absolute Temperatur des heißeren Körpers in °abs.,
T_2 = absolute Temperatur des kälteren Körpers in °abs.,
$F_1 = F_2 = F$ = Fläche der beiden Körper in m²,

so beträgt die durch graue Strahlung vom heißeren nach dem kälteren Körper stündlich übertragene Wärme mit ausreichender Genauigkeit:

$$Q = \frac{F}{\frac{1}{C_1} + \frac{1}{C_2} - \frac{1}{C_s}}\left[\left(\frac{T_1}{100}\right)^4 - \left(\frac{T_2}{100}\right)^4\right] \text{ kcal/h}. \tag{10}$$

Nach Forschungen von Reutlinger und Wamsler[b] beträgt bei Feuerungen von Dampfkesseln der Wert:

$$\frac{1}{\frac{1}{C_1} + \frac{1}{C_2} - \frac{1}{C_s}} = 4,0 \div 4,2 \text{ kcal/m²h [°abs.]⁴}. \tag{11}$$

Doch ist dabei zu beachten, daß im allgemeinen noch die Strahlung der Verbrennungsprodukte eine große Rolle spielen und unter Umständen das Bild vollkommen verändern kann.

Wohlenberg, Morrow[c] und Lindseth[d] haben das z. Zt. für die Praxis brauchbarste Verfahren zur Ermittlung der Feuerraumtemperaturen in Kohlenstaub- und Rostfeuerungen ausgearbeitet unter Berücksichtigung der Gasstrahlung und der Strahlung der in der Flamme schwebenden festen (staubförmigen) Bestandteile. Ein von ihnen entworfenes, hierbei benutztes Sankey-Diagramm, Abb. 7, gibt ein gutes Bild von den Vorgängen, insbesondere auch von der Strahlung innerhalb einer Feuerung. Als Beispiel wählten sie eine Kohlenstaubfeuerung mit hohlen gemauerten Wänden, durch die die Verbrennungsluft gesaugt wird. Nach oben ist der als würfelförmig voraus-

---

[a] *38.* [b] *27, 38.* [c] *42.* [d] *41.*

gesetzte Feuerraum durch die Kesselheizfläche H_1 abgeschlossen, ferner ist angenommen, daß ein Teil der Feuerraumwände mit Kesselheizfläche, sogenannter Kühlfläche H_2, bedeckt ist, Abb. 7. Der Flamme wird stündlich eine bestimmte Wärmemenge Q_T zugeführt, die sich aus der durch Verbrennung des Kohlenstaubes entstehenden Wärme Q_B, aus der Wärme Q_{LS} in der heißen, in den hohlen Feuerraumwänden erhitzten Verbrennungsluft und aus der von der Kesselheizfläche zurückgestrahlten Wärme $q_{HS} + q_{HT}$ zusammensetzt. Ein bestimmter Teil Q_{TS} von Q_T geht an die Schamottewandungen S durch Strahlung, ein anderer Z_S durch Berührung mit der Flamme über. Von dem Betrage $Q_{TS} + Z_S$ geht die Wärmemenge Q_{LS} durch die Feuerraumwand hindurch und wird von der Verbrennungsluft in die Flamme zurückgeführt. X_S geht durch Leitung und Wärmestrahlung der Feuerwandungen in die Atmosphäre des Kesselhauses verloren, $q_{SH} + Q_{SH}$ werden von den Wandungen S an die Heizflächen H_1 und H_2 abgestrahlt, und zwar q_{SH} durch vollkommene Reflexion (dieser Betrag würde also die Wand nicht erhitzen). Q_{SH} wird von der Wand absorbiert, erhitzt sie daher, und wird von ihr nach der Heizfläche wieder abgestrahlt. Von der insgesamt in die Kesselheizfläche über die Wand S eingestrahlten Wärme $Q_{SH} + q_{SH}$ kcal/h gehen Q_{HS} kcal/h ins Kesselwasser über, q_{HS} kcal/h werden in die Flamme zurückgestrahlt.

Q'_{TH} kcal/h werden unmittelbar in die Heizflächen H_1 und H_2 eingestrahlt, die hiervon wieder q_{HT} kcal/h in die Flamme reflektieren, so daß $Q_{HT} = Q_{TH} - q_{HT}$ kcal durch direkte Strahlung ins Kesselwasser gehen. Die Kühlfläche

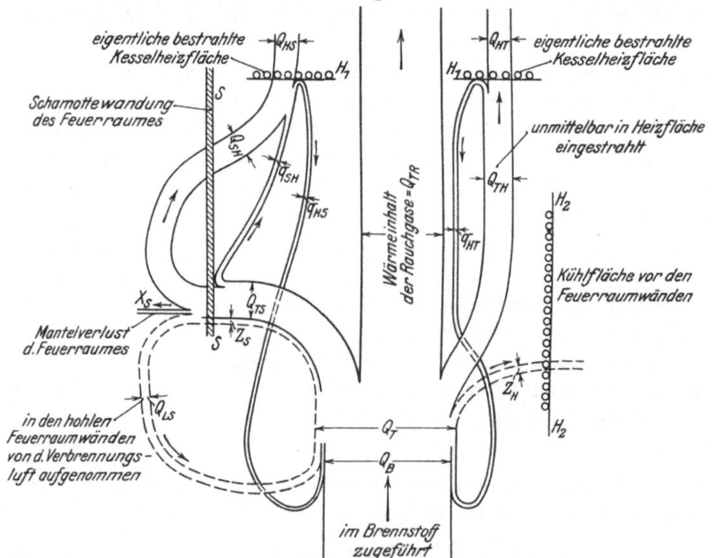

Abb. 7. Sankey-Diagramm der Vorgänge in einer Kohlenstaubfeuerung nach Wohlenberg.

an den Seitenwänden nimmt durch Berührung mit der Flamme Z_H kcal/h auf. Die in diese Kühlfläche eingestrahlte Wärme wird als in dem in die eigentliche Kesselheizfläche eingestrahlten Betrag $Q_{SH} + q_{SH} + Q_{TH}$ kcal/h enthalten vorausgesetzt. Die durch Berührung an die Kühlfläche übertragene Wärme Z_H wird im vorliegenden Fall deshalb für sich betrachtet, weil sie die Feuerraumtemperatur wesentlich beeinflussen kann. Natürlich nimmt auch die in Abb. 7 horizontal eingezeichnete, eigentliche Kesselheizfläche H_1 Wärme durch Berührung mit der Flamme bzw. den Verbrennungsprodukten auf, doch hat dieser Betrag im Gegensatz zu Z_H keinen merklichen Einfluß auf die Höhe der Feuerraumtemperatur.

Q_{TR} stellt diejenige Wärme dar, die von den Rauchgasen als fühlbare Wärme in den Teil der eigentlichen Kesselheizfläche mitgeführt wird, der der Bestrahlung durch die Flamme entzogen ist. Für jede Feuerung ohne Luftvorwärmung durch die Abgase gilt bei vollständiger Verbrennung ganz allgemein

$$Q_B = Q_R + Q_F \text{ kcal/h;} \tag{12}$$

hierin bedeuten:

Q_B = durch Verbrennung der Kohle freigewordene Wärme in kcal/h,

Q_R = fühlbare Wärme in den Verbrennungsprodukten bei Eintritt in die Kesselheizfläche in kcal/h,

Q_F = von den festen und gasförmigen Teilen der Flamme im Feuerraum abgegebene Wärme in kcal/h.

Ist ferner:

G = Gewicht der Verbrennungsprodukte in kg/h,

t_1 = Außentemperatur in ° C,

t_F = mittlere Feuerraumtemperatur in ° C,

T_F = mittlere abs. Feuerraumtemperatur in ° abs.;

T_H = abs. Temperatur der Heizfläche in ° abs.,

$\left| c_p^m \right|_{t_1}^{t_F}$ = mittlere spezifische Wärme der Verbrennungsprodukte bei konstantem Druck zwischen t_1 und t_F in kcal/kg °C,

K = eine Konstante, die von einer großen Zahl von Faktoren abhängt und in der Arbeit von Wohlenberg und Morrow näher bestimmt wird,

F_W = Fläche der Feuerraumwände in m²,

α_B = Wärmeübergangszahl durch Berührung in kcal/m²h °C,

Δt_m = mittlere Temperaturdifferenz zwischen Feuerraumwand und der daran unmittelbar entlangströmenden Gasschicht in ° C,

so ist in allgemeiner Form:

$$Q_B = G \left| c_p^m \right|_{t_1}^{t_F} (t_F - t_1) \ \text{kcal/h}, \tag{13}$$

$$Q_F = K (T_F^4 - T_H^4) + \Sigma F_W \cdot \alpha_B \cdot \Delta t_m \ \text{kcal/h}, \tag{14}$$

d. h. die Wärmeabgabe in der Feuerung ist gleich der in die Heizfläche eingestrahlten plus der an die Feuerraumwände durch Berührung übertragenen Wärme.

Für das Schema in Abb. 7 beträgt die der Flamme insgesamt zugeführte Wärme:

$$Q_T = Q_B + Q_{LS} + q_{HS} + q_{HT} \ \text{kcal/h}. \tag{15}$$

Die der Flamme entzogene Wärme ist

$$X_S + Q_{HS} + Q_{HT} + Z_H \ \text{kcal/h}. \tag{16}$$

Von vorstehenden Überlegungen und Gleichungen gingen Wohlenberg, Morrow und Lindseth bei dem von ihnen angegebenen, sehr verwickelten Verfahren zur rechnerischen Ermittlung der Feuerraumtemperatur aus und versuchten durch Koeffizienten und Hilfsrechnungen die zahlreichen Einflüsse zu berücksichtigen, die in einer Feuerung eine Rolle spielen. Sie setzten hierbei eine im ganzen Feuerraum gleich hohe Temperatur und bei Kohlenstaubfeuerungen eine im ganzen Feuerraum gleichmäßige Verbrennung des Kohlenstaubes sowie einige andere Dinge voraus, die tatsächlich nicht genau zutreffen. Zurzeit ermöglicht aber ihr Verfahren den besten zahlenmäßigen Einblick. Doch muß man sich vor Augen halten, daß infolge der überaus verwickelten, fast in jeder Feuerung verschiedenen Vorgänge und unserer noch mangelhaften Erkenntnis die von den drei amerikanischen Forschern aufgestellten Formeln weniger zuverlässig und allgemein brauchbar sind, als z. B. die Formeln zur Ermittlung der durch Berührung übertragenen Wärmemenge.

III. Entstehen und Benutzen der Kurventafeln.

Die folgenden Darlegungen zeigen unter weitgehender Beschränkung der theoretischen Ausführungen, wie die Tafeln entstanden sind und benutzt werden müssen. Auf einen kritischen Vergleich mehrerer für denselben Zweck aufgestellter Formeln wurde verzichtet und jeweils die für den vorliegenden Fall m. E. geeignetste Formel gewählt.

Um die Benutzung etwas zu erleichtern, sind bei den eingetragenen Beispielen die Ausgangspunkte stets mit A_1, A_2 usw. bezeichnet. Zwischenpunkte tragen die Bezeichnung B mit entsprechendem Index, der so gewählt ist, wie die Punkte nacheinander durchlaufen werden müssen. Ein Sprung in der Numerierung, wenn also z. B. in einem Linienzug auf B_3 nicht B_4, sondern ein B mit anderem Index folgt, zeigt an, daß man von einem neuen Anfangspunkt A ausgehen muß, hinter dem dann der laufende Punkt, also B_4 auftritt. Punkte, welche ein Ergebnis anzeigen, sind mit C_1, C_2 usw. bezeichnet.

Es kann natürlich auch der Fall vorkommen, daß eine Größe gesucht ist, die beim eingezeichneten Beispiel gegeben war und umgekehrt. Dann wird die Pfeilrichtung im Diagramm ganz oder teilweise umzukehren sein, was aber nach einiger Übung keine Schwierigkeiten macht.

Tafel 1: Theoretische Luftmenge und Rauchgasmenge je kg vollständig verbrannte Kohle in Nm³/kg und m³/kg bei 760 mm Q.-S. in Abhängigkeit vom unteren Heizwert der Kohle $\mathfrak{H}_u$, vom Luftüberschuß λ und der Rauchgastemperatur t_R.

Die Kurven wurden empirisch durch Auswerten zahlreicher Kohlenanalysen gefunden und haben für die üblichen Kohlensorten eine Genauigkeit von $\pm$ 3 bis 4 vH. Sie gelten unter der Voraussetzung, daß die Kohle vollständig verbrannt ist.

Tafel 1 dient zum schnellen Auffinden der theoretisch nötigen Verbrennungsluft für 1 kg Kohle sowie der bei vollständiger Verbrennung mit verschiedenem Luftüberschuß daraus entstehenden Rauchgasmenge in m³ bei 760 mm Q.-S. für Temperaturen zwischen 0 und 1600° C.

Zwar sind je nach dem Gehalt an Asche, Wasser, Kohlenstoff und flüchtigen Bestandteilen Luftbedarf und Rauchgasmenge bei demselben Heizwert etwas verschieden. Für die weitaus meisten Fälle genügt jedoch die Genauigkeit von Tafel 1 durchaus. Die Skala „m³ $\left|\frac{t_R}{760}\right|$ Rauchgase/kg Kohle" ist aus Zweckmäßigkeitsgründen im logarithmischen Maßstab gezeichnet.

Hier wie bei den übrigen Tafeln hat es sich wegen des starken Einflusses des Wasserdampfes als das zweckmäßigste herausgestellt, vom unteren Heizwert einer Kohle $\mathfrak{H}_u$ und nicht vom oberen auszugehen, weil dadurch u. a. die Verhältnisse bei den feuchten mitteleuropäischen Rohbraunkohlen am besten erfaßt werden.

Für die **Umrechnung des Volumens** von Nm³ (1 Nm³ $=$ 1 m³ bei 0° C und 760 mm Q.-S.) in m³ gelten folgende Formeln:

a) Für eine andere Temperatur $t°$ C:

$$V = V_{\mathrm{Nm^3}} \frac{273 + t}{273} \ \mathrm{m^3}. \tag{17}$$

b) Für anderen Druck und andere Temperatur $t°$C.

Fall I. Druck in b mm Q.-S. als absoluter Druck gemessen:

$$V = 2{,}78 \cdot V_{\mathrm{Nm^3}} \frac{273 + t}{b} \ \mathbf{m^3}. \tag{18}$$

Fall II. Druck in h mm W.-S. Überdruck ($+$) oder Unterdruck ($-$) über bzw. unter einem Barometerstand b' mm Q.-S. gemessen:

$$V = 2{,}78 \cdot V_{\mathrm{Nm^3}} \frac{273 + t}{b' \pm \dfrac{h}{13{,}6}} \ \mathrm{m^3}. \tag{19}$$

Fall III. Druck in p at abs. gemessen:

$$V = V_{\mathrm{Nm^3}} \frac{273 + t}{264{,}2 \cdot p} \ \mathrm{m^3}. \tag{20}$$

Beispiel 1: Wie groß ist bei vollständiger Verbrennung der theoretische Luftbedarf bei 0° C und 760 mm Q.-S. für 1 kg Kohle von 6900 kcal/kg unterem Heizwert?

Man gehe von Punkt A der Skala für den Heizwert senkrecht nach oben bis zum Schnitt B_1 mit der Linie „theoretischer Luftbedarf" und findet dort 7,45 Nm³ Luft/kg Kohle, Punkt C_1.

Beispiel 2: Wie groß ist für 1 kg obiger Kohle bei einem CO_2-Gehalt von 14 vH das Rauchgasvolumen bei 500° C und 20 mm W.-S. Unterdruck, wenn der Barometerstand 750 mm Q.-S. beträgt?

Man findet zuerst in dem kleinen Diagramm in der Mitte oben bei $CO_{2\,max} = 18,7$ vH für einen CO_2-Gehalt von 14 vH ein $\lambda = 1,34$. Nun folgt man von A aus dem eingezeichneten Linienzug über B_2 bei $\lambda = 1,34$ nach C_2, wo die Rauchgasmenge zu 10,3 Nm³/kg Kohle (m³ bei 0° C, 760 mm Q.-S.) abgelesen werden kann. Geht man weiter über B_3 (500° C), so findet man bei C_3 das Rauchgasvolumen zu 29,1 m³/kg Kohle bei 500° C und 760 mm Q.-S. Im vorliegenden Fall ist das Rauchgasvolumen bei einem anderen Druck gesucht. Man rechnet am einfachsten das Volumen von 0°C und 760 mm Q.-S. nach Formel (19) um:

$$V = 2,78 \cdot 10,3 \frac{273 + 500}{750 - \dfrac{20}{13,6}} = 29,6 \text{ m}^3/\text{kg Kohle.}$$

Tafel 2: Wärmeinhalt von 1 Nm³ Rauchgas in kcal/Nm³ in Abhängigkeit vom unteren Heizwert der Kohle $\mathfrak{H}_u$, dem CO_2-Gehalt der Rauchgase und der Rauchgastemperatur t_R.

Die Kurven wurden gleichfalls empirisch durch Auswerten zahlreicher Kohlenanalysen gefunden und haben für die üblichen Kohlensorten eine Genauigkeit von ± 3 bis 4 vH. Sie gelten unter der Voraussetzung, daß die Kohle vollständig verbrannt ist.

Mit Tafel 2 kann man rasch den Wärmeinhalt in kcal von 1 Nm³ Rauchgas, d. h. von einer solchen Menge, die bei 0°C und 760 mm Q.-S. 1 m³ einnimmt, in Abhängigkeit vom unteren Heizwert der Kohle, vom Kohlensäuregehalt und von der Temperatur der Rauchgase bestimmen. Es scheint zunächst ein Widerspruch darin zu bestehen, daß der Wärmeinhalt von Gasen von $t°C$ Temperatur auf ein Gasvolumen von 0°C bezogen wird. Tatsächlich ist aber die Wahl eines Nm³ für viele Rechnungen sehr zweckmäßig.

Die Berechnung des Wärmeinhaltes J von 1 m³ bei beliebigem Zustand aus dem Wärmeinhalt J_{Nm^3} von 1 Nm³ ($= 1$ m³ bei 0° C und 760 mm Q.-S.) erfolgt nach folgenden Formeln:

a) Für eine andere Temperatur $t°C$:

$$J = J_{Nm^3} \frac{273}{273 + t} \text{ kcal/m}^3. \tag{21}$$

b) Für anderen Druck und andere Temperatur $t°$ C.

Fall I. Druck in b mm Q.-S. als absoluter Druck gemessen:

$$J = J_{Nm^3} \frac{b}{2,78\,(273 + t)} \text{ kcal/m}^3. \tag{22}$$

Fall II. Druck in h mm W.-S. Überdruck ($+$) oder Unterdruck ($-$) über bzw. unter einem Barometerstand b' mm Q.-S. gemessen:

$$J = J_{Nm^3} \frac{b' \pm \dfrac{h}{13,6}}{2,78\,(273 + t)} \text{ kcal/m}^3. \tag{23}$$

Fall III. Druck in p at abs. gemessen:

$$J = J_{Nm^3} \frac{264,2\,p}{273 + t} \text{ kcal/m}^3. \tag{24}$$

Beispiel 3: Wie groß ist der Wärmeinhalt von 1 m³ Rauchgas aus Kohle von 6900 kcal/kg unterem Heizwert bei 14 vH CO_2-Gehalt, 800° C und 15 mm W.-S. Unterdruck bei 740 mm Q.-S. Barometerstand?

Zunächst wird der Wärmeinhalt von 1 Nm³ Rauchgas ermittelt, indem in den Hilfskurven in der rechten oberen Ecke von A_1 (6900 kcal/kg Heizwert) dem eingezeichneten Linienzug folgend bis zum Schnitt mit einer 14 vH CO_2-Gehalt entsprechenden Kurve, Punkt B_1, dann horizontal bis zur rechten Ordinatenachse, Punkt B_2, gegangen wird. B_2 wird mit Punkt 0 verbunden, indem man die Verbindungslinie entsprechend zwischen den eingezeichneten Linien verlaufen läßt. Eine Vertikale durch A_2 (800°C) trifft diese Verbindungslinie bei B_3, eine Horizontale durch B_3 gibt auf der linken Ordinatenachse den Wärmeinhalt von 1 Nm³ Rauchgas zu 279 kcal/Nm³ an, Punkt C. 1 m³ bei den angegebenen Umständen (800°C und 15 mm W.-S. Unterdruck unter 740 mm Q.-S.) hat dann nach Formel (23) einen Wärmeinhalt von:

$$J = 279 \; \frac{740 - \dfrac{15}{13,6}}{2,78 \, (273 + 800)} = 69 \text{ kcal/m}^3.$$

Beispiel 4: Wie groß ist der Wärmeinhalt der aus 1 kg vollständig verbrannter Kohle von 6900 kcal/kg unterem Heizwert bei 14 vH CO_2-Gehalt der Rauchgase entstehenden Rauchgasmenge bei 800°C?

In Beispiel 2 (S. 15) wurde die Rauchgasmenge unter denselben Verhältnissen zu 10,3 Nm³ Kohle ermittelt. In Beispiel 3 (S. 15) ergab sich der Wärmeinhalt von 1 Nm³ zu 279 kcal. Demnach ist der Wärmeinhalt der Rauchgase aus 1 kg Kohle bei den gegebenen Verhältnissen:

$$10,3 \cdot 279 = 2874 \text{ kcal/kg Kohle.}$$

Tafel 3: Mittlere spezifische Wärme bei konstantem Druck von 1 Nm³ Rauchgas zwischen 0 und t_R° C in kcal/Nm³° C in Abhängigkeit vom unteren Heizwert der Kohle $\mathfrak{H}_u$, vom CO_2-Gehalt der Rauchgase und der Rauchgastemperatur t_R.

Bedeuten:

$|C_p^m|_0^t$ = mittlere spezifische Wärme bei konstantem Druck von 1 Nm³ (1 m³ bei 0°C
    und 760 mm Q.-S.) des jeweils durch Index gekennzeichneten Gases zwischen
    0°C und t°C in kcal/Nm³°C,

r_{CO_2} = CO_2-Raumanteil in vH des trockenen Rauchgases (Anzeige des Orsatapparates),

r'_{CO_2} = desgleichen in vH des nassen Gases[a],

$m = \dfrac{r'_{CO_2}}{r_{CO_2}}$,

so ist

$$|C_p^m|_0^t = |C_{p_{H_2O}}^m|_0^t - m \cdot [|C_{p_{H_2O}}^m|_0^t - |C_{p_{N_2}}^m|_0^t - r_{CO_2}(|C_{p_{CO_2}}^m|_0^t - |C_{p_{N_2}}^m|_0^t)] \text{ kcal/Nm}^3\,°C. \quad (25)$$

Die spezifischen Wärmen nach Tafel 3 berücksichtigen also den Gehalt der Rauchgase an CO_2, N_2, O_2 und Wasserdampf. Die mittleren spezifischen Wärmen der einzelnen Bestandteile der Rauchgase sind nach den Angaben von Hütte Bd. 1, 25. Auflage, S. 472 eingesetzt worden.

Der Wärmeinhalt bei t°C ist dann:

$$J_{Nm^3} = |C_p^m|_0^t \cdot t \text{ kcal/Nm}^3. \quad (26)$$

Die mittlere spezifische Wärme bei konstantem Druck zwischen zwei beliebigen Temperaturen t_1 und t_2 beträgt:

$$|C_p^m|_{t_2}^{t_1} = \frac{|C_p^m|_0^{t_1} \cdot t_1 - |C_p^m|_0^{t_2} \cdot t_2}{t_1 - t_2} \text{ kcal/Nm}^3\,°C. \quad (27)$$

Im allgemeinen arbeitet man bequemer und einfacher unmittelbar mit dem Wärmeinhalt, Tafel 2. Bei genaueren Rechnungen ist aber zuweilen auch die Kenntnis der spezifischen Wärme erwünscht, weshalb sie in Tafel 3 unabhängig von Tafel 2 für sich dargestellt wurde.

Wird die spezifische Wärme bezogen auf das Volumen von 1 m³ Rauchgas bei beliebiger Temperatur und beliebigem Druck gewünscht, so erfolgt die Umrechnung innerhalb des praktisch vorkommenden Bereiches mit genügender Genauigkeit nach Formel (21) bis (24) auf S. 15, indem in diese der der Tafel 3 entnommene Wert $|C_p^m|_0^t$ in kcal/Nm³°C statt J_{Nm^3} eingesetzt wird.

Beispiel 5: Wie groß ist die mittlere spezifische Wärme zwischen 0° C und 1100°C von 1 Nm³ Rauchgasen mit λ = 1,34 Luftüberschuß aus Kohle von 5000 kcal/kg unterem Heizwert?

Im kleinen Hilfsdiagramm links unten findet man für λ = 1,34 und ein $CO_{2\,max}$ von 18,7 vH einen CO_2-Gehalt von 14 vH. Sodann folgt man von A_1 (5000 kcal/kg) aus dem senkrechten Linienzug bis zum Schnitt

---

[a] 7, S. 93.

B_1 mit der Kurve $CO_2 = 14$ vH, dann horizontal bis zum Schnittpunkt B_2 mit dem ersten der den oberen rechten Quadranten bedeckenden Kreise. Nun sucht man den Schnittpunkt A_2 der zur Rauchgastemperatur $1100°$ C gehörigen Radialen mit der Kurve für $CO_2 = 14$ vH. Auf einem konzentrischen Kreis durch A_2 geht man bis zum Schnittpunkt B_3 mit einem radialen Strahl durch B_2. Eine Senkrechte durch B_3 nach unten schneidet die von A_3 ($1100°$C) kommende Horizontale in Punkt C, dem gesuchten Wert von 0,359 kcal/Nm³ °C.

Beispiel 6: Welche Wärmemenge geben 500 Nm³ des in Beispiel 1 beschriebenen Rauchgases bei Abkühlung von $1100°$ C·auf $700°$ C her?

Ähnlich wie in Beispiel 5 wird die mittlere spezifische Wärme zwischen $0°$ C und $700°$ C zu 0,350 kcal/Nm³ gefunden. Die entzogene Wärmemenge ist dann

$$Q = (\left|C_p^m\right|_{0°}^{1100°} \cdot 1100 - \left|C_p^m\right|_{0°}^{700°} \cdot 700) \cdot 500 \text{ kcal}$$
$$= (0{,}359 \cdot 1100 - 0{,}350 \cdot 700) \cdot 500 = 74950 \text{ kcal}.$$

Beispiel 7: Welches ist die mittlere spezifische Wärme desselben Rauchgases zwischen $1100°$ C und $700°$ C? Nach Formel (27) ist:

$$\left|C_p^m\right|_{700}^{1100} = \frac{0{,}359 \cdot 1100 - 0{,}350 \cdot 700}{1100 - 700} = 0{,}375 \text{ kcal/Nm}^3 °C.$$

Tafel 4: Mittlere logarithmische Temperaturdifferenz Δt_m in °C abhängig vom Quotienten $\dfrac{\Delta k}{\Delta g}$, sowie der Temperaturdifferenz Δg.

Wie bereits auf S. 7 gesagt wurde, liegen die Verhältnisse beim Wärmeübergang von einem Medium an ein anderes selten so einfach, daß auf der einen Seite der Heizfläche eine überall gleiche Temperatur t_1, auf der anderen ebenfalls eine überall gleiche t_2 herrscht. Man muß daher je nach der Temperaturverteilung die sog. „**mittlere Temperaturdifferenz**" aufsuchen, d. h. die Zahl, welche angibt, wie groß der Unterschied zwischen zwei fiktiven, überall als konstant vorausgesetzten Temperaturen beider Medien sein müßte, damit dieselbe Wärmemenge übertragen wird. Die mittlere Temperaturdifferenz hängt davon ab, wie eine Heizfläche angeordnet ist und wie sie von den beiden Medien bespült wird. Man unterscheidet zwischen Gleichstrom, Gegenstrom und Kreuzstrom.

Gleichstrom besteht, wenn beide Medien an derselben Stelle in die Heizfläche eintreten und sie in derselben Richtung durchströmen, wenn also z. B. bei einem Ekonomiser da, wo die Rauchgase mit der höchsten Temperatur eintreten, das Wasser mit der tiefsten eintritt, Abb. 8. **Gegenstrom** ist vorhanden, wenn das umgekehrte der Fall ist, also höchste Rauchgastemperatur und höchste Wassertemperatur und umgekehrt am Anfang bzw. Ende der Ekonomiserheizfläche auftreten, Abb. 8. Bei **Kreuzstrom**

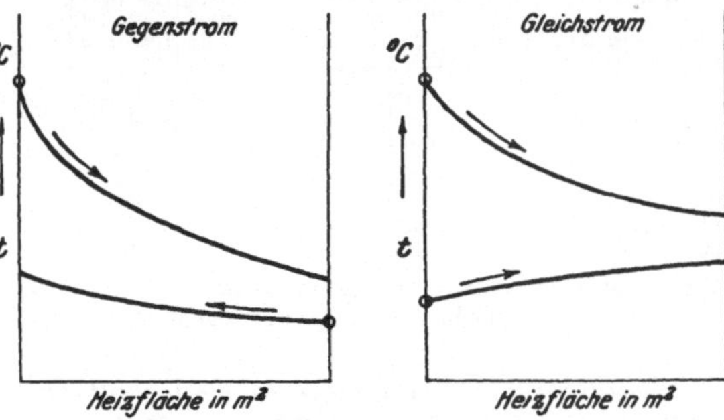

Abb. 8. Schematischer Temperaturverlauf bei Gegenstrom und bei Gleichstrom.

schließlich strömen die Gase senkrecht zur Fließrichtung des Wassers. Er läßt sich aber nicht so einfach definieren wie die beiden anderen Strömungsarten, da die wasserseitige Schaltung eine Reihe von Variationen zuläßt. Es können zwar die Rauchgase noch senkrecht zu den Rohren strömen, die Schaltung kann aber derart sein, daß für die Berechnung der mittleren Temperaturdifferenz praktisch Gleich- oder Gegenstrom vorliegt. Ganz allgemein ist aus leicht ersichtlichen Gründen unter sonst gleichen Verhältnissen die mittlere Temperaturdifferenz bei reinem Gegenstrom am größten, bei reinem Gleichstrom am kleinsten, bei Kreuzstrom kann sie praktisch unter Umständen so hoch wie bei Gegenstrom und so niedrig wie bei Gleichstrom sein. Die genaue Berechnung des Wärmeüberganges im reinen Kreuzstrom ist äußerst umständlich[a]. Doch läßt er sich mit Hilfe von Tafel 4 für die Bedürfnisse des Dampfkesselwesens genügend genau erfassen.

---

[a] *18*, S. 2021.

Die auf derselben Heizfläche bei verschiedenen Strömungsarten übertragenen Wärmemengen hängen ferner von der Wärmedurchgangszahl ab und können deshalb, wie noch später gezeigt werden wird, unter Umständen bei Kreuzstrom am größten werden, namentlich wenn die Schaltung derart ist, daß die mittlere Temperaturdifferenz der von Gegenstrom gleichkommt. Man wendet daher in der Technik häufig die letztere Schaltung an, solange nicht gewichtige Gründe dagegen sprechen, z. B. die Abneigung, Wasser in Ekonomisern von oben nach unten zu leiten (da dann Luft- und Dampfblasen schlechter als bei umgekehrter Strömung abgeführt werden).

Ist gemäß dem kleinen Hilfsbild in Tafel 4:

$\Delta g =$ Temperaturdifferenz auf der Seite, wo sie am größten ist (am Anfang oder Ende der Heizfläche) in ° C,

$\Delta k =$ Temperaturdifferenz auf der Seite, wo sie am kleinsten ist (am Anfang oder Ende der Heizfläche) in ° C,

so beträgt die mittlere logarithmische Temperaturdifferenz:

$$\Delta t_m = \Delta g \cdot \frac{1 - \dfrac{\Delta k}{\Delta g}}{\ln \cdot \dfrac{\Delta g}{\Delta k}} \, °C^{\,a}. \tag{28}$$

Die Formel kann bei Gleichstrom und bei Gegenstrom angewendet werden. (In der Technik wird der Einfachheit wegen vielfach statt mit der genauen, d. h. der logarithmischen Temperaturdifferenz, mit der arithmetischen gerechnet. Da Tafel 4 aber die Rechenarbeit mit der logarithmischen Formel sehr erleichtert, ist ihre ausschließliche Verwendung vorzuziehen, weil sie die richtigeren Werte gibt.)

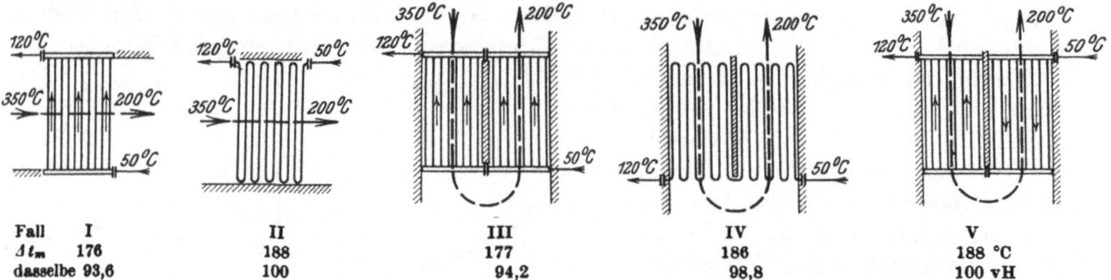

Fall	I	II	III	IV	V
Δt_m	176	188	177	186	188 °C
dasselbe	93,6	100	94,2	98,8	100 vH

Abb. 9. Mittlere logarithmische Temperaturdifferenz Δt_m bei verschiedenen Ekonomiser-Schaltungen mit gleichen Anfangs- und Endtemperaturen von Wasser und Rauchgasen.

Besonders bei Ekonomisern liegt vielfach ein Mittelweg zwischen Gegenstrom und Gleichstrom vor. Um ein Bild vom Einfluß verschiedener Schaltungen auf die mittlere Temperaturdifferenz zu geben, sind in Abb. 9 fünf Fälle dargestellt. In Fall I, der reinem Kreuzstrom am besten entspricht, strömen die Rauchgase senkrecht zu den Ekonomiserrohren, die wasserseitig sämtlich parallel geschaltet sind, derart, daß das kalte Wasser unten ein- und das warme oben austritt.

In Fall II werden die Rohre nacheinander von Wasser durchströmt. Diese Art Kreuzstrom entspricht praktisch genau reinem Gegenstrom. In den übrigen drei Fällen ist die Ekonomiserheizfläche in zwei Züge unterteilt gedacht, Gase und Wasser strömen teils in gleicher, teils in entgegengesetzter Richtung parallel zueinander. Die Rohre sind wasserseitig teils hintereinander, teils parallel geschaltet, die Rauchgase strömen durchweg zuerst durch die eine, dann durch die andere Ekonomiserhälfte. Wie man sieht, variiert unter den angenommenen Temperaturverhältnissen die mittlere Temperaturdifferenz nur um rund 6 vH. Mit Hilfe von Abb. 9 bzw. eines für andere Verhältnisse schnell angefertigten ähnlichen Schemas kann man sich auch in sehr verwickelten

---

^a Nach 2, S. 71.

Fällen schnell ein Bild von den Genauigkeitsgrenzen machen und braucht dann mit Hilfe von Tafel 4 nur entweder mit Gleichstrom oder Gegenstrom zu rechnen und das Ergebnis etwas zu berichtigen.

Beispiel 8: Wie groß ist Δt_m bei einem Ekonomiser mit Gegenstromschaltung, in dem die Rauchgase von 467 auf 312° C abgekühlt werden und das Wasser sich von 120° auf 180° C erwärmt?

$$\Delta g = 467 - 180 = 287° \text{ C}$$

$$\Delta k = 312 - 120 = 192° \text{ C}$$

$$\frac{\Delta k}{\Delta g} = \frac{192}{287} = 0,669 \ .$$

Nach dem in Tafel 4 eingezeichneten Linienzug ergibt sich $\Delta t_m = 236°$ C.

Tafeln 5, 6 und 7 geben Wärmeübergangszahlen von Gasen an Rohrbündel abhängig von Rohrwandtemperatur, Rohrdurchmesser und der Art, Geschwindigkeit, Temperatur und Strömung eines Gases. Die für die Tafeln benutzten, von Reiher[a], Gröber[b] und Nusselt[c] angegebenen Formeln wurden auf Grund der Ähnlichkeitstheorie allgemein aufgestellt und ihre Konstanten durch Versuche bestimmt. Für eine völlig einwandfreie Übertragung der Gleichungen auf einen andern Wärmeaustauscher müssen daher eine Reihe von Ähnlichkeitsbedingungen erfüllt sein, und zwar müssen sowohl die Temperatur- als auch die Geschwindigkeitsfelder, sowie die geometrischen Abmessungen denen des Versuchsapparates ähnlich sein. Die beiden ersten Bedingungen sind im allgemeinen sehr schwer zu erfüllen. Ferner wurden die Versuche mit vollkommen „beruhigter" turbulenter Strömung durchgeführt, bei welcher keine vom Eintritt oder der Wand verursachten Wirbel bestehen. Die technischen Wirbel unterscheiden sich aber von den mikroskopisch kleinen Wirbeln der physikalischen Turbulenz dieser Versuche durch ihre räumliche Ausdehnung. Besonders im Dampfkesselbetrieb wird selten eine „beruhigte" turbulente Strömung vorliegen[d].

Infolgedessen ist die Zuverlässigkeit bzw. Genauigkeit der Formeln nicht in sämtlichen Fällen dieselbe. Trotzdem können, wie eine vom Verfasser vorgenommene Nachrechnung verschiedener, sorgfältig durchgeführter Versuche an Kesseln gezeigt hat, die Tafeln 5, 6, 7 bei etwas Umsicht vorzügliche Dienste leisten.

Tafel 5 und 6: Wärmeübergangszahl durch Berührung α_B von Gasen an Rohrbündel in kcal/m²h° C bei fluchtender (Tafel 5) bzw. versetzter (Tafel 6) Rohranordnung und Gasströmung senkrecht zu den Rohren in Abhängigkeit von der Gastemperatur, der Rohrwandtemperatur t_w, der Gasart, der Gasgeschwindigkeit v, dem Rohrdurchmesser d und der Zahl der hintereinanderliegenden Rohrreihen.

Die Tafeln sind unter Benutzung der von Reiher angegebenen Formel für den Wärmeübergang bei einer zu den Rohren **senkrechten** Strömung errechnet[a]. Tafel 5 gilt für **fluchtende**, Tafel 6 für **versetzt** angeordnete Rohre.

Bedeuten:

α_B = Wärmeübergangszahl, d. h. die auf 1° C Temperaturunterschied zwischen Gas und Rohrwand auf 1 m² Rohrfläche in 1 h durch Berührung übertragene Wärmemenge in kcal/m²h° C,

λ = Wärmeleitzahl des Gases bei der mittleren Temperatur aus Gas- und Rohrwandtemperatur, d. h. die Wärmemenge, die pro 1 m² und Stunde durch eine Gasschicht von 1 m Stärke bei einem Temperaturunterschied von 1° C hindurchgeht in kcal/mh° C,

ϱ = Massendichte des Gases bei der mittleren Temperatur aus Gas- und Rohrwandtemperatur in kgs²/m⁴,

---

[a] *22*, S. 78.   [b] *8*, S. 202ff., *9*, S. 84ff., *12*, S. 452ff.   [c] *19*, S. 685ff.   [d] *30*.

$\mu =$ Zähigkeit des Gases bei der mittleren Temperatur aus Gas- und Rohrwandtemperatur in kgs/m²,

$v =$ Gasgeschwindigkeit an der engsten Stelle zwischen den Rohren in m/s,

$d =$ Rohrdurchmesser in m,

$c =$ Konstante,

so ist:

$$\alpha_B = c \cdot \frac{\lambda}{d} \cdot \left(\frac{v \cdot d \cdot \varrho}{\mu}\right)^n \text{ kcal/m}^2 \text{ h}^\circ \text{C}. \tag{29}$$

Die Tafeln wurden für einen Druck des Gases von 1 at abs. aufgestellt und gelten deshalb für die bei Dampfkesseln vorkommenden Drücke vollkommen genügend genau. Die Werte λ, ϱ, μ sind Funktionen der Temperaturen und der Rauchgaszusammensetzung, was in den beiden Tafeln ebenso wie der Einfluß der Zahl der Rohrreihen berücksichtigt ist. Für fluchtende Rohranordnung ist $n = 0{,}654$, für versetzte $n = 0{,}69$. Die Rohrwandtemperatur kann in diesen Tafeln bei Kessel- und Ekonomiserheizfläche ausreichend genau gleich der mittleren Wasser- (Sattdampf-) Temperatur mit einem Zuschlag von $5-15^\circ$C gesetzt werden. Bei Überhitzern genügt es meist, sie gleich der mittleren Temperatur des überhitzten Dampfes einschließlich eines Zuschlages von $20-50^\circ$C einzusetzen. Ein Fehler bei dieser Schätzung hat auf das Ergebnis, die Wärmeübergangszahl, nur einen geringen Einfluß. Will man aber genauer rechnen, so kann man die Übertemperatur der Rohre aus Abb. 10 u. 11 ermitteln und von ihr bei Benutzung der Tafeln für die Berechnung von Überhitzern ausgehen.

Die Anwendung der beiden Tafeln geht genügend klar aus dem in sie eingezeichneten Beispiele hervor, indem man von Punkt A ausgehend dem angegebenen Linienzug folgt.

Beispiel 9: Gesucht: Wärmeübergangszahl α_B durch Berührung a) für fluchtende, b) für versetzte Rohranordnung bei 1030°C Rauchgastemperatur, 265°C Rohrwandtemperatur, Steinkohle, 6 m/s Rauchgasgeschwindigkeit, 83 mm äußeren Rohrdurchmesser, 10 Rohrreihen.

Es ergeben sich für:

a) fluchtende Rohranordnung nach Tafel 5: $\alpha_B = 22{,}6$ kcal/m²h$^\circ$ C;

b) versetzte Rohranordnung nach Tafel 6: $\alpha_B = 31{,}5$ kcal/m²h$^\circ$ C.

Tafel 7: Wärmeübergangszahl durch Berührung α_B von Gasen an Rohrbündel in kcal/m²h$^\circ$ C für Gasströmung parallel zu den Rohren in Abhängigkeit von der Gastemperatur, der Rohrwandtemperatur t_w, der Rohrlänge, der Gasart, der Gasgeschwindigkeit v und dem Rohrdurchmesser d.

Tafel 7 ist grundsätzlich ebenso aufgebaut wie Tafel 5 und 6, behandelt aber eine zu den Rohren parallele Gasströmung auf Grund der von Nusselt und Groeber angegebenen Formeln[a].

Es bedeuten:

$L =$ bespülte Rohrlänge in m,

$d =$ Rohrdurchmesser in m,

$v =$ Gasgeschwindigkeit in m/s,

$\lambda =$ Wärmeleitzahl des Gases bei der mittleren Temperatur aus Gas- und Rohrwandtemperatur, d. h. die Wärmemenge, die pro m² und Stunde durch eine Gasschicht von 1 m Stärke bei einem Temperaturunterschied von 1° C hindurchgeht in kcal/mh$^\circ$ C,

$c_p =$ wahre spezifische Wärme des Gases bei konstantem Druck bei der mittleren Temperatur aus Gas- und Rohrwandtemperatur, d. h. die Wärmemenge, die nötig ist, um 1 kg des Gases um 1° C zu erwärmen in kcal/kg$^\circ$ C,

$\gamma_1 =$ spezifisches Gewicht des Gases bei der mittleren Temperatur aus Gas- und Rohrwandtemperatur und 1 at abs. Druck in kg/m³,

$p =$ Druck des Gases in at abs.

---

[a] *19*, S. 685, *9*. S. 84ff., *12*, S. 452ff.

Dann ist:

$$\alpha_B = 23{,}7 \cdot L^{-0,05} \cdot d^{-0,16} \cdot (v \cdot p)^{0,79} \cdot \lambda^{0,21} \cdot (\gamma_1 \cdot c_p)^{0,79} \ \text{kcal/m}^2\,\text{h}\,^\circ\text{C}. \qquad (30)$$

Diese Formel wurde für einen Druck des Gases von 1 at abs. dargestellt, was mit genügender Genauigkeit den bei Dampfkesseln vorkommenden Verhältnissen entspricht. Im übrigen gilt für den Gebrauch der Tafeln das zu Tafel 5 und 6 Gesagte.

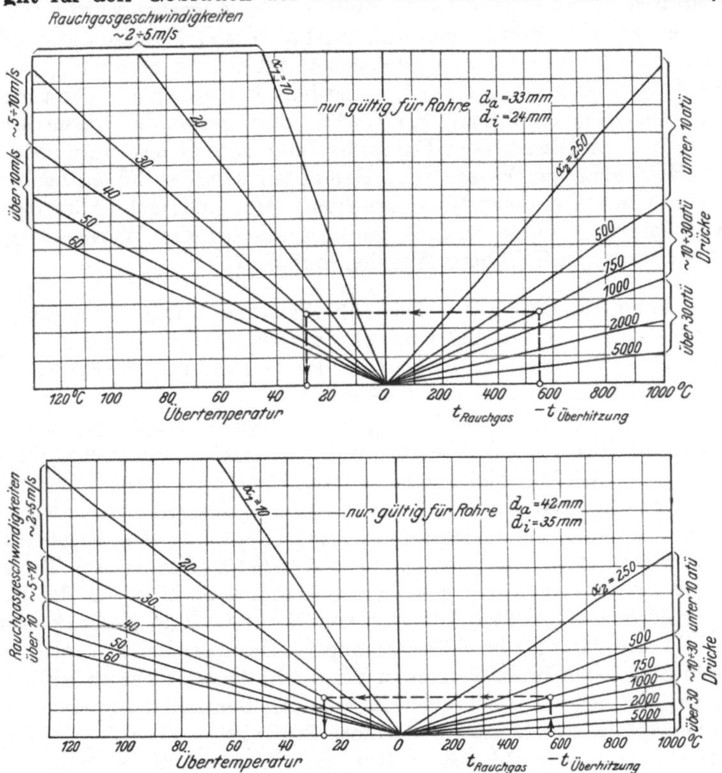

Beispiel: Rauchgastemperatur = 950°, Dampftemperatur 400°. Differenz beider = $t_{Rauchgas} - t_{Überhitzung}$ = 550°; Dampfdruck ~ 20 at entsprechend α_2 ~ 750 kcal/m²h° C; Rauchgasgeschwindigkeit ~ 5 m/s entsprechend α_1 ~ 30 kcal/m²h° C. Wie groß ist die Außentemperatur der Rohre?

Übertemperatur = 29° bei 24/33 mm Rohren, Außenwandtemperatur = 400 + 29 = 429° bei 35/42 mm Rohren,
Übertemperatur = 27° bei 35/42 mm Rohren. Außenwandtemperatur = 400 + 27 = 427° bei 35/42 mm Rohren.

Abb. 10 u. 11. Übertemperatur der Außenwand von Überhitzerrohren über die Dampftemperatur in Abhängigkeit von der Differenz $t_{Rauchgas} - t_{Überhitzung}$ zwischen Rauchgastemperatur und Temperatur des überhitzten Dampfes.

Beispiel 10: Gesucht: Wärmeübergangszahl α_B durch Berührung für Strömung parallel zu den Rohren bei 1030° C Rauchgastemperatur, 265° C Rohrwandtemperatur, Steinkohle, 10 m Rohrlänge, 6 m/s Rauchgasgeschwindigkeit, 83 mm Rohrdurchmesser.

Nach dem eingezeichneten Linienzug ist $\alpha_B = 12$ kcal/m²h° C.

Je nach der Art der Gasströmung ergeben sich somit für sonst gleiche Verhältnisse von Rauchgasgeschwindigkeit, Rohrdurchmesser usw. bei den in den beiden Beispielen gewählten Ausgangswerten folgende Wärmeübergangszahlen:

Strömung senkrecht zu Rohren:		**Strömung parallel zu Rohren:**
versetzte Rohranordnung	fluchtende Rohranordnung	
31,5	22,6	12 kcal/m²h° C
100	72	38 vH.

Die Unterschiede können also sehr beträchtlich werden. Sie werden aber in der Praxis dadurch gemildert, daß mit Rücksicht auf die entstehenden Zugverluste bei versetzten Rohren und einer zu den Rohren senkrechten Gasströmung die Gasgeschwindigkeiten meist niedriger gewählt werden müssen als bei fluchtender Anordnung oder bei Parallelströmung, da sich auch die Zugverluste etwa proportional den Wärmeübergangszahlen ändern. Ferner liegt, wie bereits auf S. 4 gesagt wurde, sehr selten eine völlig eindeutige, den Voraussetzungen von Tafel 5, 6 und 7 genau entsprechende Strömung vor, sondern eine Mischung verschiedener Arten von Strömung, und schließlich spielt, wie bei Tafel 8 noch gezeigt wird, wenigstens bei hohen Temperaturen die Eigenstrahlung der Gase eine erhebliche Rolle. Für den gesamten Wärmedurchgang von den Rauchgasen bis zum Wasser oder Dampf ist dann unter Umständen noch der Wärmeübergang von Heizfläche an Wasser oder Dampf (in seltenen Fällen auch der Wärmeleitungswiderstand der Trennwand) zu beachten. Im Endergebnis ist daher der Einfluß der Gasströmung meist wesentlich geringer als bei der Wärmeübergangszahl α_B selbst. Hierüber finden sich nähere Angaben auf S. 75.

Tafel 8: Wärmeübergangszahl durch Gasstrahlung α_s für CO_2- und H_2O-Schichten in kcal/m²h°C in Abhängigkeit von der Rauchgastemperatur t_R, der Rohrwandtemperatur t_w und dem Produkt aus Partialdruck p und Schichtstärke s des strahlenden Gases.

Der Wärmeübergang durch Berührung ist nur ein Teil des gesamten Wärmeüberganges, da, wie auf S. 10 kurz gezeigt wurde, wenigstens im Gebiete höherer Temperaturen (etwa über 500° C) die Eigenstrahlung der Gase unter Umständen eine beträchtliche Rolle spielt. Von den bei Dampfkesseln in Frage kommenden Gasen haben nur die Kohlensäure und der Wasserdampf eine nennenswerte Eigenstrahlung. Die entsprechenden Werte $(\alpha_s)_{CO_2}$ und $(\alpha_s)_{H_2O}$ in kcal/m²h°C müssen aus Tafel 8 ermittelt und zu α_B addiert werden, um den gesamten Wärmeübergang α_1 auf der Rauchgasseite zu erhalten. Trotz der wertvollen Arbeiten von Nusselt und Schack sowie anderen Forschern ist die Ermittlung der Gasstrahlung in Dampfkesselheizflächen noch immer ziemlich umständlich, weil im allgemeinen die Verhältnisse nicht so einfach und übersichtlich liegen wie in den für die Forschungsarbeiten benutzten Apparaturen. So hängt z. B. die Eigenstrahlung der Gase ab von dem Produkt aus der Stärke der Gasschicht und dem Partialdruck der Kohlensäure bzw. des Wasserdampfes in den Rauchgasen, die aus den beiden Hilfstafeln auf der rechten Seite von Tafel 8 in Abhängigkeit vom unteren Heizwert der Kohle und dem CO_2-Gehalt der trockenen Rauchgase (Orsatanzeige) entnommen werden können. Diese Hilfstafeln stellen den Volumenanteil der Kohlensäure an den nassen Rauchgasen dar, der bei dem meist vorkommenden Druck der Rauchgase von rd. 1 at abs gleich dem Partialdruck ist. Sollte dieser Druck einmal wesentlich von 1 at abs abweichen, so wäre der auf den Hilfsdiagrammen abgelesene Wert noch mit diesem Druck zu multiplizieren, um den tatsächlichen Partialdruck zu bekommen. Die Dicke der strahlenden Gasschicht läßt sich zwar bei Taschenluftvorwärmern mit Heizflächen aus ebenen, parallelen Flächen erheblicher Ausdehnung einfach definieren, doch sind hier meist die Temperaturen schon so niedrig, daß der Gasstrahlung keine große Bedeutung mehr zukommt. Bei der Heizfläche von Schrägrohr- oder Steilrohrkesseln ist jedoch die Dicke der strahlenden Schicht weniger einfach festzulegen. Vorläufig muß man sich daher bei Ermittlung der Stärke der Gasschicht mit einem etwas roh gegriffenen Wert begnügen. Kleine Abweichungen von der tatsächlich wirksamen Stärke der Gasschicht haben aber auf das Gesamtergebnis keinen großen Einfluß. In Abb. 12 ist maßstäblich ein Querschnitt durch die Rohrbündel verschiedener Heizflächen deutscher Bauart gezeichnet. Man kommt der Wirklichkeit sehr nahe, wenn man als Stärke s der strahlenden Gasschicht die aus der Skizze auf Tafel 8 rechts oben sich ergebenden Werte wählt. Hierzu wird es im allgemeinen keiner umständlichen Ermittlung bedürfen, da man die betreffenden Maße meist aus den Kesselzeichnungen entnehmen kann. Ist die Schichtstärke in beiden Richtungen stark verschieden, so rechnet man am einfachsten mit dem Mittelwert aus beiden.

Der Gebrauch der Tafel 8 ist folgender:

Man geht für den Fall der CO_2-Strahlung zunächst von der Rauchgastemperatur, Punkt A, senkrecht nach oben bis zum Schnitt mit der entsprechenden Kurve $p \cdot s$, Punkt B_1. Der Wert s wird aus den Abmessungen des Kessels ermittelt, p für CO_2 der oberen Hilfstafel an der rechten Seite von Tafel 8 in Abhängigkeit vom unteren Heizwert und dem CO_2-Gehalt (Orsatanzeige) entnommen. Von B_1 geht man horizontal nach C_1 und findet dort die Größe φ. Darauf wird auf derselben Senkrechten von A

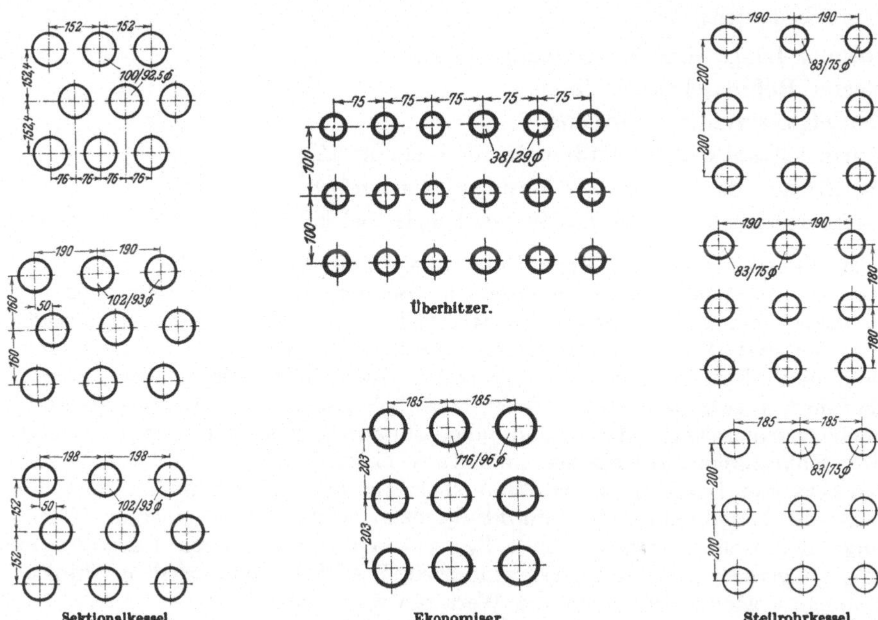

Abb. 12. Schnitt durch die Rohrbündel verschiedener Heizflächen deutscher Bauart.

aus bis zu der gegebenen Rohrwandtemperatur gegangen, Punkt B_2, von hier aus wagerecht bis zum Schnitt mit der entsprechenden φ-Linie, Punkt B_3, und dann senkrecht nach C_2, wo $(\alpha_s)_{CO_2}$ für die CO_2-Strahlung abzulesen ist. Auf entsprechende Weise wird die Größe $(\alpha_s)_{H_2O}$ für die Strahlung des Wasserdampfes aus der unteren Hälfte von Tafel 8 ermittelt. Beide Werte addiert, geben den Wärmeübergang von den Rauchgasen an die Rohrwand durch Gasstrahlung wieder. Die Größe φ ist das Strahlungsvermögen des betreffenden Gases in vH der Strahlung des absolut schwarzen Körpers.

Beispiel 11: Gesucht: Wärmeübergangszahl durch Gasstrahlung für eine Kohle von $\mathfrak{H}_u = 6900$ kcal/kg, 14 vH CO_2 im Orsat, 185 mm Rohrteilung, 83 mm Rohrdurchmesser, 265° C Rohrwandtemperatur für eine Rauchgastemperatur von

a) $t_R = 1030°$ C (Vorheizfläche eines Kessels),

b) $t_R = 493°$ C (Nachheizfläche eines Kessels).

Aus den Hilfsdiagrammen auf der rechten Seite ergibt sich $p_{CO_2} = 0,13$ at abs, $p_{H_2O} = 0,06$ at abs.

Nach der Skizze rechts oben ist $s = 185 - \dfrac{83}{2} = 143,5$ mm

$$(p \cdot s)_{CO_2} = 0,13 \cdot 143,5 = 18,7;$$
$$(p \cdot s)_{H_2O} = 0,06 \cdot 143,5 = 8,6;$$

a) $t_R = 1030°$ C	b) $t_R = 493°$ C
$\varphi_{CO_2} = 6,55 \ .. \ (\alpha_s)_{CO_2} = 11,9$ kcal/m²h°C	$\varphi_{CO_2} = 9,25 \ .. \ (\alpha_s)_{CO_2} = 5,3$ kcal/m²h°C
$\varphi_{H_2O} = 2,75 \ .. \ (\alpha_s)_{H_2O} = 4,9$ kcal/m²h°C	$\varphi_{H_2O} = 3,8 \ .. \ (\alpha_s)_{H_2O} = 2,0$ kcal/m²h°C
$\alpha_s = 16,8$ kcal/m²h°C	$\alpha_s = 7,3$ kcal/m²h°C

Tafel 9: (Innere) Wärmeübergangszahl α_2 von Rohrwand an überhitzten Dampf in kcal/m²h° C in Abhängigkeit von Dampfdruck p, Dampftemperatur, Länge einer Rohrschlange L, innerem Rohrdurchmesser d und Dampfgeschwindigkeit v.

Tafel 9 gibt die Wärmeübergangszahl α_2 in kcal/m²h° C von Rohrwandung an die Rohre durchströmenden überhitzten Dampf nach der von Nusselt und Gröber stammenden Formel[a]:

$$\alpha_2 = 23{,}7 \cdot L^{-0{,}05} \cdot d^{-0{,}16} \cdot v^{0{,}79} \cdot \lambda^{0{,}21} \cdot (\gamma \cdot c_p)^{0{,}79} \quad \text{kcal/m²h ° C} . \tag{31}$$

Hierin bedeuten:

L = gesamte Länge einer Rohrschlange in m,

d = innerer Rohrdurchmesser in m,

v = Dampfgeschwindigkeit in m/s,

λ = Wärmeleitzahl des Wasserdampfes in kcal/mh° C,

γ = spezifisches Gewicht des Wasserdampfes in kg/m³,

c_p = wahre spezifische Wärme des Wasserdampfes bei konstantem Druck in kcal/kg° C.

L ist diejenige beheizte Länge Rohr, durch welche der einzelne Teildampfstrom unter stetiger Erwärmung bei konstantem Querschnitt fließt. Im allgemeinen wird die gesamte Länge aus einem einzigen glatten, völlig in den Rauchgasen liegenden Rohr bestehen. Es sind aber auch Ausführungen denkbar, bei denen die Rohrschlangen aus einzelnen durch Zwischenstücke von größerem Querschnitt miteinander verbundenen Rohrabschnitten hergestellt sind, wobei die Zwischenstücke im allgemeinen außerhalb des Rauchgasstromes liegen. In solchen Fällen ist dann L gleich der Länge eines einzelnen beheizten Rohrabschnittes zwischen zwei Zwischenstücken.

Man geht vom Dampfdruck, Punkt A, senkrecht bis zum Schnitt mit der passenden Kurve für die Dampftemperatur, Punkt B_1, dann wagerecht zu einer der Linien für die Länge der Rohrschlangen, Punkt B_2, senkrecht zum inneren Rohrdurchmesser, Punkt B_3, wagerecht zur Dampfgeschwindigkeit, Punkt B_4, und erhält in Punkt C auf der wagerechten Achse den gesuchten Wert von α_2 in kcal/m²h° C.

Beispiel 12: Gesucht: Wärmeübergangszahl α_2 für einen Überhitzer bei 40 at abs., 425° C Endtemperatur, 50 m Schlangenlänge, 32 mm innerem Rohrdurchmesser, 20 m/s Dampfgeschwindigkeit. Die zugrunde zu legende Dampftemperatur ist das Mittel aus der Sättigungstemperatur und der Endtemperatur, also $\dfrac{250 + 425}{2} = 337°$ C. Damit ergibt sich $\alpha_2 = 1030$ kcal/m²h° C.

Um auch die Rohrwandtemperaturen bei Überhitzern auf möglichst einfache Art bestimmen zu können, wurde aus den Gleichungen für den Wärmeübergang und -durchgang eine Gleichung für die Außentemperatur des Rohres entwickelt, mit der zu rechnen allerdings sehr umständlich ist. Aus diesem Grunde wurde sie für zwei in der Praxis vorwiegend übliche Rohrabmessungen und reine Heizflächen zu Näherungsgleichungen vereinfacht, die in den Abb. 10 und 11, S. 21 graphisch dargestellt sind.

Tafel 10: Wärmedurchgangszahl k in kcal/m²h° C in Abhängigkeit von den Wärmeübergangszahlen α_1 und α_2.

Kennt man die Wärmeübergangszahl vom Gas an die Heizfläche und von der Heizfläche an das beheizte Medium, so beträgt die Wärmedurchgangszahl:

$$k = \frac{1}{\dfrac{1}{\alpha_1} + \dfrac{\delta}{\lambda} + \dfrac{1}{\alpha_2}} \quad \text{kcal/m²h° C} . \tag{2}$$

---

[a] *12*, S. 453.

Hierin bedeuten:

$\alpha_1 =$ Wärmeübergangszahl auf der beheizten Seite der Heizfläche in kcal/m²h ° C,
$\alpha_2 =$ Wärmeübergangszahl auf der gekühlten Seite der Heizfläche in kcal/m²h ° C,
$\delta \ =$ Wandstärke der Heizfläche in m,
$\lambda \ =$ Wärmeleitzahl der Heizfläche in kcal/mh ° C.

Bei Wasserrohrkesseln, Überhitzern, Luftvorwärmern und Ekonomisern mit reiner Heizfläche kann der Wärmedurchgangswiderstand durch die Rohrwandung hindurch fast stets vernachlässigt werden, weil er gegenüber den beiden übrigen Werten sehr klein ist. Dadurch vereinfacht sich obige Formel zu:

$$k = \frac{1}{\dfrac{1}{\alpha_1} + \dfrac{1}{\alpha_2}} \text{ kcal/m}^2\text{h}° \text{C}. \tag{8}$$

Tafel 10 dient dazu, den Wert k ohne Rechnung schnell aufzufinden. Zunächst wird der Wert α_1 als Summe von α_B und α_S aus Tafel 5, 6, 7, 8 oder 15, sowie der Wert α_2 aus Tafel 9 oder 15, je nach den vorliegenden Verhältnissen, entnommen. Folgt man von der Achse für α_1 ausgehend, Punkt A, dem eingezeichneten Weg, so findet man an der Ordinatenachse den gewünschten Wert in kcal/m²h ° C.

Beispiel 13: Bei einem Überhitzer sei die Wärmeübergangszahl

von Gas an Rohrwand zu $\quad \alpha_1 = 43,5$ kcal/m²h ° C,

von Rohrwand an Dampf zu $\quad \alpha_2 = 1030$ kcal/m²h ° C

ermittelt worden.

Für diese beiden Werte ergibt sich nach dem in Tafel 10 eingetragenen Linienzug ein Wert für die Wärmedurchgangszahl von

$$k = 41,6 \text{ kcal/m}^2\text{h}° \text{C}.$$

Beispiel 14: Bei einer Kesselheizfläche sei die Wärmeübergangszahl von Rauchgasen an Rohrwand ermittelt worden zu $\alpha_1 = 34,1$ kcal/m²h ° C.

Nach „Hütte" Bd. 1, 25. Auflage, S. 460, beträgt die Wärmeübergangszahl α_2 an siedendes Wasser 2000—6000 kcal/m²h ° C, wobei die höheren Werte zu höheren Temperaturen und Temperaturunterschieden sowie lebhaft bewegtem Wasser gehören. Ein Mittelwert von $\alpha_2 = 4000$ kcal/m²h ° C als Wärmeübergangszahl von Rohrwand an das Wasser wird also die Verhältnisse beim Dampfkessel kaum zu günstig schätzen.

Aus Tafel 10 ergibt sich dann für $\alpha_1 = 34,1$ kcal/m²h ° C und $\alpha_2 = 4000$ kcal/m²h ° C eine Wärmedurchgangszahl $k = 33,8$ kcal/m²h ° C.

Der Unterschied zwischen der Wärmedurchgangszahl k und der Wärmeübergangszahl von Rauchgasen an Rohrwand ist also bei obigen Annahmen nur rd. 1 vH. Noch geringer ist der Einfluß der Rohrwandstärke, vorausgesetzt, daß die Heizfläche rein ist. Natürlich kann die Abweichung unter Umständen auch größer als 1 vH werden, doch wird sie stets innerhalb des Fehlerbereiches des ganzen Verfahrens bleiben.

Es kann deshalb ganz allgemein gesagt werden, daß es bei wasserbespülten Heizflächen, wie z. B. den Rohren von Wasserrohrkesseln und bei Ekonomisern genügt, an Stelle der Wärmedurchgangszahl k die Wärmeübergangszahl α_1 von Rauchgasen an Rohrwand zu setzen, natürlich unter der Voraussetzung, daß der Wasserumlauf gut und die Heizflächen rein sind.

Soll der Einfluß der Wandstärke der Heizfläche und etwaiger Verunreinigungen auf der Wasserseite und der Rauchgasseite mit berücksichtigt werden, so lautet die Formel:

$$k = \frac{1}{\dfrac{1}{\alpha_1} + \dfrac{\delta_1}{\lambda_1} + \dfrac{\delta}{\lambda} + \dfrac{\delta_2}{\lambda_2} + \dfrac{1}{\alpha_2}} \text{ kcal/m}^2\text{h}° \text{C}. \tag{7}$$

Hierin bedeuten:

$\alpha_1 =$ Wärmeübergangszahl auf der beheizten Seite der Heizfläche in kcal/m²h ° C,
$\alpha_2 =$ Wärmeübergangszahl auf der gekühlten Seite der Heizfläche in kcal/m²h ° C,

δ_1 = Dicke der Verunreinigung auf der beheizten Seite der Heizfläche in m,
λ_1 = Wärmeleitzahl der Verunreinigung auf der beheizten Seite der Heizfläche in kcal/mh° C,
δ = Wandstärke der Heizfläche in m,
λ = Wärmeleitzahl der Heizfläche in kcal/mh° C,
δ_2 = Dicke der Verunreinigung auf der gekühlten Seite der Heizfläche in m,
λ_2 = Wärmeleitzahl der Verunreinigung auf der gekühlten Seite der Heizfläche in kcal/mh° C.

Die Wärmeleitzahl λ in kcal/mh° C beträgt für:

Flußeisen		Flugasche	0,06—0,1
Flußstahl	40—60		
Gußeisen		Kesselstein	0,07—2,0 [a]
Kupfer	260—340	Ölbelag	rd. 0,1
Messing	70—100	Asbest	0,180 bei 200°
Ziegelmauerwerk 0,35—0,45		Hohlziegelmauerwerk 0,27	

Schamottesteine	0,51 bei 200° bis 0,82 bei 1000°	
Magnesitsteine	1,15 bei 200° bis 1,43 bei 1000°	
Kieselgursteine		Mit ± 20 vH
spez. Gew. = 300 kg/m³	0,075 bei 100° bis 0,125 bei 500°	Abweichung
Kieselgursteine		
spez. Gew. = 600 kg/m³	0,110 bei 100° bis 0,160 bei 500°	
Carborundumsteine	rd. 4 bis 6	

Was die Wärmeleitzahl von Kesselstein betrifft, so ist deren Größe in erster Linie von seiner Zusammensetzung abhängig[a]. Ein **gipsreicher** Belag setzt sich als Stein von hoher Dichte ab und hat ein verhältnismäßig gutes Wärmeleitvermögen ($\sim$ 0,7 bis 2,0 kcal/mh° C). **Kalkreiche** Beläge haben im allgemeinen eine Leitzahl von rd. 1 kcal/mh° C, können aber gelegentlich auch sehr porös auftreten; die Wärmeleitzahl sinkt dann unter 0,2 kcal/mh° C. **Siliziumreiche** Ablagerungen haben dagegen selbst im günstigsten Fall eine Wärmeleitzahl unter 0,2 kcal/mh° C. Der kleinste festgestellte Wert war 0,07 kcal/mh° C bei einem sehr lockeren, porösen Stein. Derartige Steine können daher schon bei Stärken unter 1 mm sehr gefährlich für hoch belastete Kesselrohre werden.

Abb. 13 und 14 enthalten als Ergänzung der tabellarischen Werte noch die zum Teil anderen Quellen entnommenen Wärmeleitzahlen für verschiedene Einmauerungsstoffe und Isoliermittel in Abhängigkeit von der Temperatur. Sie weichen zum Teil nicht unerheblich von den oben angeführten, der Hütte Bd. 1, 25. Auflage, S. 448—450 entnommenen, teilweise auf anderen Untersuchungen beruhenden Werten ab. Sie zeigen übereinstimmend, daß die Wärmeleitzahl um so größer wird, je höher die Temperatur, je größer das spezifische Gewicht und je größer der Wassergehalt eines Stoffes ist. Manche besonders gute Isolierstoffe sind aber in vielen Fällen, z. B. bei Kesseleinmauerungen, wegen ihrer ungenügenden Widerstandsfähigkeit gegen hohe Temperaturen und weil sie infolge ihres porösen Gefüges keinen nennenswerten Druck vertragen, ungeeignet. In Abb. 15 sind in Abhängigkeit vom Temperaturunterschied zwischen Wand und Luft bzw. von der Luftgeschwindigkeit die Wärmeübergangszahlen durch Berührung α_B in kcal/m²h° C (ohne Strahlung) nach den Untersuchungen verschiedener Forscher zusammengetragen. Sie sind ebenso wie Abb. 13 und 14 vor allem für die Berechnungen von Kesseleinmauerungen bestimmt und weichen zum Teil sehr erheblich voneinander ab, weil u. a. selbst geringfügige Unterschiede in der Versuchsanordnung sich sehr stark auswirken.

---

[a] *5.*

Beispiel 15: Für dieselbe Heizfläche wie beim letzten Beispiel soll für den Fall, daß das Rohr außen durch eine 3 mm starke Flugaschenschicht ($\lambda_1 = 0{,}08$ kcal/mh° C), innen durch eine 1 mm starke Kesselsteinschicht ($\lambda_2 = 1$ kcal/mh° C) verunreinigt ist, die Wärmedurchgangszahl gerechnet werden. Dabei soll auch die Wärmeleitung der Rohrwand berücksichtigt werden.

Es ist also:

$$\alpha_1 = 34{,}1 \text{ kcal/m}^2\text{h}° \text{C} \qquad \delta = 0{,}004 \text{ m}$$
$$\alpha_2 = 4000 \text{ kcal/m}^2\text{h}° \text{C} \qquad \lambda = 40 \text{ kcal/mh}° \text{C}$$
$$\delta_1 = 0{,}003 \text{ m} \qquad \delta_2 = 0{,}001 \text{ m}$$
$$\lambda_1 = 0{,}08 \text{ kcal/mh}° \text{C} \qquad \lambda_2 = 1 \text{ kcal/mh}° \text{C}$$

$$k = \cfrac{1}{\cfrac{1}{34{,}1} + \cfrac{0{,}003}{0{,}08} + \cfrac{0{,}004}{40} + \cfrac{0{,}001}{1} + \cfrac{1}{4000}}$$

$$k = \frac{1}{0{,}02933 + 0{,}03750 + 0{,}00010 + 0{,}00100 + 0{,}00025} = 14{,}7 \text{ kcal/m}^2\text{h}° \text{C}.$$

Es ist deutlich zu erkennen (siehe auch Abb. 3), daß vor allem der Flugaschenbelag den Wärmeübergang verschlechtert. Kesselstein kann je nach seiner Natur und Dicke eine ähnliche Wirkung haben, ist aber tatsächlich insofern weit unangenehmer als ein Flugaschenbelag, als durch ihn die Temperatur des Rohres erhöht und damit die Festigkeit gefährdet wird.

Tafeln 1—10 haben mehr allgemeine Gültigkeit und gestatten die rechnerische Verfolgung des Einflusses einer großen Zahl der verschiedenartigsten Faktoren. Sie sind daher besonders für grundsätzliche Rechnungen geeignet. Außerdem sollen sie

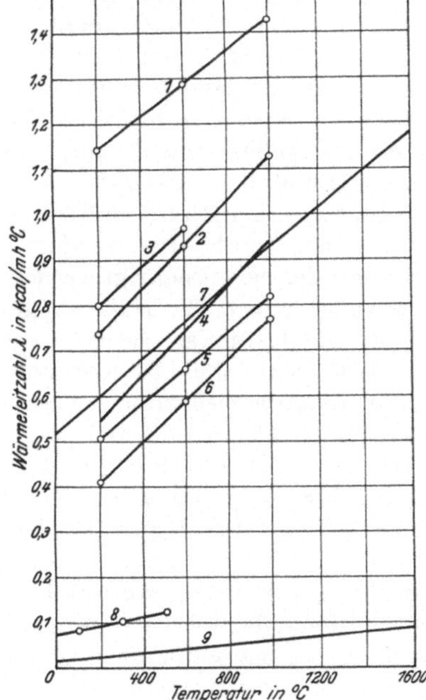

Abb. 13. Wärmeleitzahlen einiger Einmauerungsstoffe.

1 Magnesit; Hütte 25. Aufl.
2 Dinas; Hütte 25. Aufl.
3
4
5 Schamottesteine {Goerens, Heyn, Rinsum, Heyn, Mittlere Kurve} s. Hütte, 25. Aufl.
6
7
8 Gebrannte Kieselgursteine $\gamma = 300$ kg/m³ Hütte 25. Aufl.
9 Ruhende Luft; Hütte 25. Aufl.

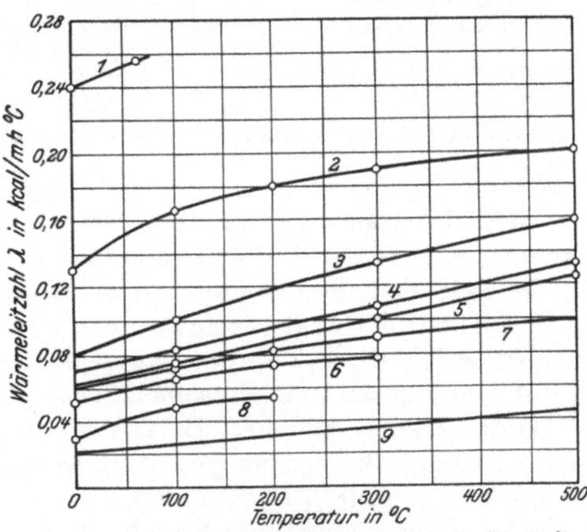

Abb. 14. Wärmeleitzahlen einiger Isolierstofte.

1 Schlackenbeton; Knoblauch
2 Asbest; Nusselt[a]
3
4 Kieselgursteine {$\gamma = 600$ kg/m³, $\gamma = 400$ kg/m³, $\gamma = 300$ kg/m³} Hütte 25. Aufl.
5
6 loser Kieselgur; Nusselt[a]
7 Schlackenwolle $\gamma = 420$ kg/m³ Hütte 25. Aufl.
8 Korkmehl; Nusselt[a]
9 Ruhende Luft; Hütte 25. Aufl.

die Grundlage bilden für das Rechnen mit den nun folgenden Tafeln, indem die dort nötigen Größen aus Tafel 1—10 entnommen werden. Die Tafeln 11, 12, 13, 14 und 16 dienen zur Bestimmung einer Heizfläche auf Grund gegebener Temperaturen oder zur

---

[a] 20.

Ermittlung von Temperaturen zu einer gegebenen Heizfläche. Der erste Weg ist der einfachere. Im zweiten Falle muß man zunächst die gesuchten Temperaturen schätzen. Auf Grund dieser Schätzung kann man die Wärmedurchgangszahl, die mittlere Temperaturdifferenz und damit die übertragene Wärmemenge bestimmen. Sodann hat man zu prüfen, ob diese mit der aus der Rauchgasabkühlung sich ergebenden Wärmemenge übereinstimmt und muß unter Umständen die Rechnung so oft wiederholen, bis dies der Fall ist, was übrigens bei einiger Geschicklichkeit rasch gelingt.

Bei den Tafeln zur Ermittlung der erforderlichen Heizfläche lag es nahe, von 1 kg verbrannter Kohle auszugehen. Im rechten unteren Quadranten muß darauf geachtet werden, daß beim Durchlaufen von links nach rechts k, Δt_m, von rechts nach links Δt_m, k als Reihenfolge eingehalten wird. Eine Vertauschung hätte ein falsches Ergebnis zur Folge. Bei Ermittlung der Überhitzer- und Ekonomiserheizfläche mußte aber außerdem noch die Verdampfungsziffer berücksichtigt werden, worüber auf S. 29 Näheres gesagt ist. Im übrigen werden die Tafeln ganz ähnlich gebraucht wie die vorhergehenden.

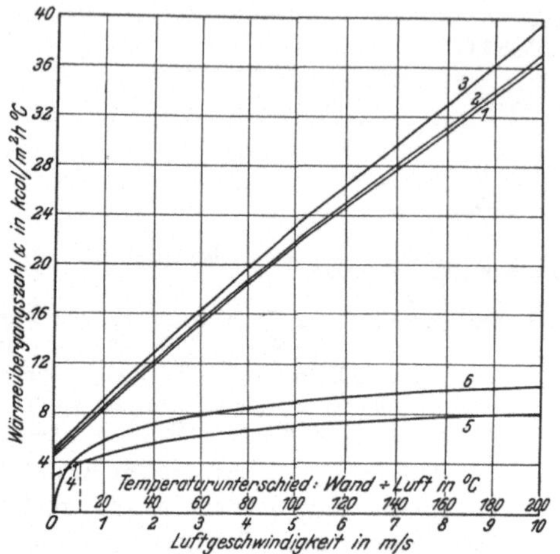

Abb. 15. Wärmeübergangszahlen $\varkappa_B$ zwischen warmen Wänden und Luft.

1 Wandoberfläche poliert ⎫ für senkrechte Wände abhängig von der Luft-
2 Wandoberfläche gewalzt ⎬ geschwindigkeit.
3 Wandoberfläche gerauht ⎭ Jürgens, Hütte 25. Aufl.

4 Temperaturunterschied Wand ÷ Luft < 10° C ⎱ für senkrechte Wände u. Rohre, abhängig vom
5 Temperaturunterschied Wand ÷ Luft > 10° C ⎰ Temperaturunterschied. Nusselt, Hütte 25. Aufl.

6 Wagerechte Wand, abhängig vom Temperaturunterschied; Nusselt, Hütte 25. Aufl.

Tafel 11: Kesselheizfläche in m²/kg für 1 kg stündlich vollständig verbrannte Kohle in Abhängigkeit vom unteren Heizwert $\mathfrak{H}_u$ der Kohle, dem CO_2-Gehalt der Rauchgase, den Rauchgastemperaturen t_R vor und hinter der Heizfläche, der Rauchgasmenge je kg Kohle, der Wärmedurchgangszahl k und der mittleren Temperaturdifferenz Δt_m.

Sehr häufig wird die Kesselheizfläche gesucht, die nötig ist, um die bei vollständiger Verbrennung einer gewissen Brennstoffmenge mit bestimmtem Heizwert entstehende Rauchgasmenge bei einem gewissen CO_2-Gehalt von einer Anfangstemperatur t_1 auf eine Endtemperatur t_2 abzukühlen.

Tafel 11 gibt die für 1 kg stündlich vollständig verbrannte Kohle erforderliche Kesselheizfläche für die verschiedensten Voraussetzungen an. Die aus 1 kg Kohle entstehenden Nm³ Rauchgase werden aus Tafel 1 entnommen, die Werte k aus Tafel 5, 6 oder 7 und 8 (siehe Beispiele 14, 15), die Werte Δt_m aus Tafel 4. Die gesamte Kesselheizfläche ergibt sich dann als Produkt aus der Kesselheizfläche je kg stündlich verbrannter Kohle und der stündlich verbrannten Kohlenmenge. Für den Fall, daß Überhitzer eingebaut sind, muß sowohl die Vorheizfläche als auch die Nachheizfläche getrennt errechnet werden, Beispiel 24. Ist der CO_2-Gehalt der Rauchgase vor und hinter einer Heizfläche etwas verschieden, so rechnet man für diese Heizfläche am einfachsten mit dem Mittelwert aus beiden und bestimmt damit auch die Rauchgasmenge auf 1 kg Kohle. Für verschiedene Teile eines ganzen Kessels, z. B. Vorheizfläche, Überhitzer, Nachheizfläche, Ekonomiser kann dann jeweils mit dem zugehörigen mittleren CO_2-Gehalt gerechnet und dadurch der allmählichen Abnahme des Luftüberschusses weitgehend Rechnung getragen werden. Ist der Abfall des CO_2-Gehaltes in einer Heizfläche beträchtlich, so muß entsprechend S. 45 verfahren werden, da sonst unter Umständen zu große Fehler entstehen könnten.

Die Anwendung der Tafel wird am besten unmittelbar an einem Beispiel gezeigt.

Beispiel 16: Gegeben:

Stündlich verbrannte Kohlenmenge . . .	8290 kg/h
Unterer Heizwert der Kohle	6900 kcal/kg
CO_2-Gehalt nach Orsatanalyse.	14 vH
Rauchgastemperatur vor Heizfläche . . .	1260° C
Rauchgastemperatur hinter Heizfläche . .	800° C
Wärmedurchgangszahl k	34,1 kcal/m²h° C
Temperatur des Kesselwassers (40 at abs.)	250° C.

Gesucht: Die erforderliche Kesselheizfläche (Vorheizfläche).

Aus Tafel 1 findet man zunächst für 14 vH CO_2 und 18,7 vH $CO_{2\,max}$ ein $\lambda = 1,34$, dann beträgt für $\mathfrak{H}_u = 6900$ kcal/kg und $\lambda = 1,34$ die Rauchgasmenge 10,3 Nm³/kg Kohle. Mit Hilfe von Tafel 4 wird $\varDelta t_m = 756°$ C ermittelt.

Man beginnt dann in Tafel 11 beim Heizwert der Kohle, Punkt A_1, geht senkrecht nach oben bis zu der 14 vH CO_2-Gehalt entsprechenden Kurve, Punkt B_1. Der Schnittpunkt wird in die rechte Ordinatenachse horizontal hinüberprojiziert, Punkt B_2. Von dort aus zieht man eine Linie nach Punkt O, die man gleichmäßig zwischen den schon eingezeichneten Linien verlaufen läßt. Von ihrem Schnittpunkt B_3 mit einer Senkrechten von der Temperatur 1260° aus, Punkt A_2, zieht man eine Horizontale nach links. Sodann geht man von 800° C aus, Punkt A_3, nach oben bis Punkt B_4, von B_4 horizontal nach links bis B_5, zwischen den schrägen Linien hoch zum Schnitt B_6 mit der vorher gezeichneten Horizontalen. Von B_6 abwärts auf den Schnitt mit der Linie für 10,3 Nm³/kg, Punkt B_7, dann horizontal auf die $k = 34,1$ kcal/m²h° C entsprechende Linie, Punkt B_8, senkrecht nach $\varDelta t_m = 756°$ C, Punkt B_9, von hier aus nach rechts, wo man die für 1 kg Kohle benötigte Heizfläche zu 0,069 m²/kg, Punkt C, und damit die insgesamt benötigte Heizfläche zu $8290 \cdot 0,069 = 570$ m² ermittelt. Um das Beispiel tunlichst kurz und übersichtlich zu machen, wurde die Größe k als bekannt vorausgesetzt. Ihre Ermittlung ist aus Beispiel 24, S. 41, zu ersehen.

Tafel 12: Kesselheizfläche (Vorheizfläche) in m²/kg für 1 kg stündlich vollständig verbrannte Kohle in Abhängigkeit vom unteren Heizwert der Kohle $\mathfrak{H}_u$, dem CO_2-Gehalt der Rauchgase, den Rauchgastemperaturen t_R vor und hinter der Heizfläche, der Rauchgasmenge je kg Kohle, der Wärmedurchgangszahl k und der mittleren Temperaturdifferenz $\varDelta t_m$.

Neuzeitliche Wasserrohrkessel haben in den allermeisten Fällen Überhitzer. Bei Bestimmung der erforderlichen Kesselheizfläche muß man bei ihnen zuerst die Vorheizfläche und dann die Nachheizfläche getrennt ermitteln. Tafel 12 ist für diesen Zweck für einen kleineren Temperaturbereich, sonst aber genau so entworfen wie Tafel 11. Über ihren Gebrauch sei daher auf die Ausführungen zu Tafel 11 und Beispiel 16 verwiesen.

Tafel 13: Rauchgastemperaturen vor bzw. hinter Überhitzer sowie Überhitzerheizfläche in m²/kg für 1 kg stündlich vollständig verbrannte Kohle in Abhängigkeit vom unteren Heizwert der Kohle $\mathfrak{H}_u$, dem CO_2-Gehalt der Rauchgase, den Rauchgastemperaturen t_R hinter bzw. vor Überhitzer, der Verdampfungsziffer, der Überhitzungswärme, der Rauchgasmenge je kg Kohle, der Wärmedurchgangszahl k und der mittleren Temperaturdifferenz $\varDelta t_m$.

Ähnlich wie Tafel 11 und 12 für die Berechnung der Kesselheizfläche bestimmt sind, dient Tafel 13 zur Ermittlung der Überhitzerheizfläche. Auch sie gibt die für 1 kg stündlich vollständig verbrannte Kohle erforderliche Heizfläche an. Die Heizfläche je kg Kohle wird jedoch bei derselben Überhitzung und derselben Dampfmenge verschieden ausfallen, je nachdem, welche Kohle verbrannt wird, mit welcher Temperatur die Rauchgase die Kesselanlage verlassen, mit welcher Temperatur das Speisewasser zur Verfügung steht, wie groß das Restglied und der Verlust durch Unverbranntes, kurz, wie hoch der Kesselwirkungsgrad ist. Diese Umstände wurden berücksichtigt, indem von der Verdampfungsziffer, die angibt, wieviel kg Dampf mit 1 kg Kohle erzeugt werden, ausgegangen wurde. Außer dem Heizwert der verbrannten Kohle und der Temperatur, Menge und Zusammensetzung der Rauchgase spielen die je 1 kg Dampf im Überhitzer zugeführte Wärmemenge, die mittlere Temperaturdifferenz zwischen Rauchgasen und Dampf und die von der Lage und baulichen Ausführung des Überhitzers abhängige Wärmedurchgangszahl eine Rolle. Der Gebrauch der Tafel wird zweckmäßigerweise an einem ausführlichen Rechenbeispiel gezeigt.

Beispiel 17: Gesucht sind Heizfläche des Überhitzers und Rauchgastemperatur hinter Überhitzer bei einer stündlich verbrannten Kohlenmenge von 8290 kg/h, einer Kohle von 6900 kcal/kg unterem Heizwert, 14 vH CO_2, 800° C Rauchgastemperatur vor Überhitzer, einer Verdampfungsziffer von 9,05, einer Überhitzung des Dampfes auf 425° C bei 40 at abs., einer Rauchgasgeschwindigkeit von 7 m/s, einer Dampfgeschwindigkeit von 20 m/s, Rohrdurchmessern von 32/42 mm, Rohrteilung von 97 mm, Schlangenlänge von 50 m. Die Rauchgase strömen senkrecht zu den Rohren und der Dampf soll im Gegenstrom zu den Rauchgasen geführt werden. Die Feuchtigkeit des Sattdampfes sei 0 vH.

Es wird zunächst die Rauchgastemperatur hinter Überhitzer bestimmt. Aus der JS-Tafel von Mollier („Hütte", 25. Aufl., S. 484) findet man die Wärmeaufnahme von 1 kg Dampf im Überhitzer zu 115 kcal und aus Tafel 1 die Rauchgasmenge je 1 kg verbrannte Kohle zu 10,3 Nm³/kg. Ähnlich wie bei Tafel 11 oder 12 geht man von 6900 kcal/kg, Punkt A_1, senkrecht nach oben auf 14 vH CO_2, Punkt B_1, der in die rechte Ordinatenachse horizontal hinüberprojiziert wird, Punkt B_2. Von B_2 läßt man nach links unten eine Linie zwischen den schon eingezeichneten verlaufen, auf der man B_3 als Schnitt mit einer von 800° C, Punkt A_2, kommenden Vertikalen findet, dann zieht man durch B_3 eine Horizontale nach links, deren Endpunkt noch unbestimmt ist. Nun geht man von der Verdampfungsziffer 9,05, Punkt A_3, senkrecht nach unten auf 115 kcal/kg Überhitzungswärme, Punkt B_4. Von B_4 aus horizontal nach links bis 10,3 Nm³/kg Rauchgas, Punkt B_5. Eine Vertikale durch B_5 nach oben schneidet die Horizontale durch B_3 in Punkt B_6. Von B_6 aus schräg abwärts nach B_7, dann horizontal auf die für die Rauchgaszusammensetzung kennzeichnende Linie durch B_8, Punkt B_8. Senkrecht nach unten gibt 520° C Rauchgastemperatur hinter Überhitzer, Punkt C_1.

Mit diesem Wert werden aus den Tafeln 5, 8, 9 und 10 die Wärmedurchgangszahl zu $k = 41,6$ kcal/m²h° C und aus Tafel 4 die mittlere Temperaturdifferenz zu $\Delta t_m = 319°$ C ermittelt[a]. Die Überhitzerheizfläche bekommt man dann, indem man von Punkt B_4 nach rechts auf $k = 41,6$ kcal/m²h° C, Punkt B_9, dann senkrecht nach $\Delta t_m = 319°$ C, Punkt B_{10}, geht. Auf der rechten Skala wird die für 1 kg Kohle benötigte Heizfläche zu 0,079 m²/kg, Punkt C_2, und damit die gesamte benötigte Heizfläche zu 8290 · 0,079 = 655 m² ermittelt.

Tafel 14: Rauchgastemperaturen vor bzw. hinter Ekonomiser sowie Ekonomiserheizfläche in m²/kg für 1 kg stündlich vollständig verbrannte Kohle in Abhängigkeit vom unteren Heizwert der Kohle $\mathfrak{H}_u$, dem CO_2-Gehalt der Rauchgase, den Rauchgastemperaturen hinter bzw. vor Ekonomiser t_R, der Verdampfungsziffer, der Speisewassererwärmung, der Rauchgasmenge je kg Kohle, der Wärmedurchgangszahl k und der mittleren Temperaturdifferenz Δt_m.

Die Tafel ist ebenso aufgebaut wie Tafel 13, lediglich im Gebrauch etwas einfacher, weil die Wärmeaufnahme von 1 kg Wasser im Ekonomiser ausreichend genau gleich seiner Temperaturdifferenz zwischen Eintritt und Austritt gesetzt werden kann, während die Überhitzungswärme in Tafel 13 erst aus der JS-Tafel ermittelt werden mußte. Wegen ihres Gebrauches wird daher auf die Ausführungen zu Tafel 13 verwiesen.

Tafel 14 kann für alle drei Arten von Ekonomisern (gußeiserne Glattrohr-, gußeiserne Rippenrohr- und schmiedeiserne Ekonomiser) benutzt werden. Die Wärmedurchgangszahl von gußeisernen Rippenrohrekonomisern ist noch weniger erforscht als die von gußeisernen oder schmiedeisernen Glattrohrekonomisern. Sie hängt u. a. von der Form, Größe und Zahl der Rippen ab. Im allgemeinen rechnet man damit, daß 1 m² Heizfläche eines normalen gußeisernen Glattrohrekonomisers von 116/96 mm Rohrdurchmesser etwa ebensoviel leistet wie 1,6—1,9 m² Rippenrohrheizfläche. Man kann daher bei der Berechnung von Rippenrohrekonomisern so vorgehen, daß man zunächst die Heizfläche für einen gußeisernen Glattrohrekonomiser ermittelt und sie mit 1,6—1,9 multipliziert. In der Praxis wird zuweilen mit den Werten von Abb. 16[b]

---

[a] Die Art der Bestimmung dieser Werte ist hier der Übersichtlichkeit halber nicht gebracht, kann aber aus Beispiel 24, S. 41, ersehen werden.

[b] 6, S. 539.

gerechnet, die aber in Widerspruch mit den Ergebnissen der Formeln von Reiher (Tafel 5 und 6), Nusselt und Gröber (Tafel 7) stehen. Diese Formeln gaben nämlich für die Gasströmung senkrecht zu den Rohren höhere Werte als für Strömung parallel zu den Rohren (Beispiel 9 und 10, S. 20, 21). Es muß dabei aber beachtet werden, daß bisher aus den auf S. 1, 2 angegebenen Gründen nur wenig wirklich zuverlässige Messungen an Ekonomisern vorliegen und daß daher auch die Werte von Abb. 16 wahrscheinlich nur bedingten Wert haben. Ferner sind bei gußeisernen Ekonomisern, besonders aber bei Glattrohrekonomisern extremer Abmessungen, die Strömungsverhältnisse der Rauchgase vielfach so unklar, daß nicht selten ein wesentlicher Teil der Heizfläche von den Gasen nur mangelhaft bespült wird. Der Einfluß einer derartigen Zufälligkeit überdeckt oft bei weitem den der

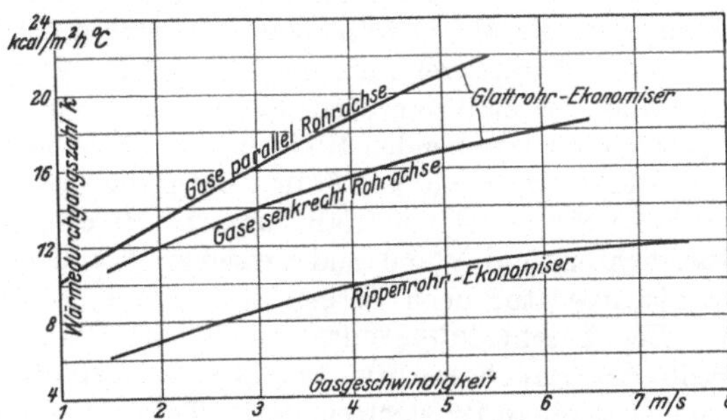

Abb. 16. Erfahrungswerte über die Wärmedurchgangszahl in Ekonomisern.
Beachte: Wegen der Zuverlässigkeit siehe Bemerkung auf S. 31.

absoluten Höhe der Gastemperatur oder der Art der Strömung. Man tut deshalb in allen solchen Fällen gut daran, „Erfahrungswerte" vorsichtig zu benutzen bzw. die Heizfläche reichlich zu bemessen und vorsichtig zu rechnen. Wenn aber bei einer bestimmten Konstruktion die Wärmedurchgangszahlen genügend genau festgestellt sind, ist es bei einer ähnlichen Neuausführung, bei der dieselben Strömungsverhältnisse zu erwarten sind, oft besser, sie auf Grund bereits vorhandener Werte zu bemessen. Dadurch wird der Gebrauch von Tafel 14 einfacher.

Beispiel 18: Für einen Schlangenrohrekonomiser in Gegenstromschaltung, bei dem die Rauchgase senkrecht zu den fluchtend angeordneten Rohren strömen, sind Heizfläche und Rauchgastemperatur vor Ekonomiser zu bestimmen für 8290 kg/h verlustlos verbrannte Kohle, $\mathfrak{H}_u = 6900$ kcal/kg, 14 vH CO_2-Gehalt, 312° C Rauchgastemperatur hinter Ekonomiser, 9,05 Verdampfungsziffer, 7 m/s Rauchgasgeschwindigkeit, 120° C Eintrittstemperatur, 180° C Austrittstemperatur des Wassers, 85 mm Rohrteilung, 45 mm äußeren Rohrdurchmesser.

Aus Tafel 1 findet man für 14 vH CO_2 und $CO_{2\,max} = 18,7$ vH ein $\lambda = 1,34$ und damit für $\mathfrak{H}_u = 6900$ kcal/kg 10,3 Nm³ Rauchgas/kg Kohle. In Tafel 14 geht man dann von 6900 kcal/kg, Punkt A_1, senkrecht nach oben bis zum Schnitt mit einer 14 vH CO_2 entsprechenden Kurve, Punkt B_1, wagerecht nach Punkt B_2, von dort aus Eintragung der für das vorliegende Rauchgas charakteristischen schrägen nach links unten verlaufenden Linie, deren Schnitt mit der Vertikalen von Punkt A_2 entsprechend 312° C, Punkt B_3, gibt. Von B_3 geht man nach links zur Ordinatenachse, Punkt B_4, und zieht von dort aus eine zunächst unbegrenzte schräge Linie nach links oben. Nunmehr von der Verdampfungsziffer 9,05, Punkt A_3, senkrecht abwärts auf 60° C Speisewassererwärmung, Punkt B_5, nach links zum Schnitt mit 10,3 Nm³/kg, Punkt B_6, senkrecht nach oben zum Schnitt B_7 mit der vorhin gezeichneten Schrägen durch B_4. Horizontal bis zum Schnitt B_8 mit der durch B_2 gezogenen Linie. Von B_8 senkrecht abwärts nach Punkt C_1 zu der gesuchten Rauchgastemperatur vor Ekonomiser von 467° C.

Für die weitere Berechnung muß man die Wärmedurchgangszahl k kcal/m²h° C und die mittlere Temperaturdifferenz zwischen Rauchgasen und Wasser im Ekonomiser kennen. Um Wiederholungen zu vermeiden, wird auf Beispiel 24 für die Berechnung eines ganzen Kessels, Punkt 7, auf S. 42, verwiesen, wo gezeigt ist, wie diese beiden Werte zu $k = 40,4$ kcal/m²h° C und $\Delta t_m = 236°$ C gefunden werden. Man geht nunmehr in Tafel 14 von Punkt B_5 nach rechts zum Schnitt mit der Linie 40,4 kcal/m²h° C, Punkt B_9, dann senkrecht nach unten bis zur Linie 236° C, Punkt B_{10}, und findet auf der rechten Ordinatenachse die auf 1 kg/h verbrannte Kohle erforderliche Ekonomiserheizfläche mit 0,059 m²/kg, Punkt C_2. Folglich sind insgesamt $0,059 \cdot 8290 = 489$ m² Ekonomiserheizfläche nötig.

Tafel 15: Wärmeübergangszahlen durch Berührung α_B in kcal/m²h° C für Taschen- bzw. Röhrenluftvorwärmer auf Luft- und Rauchgasseite in Abhängigkeit von der Luft- bzw. Rauchgastemperatur, der Wandtemperatur t_w, der Taschen- bzw. Rohrlänge, der Gasart, der Luft- bzw. Rauchgasgeschwindigkeit v und dem Wandabstand der Taschen bzw. dem Rohrdurchmesser.

Tafel 15 dient zum Auffinden der Wärmeübergangszahlen von den Rauchgasen an die Luftvorwärmerheizfläche einerseits und von dieser an die Luft andererseits bei zu den Rohren paralleler Gasströmung und kann für Taschen- und Röhrenluftvorwärmer benutzt werden. In beiden Fällen werden die Wärmeübergangszahlen von Rauchgasen an Rohrwand und von Rohrwand an Luft getrennt voneinander ermittelt. Es genügt, wenn man die Wandtemperatur als arithmetisches Mittel aus mittlerer Rauchgastemperatur und mittlerer Lufttemperatur einsetzt. Sind die Geschwindigkeiten der Rauchgase und der Luft sehr verschieden, so liegt sie mehr nach der mittleren Temperatur des schneller strömenden Mediums zu. Eine genaue Rechnung der Wandtemperatur ist wohl nur in ganz seltenen Fällen nötig und hätte dann derart zu erfolgen, daß das arithmetische Mittel als erste Näherung zur Berechnung der Wärmeübergangszahlen zwischen Rauchgasen und Wand und zwischen Wand und Luft benutzt und die genaue Rohrwandtemperatur nach Formel 4, 5 und 6, S. 7 ermittelt wird.

Bei **Taschenluftvorwärmern** ist als Wandabstand der Taschen jeweils die lichte Weite der Rauchgas- bzw. Luftkanäle einzusetzen. Da dabei die Gase meist annähernd parallel zueinander strömen, wird Tafel 15 sowohl für den Wärmeübergang Rauchgas-Wand als auch Wand-Luft benutzt.

Bei **Röhrenluftvorwärmern** strömen dagegen im allgemeinen nur die Rauchgase durch die Rohre, die Luft meist senkrecht dazu. In diesem Falle wird nur der Wärmeübergang Rauchgas-Wand aus Tafel 15 bestimmt, während der Übergang Wand-Luft nach Tafel 5 oder 6 berechnet wird, je nachdem, ob die Rohre fluchtend oder versetzt angeordnet sind. Die Heizfläche von Röhrenluftvorwärmern wird aus dem arithmetischen Mittel von Außen- und Innendurchmesser errechnet.

Beispiel 19: Taschenluftvorwärmer: Rauchgastemperatur 246° C, Lufttemperatur an derselben Stelle 97,5° C, Taschenlänge rd. 5 m, Breite des Rauchgasspaltes 40 mm, Breite des Luftspaltes 18 mm, Rauchgasgeschwindigkeit 7 m/s, Luftgeschwindigkeit 10 m/s. Gesucht: Wärmedurchgangszahl k in kcal/m²h° C.

$$\text{Mittlere Wandtemperatur} = \frac{246 + 97,5}{2} = \text{rd. } 172°\,C.$$

Von 246° C Rauchgastemperatur, Punkt A, senkrecht nach oben bis zum Schnitt mit 172° C Rohrwandtemperatur, Punkt B_1, wagerecht bis zu 5 m Taschenlänge für Steinkohle, Punkt B_2, senkrecht abwärts bis 7 m/s Rauchgasgeschwindigkeit, Punkt B_3, wagerecht nach rechts bis 40 mm Spaltbreite, Punkt B_4, senkrecht aufwärts bis zur Abszissenachse gibt in Punkt C

$$\alpha_{B\ \text{Rauchgas}} = 19,7 \text{ kcal/m}^2\text{h}°\,C.$$

Auf dieselbe Weise wird gefunden:

$$\alpha_{B\ \text{Luft}} = 31,6 \text{ kcal/m}^2\text{h}°\,C.$$

Nach Beispiel 13, S. 25, gibt Tafel 10 die gesuchte Wärmedurchgangszahl zu

$$k = 12,1 \text{ kcal/m}^2\text{h}°\,C.$$

Der Anteil der Wärmeübertragung durch Strahlung kann infolge der niedrigen Temperaturen und kleinen Schichtstärken vernachlässigt werden.

Beispiel 20: Röhrenluftvorwärmer: Rauchgastemperatur 246° C, Lufttemperatur 97,5° C, Rohrdurchmesser 57/51,5 mm, Luft strömt außen parallel zu den Rohren, Rauchgase strömen durch die Rohre, Rauchgasgeschwindigkeit 7 m/s, Luftgeschwindigkeit 10 m/s, Rohrlänge rd. 5 m.

$$\text{Mittlere Rohrwandtemperatur} = \frac{246 + 97,5}{2} = \text{rd. } 172°\,C.$$

Der weitere Rechnungsvorgang ist analog Rechenbeispiel 19, es ist nur darauf zu achten, daß im rechten unteren Quadranten im Gegensatz zu Beispiel 19 die Skala „Rohrdurchmesser" gewählt wird, und zwar für Luft der äußere, für Rauchgas der innere

Man findet:

$$\alpha_{B\ \text{Rauchgas}} = 21 \text{ kcal/m}^2\text{h}°\,C,$$
$$\alpha_{B\ \text{Luft}} = 29,5 \text{ kcal/m}^2\text{h}°\,C$$

und aus Tafel 10:

$$k = 12,3 \text{ kcal/m}^2\text{h}°\,C.$$

Beispiel 21: Derselbe Röhrenluftvorwärmer wie in Beispiel 20, nur möge die Luft nicht parallel, sondern senkrecht zu den fluchtend angeordneten Rohren strömen (mehr als 10 Rohrreihen).

Die Rohrwandtemperatur und $\alpha_{B\ \text{Rauchgas}}$ bleiben ungefähr wie in Beispiel 20, aber $\alpha_{B\ \text{Luft}}$ ändert sich und muß mit Tafel 5 ermittelt werden. Der Rechnungsgang ist wie in Beispiel 19 und 20.

$$\alpha_{B\ \text{Rauchgas}} = 21 \quad \text{kcal/m}^2\text{h}^\circ\,\text{C}$$
$$\alpha_{B\ \text{Luft}} = 44 \quad \text{kcal/m}^2\text{h}^\circ\,\text{C}$$
$$k = 14{,}2\ \text{kcal/m}^2\text{h}^\circ\,\text{C}.$$

Ein Vergleich der Ergebnisse der Beispiele 19, 20 und 21 gibt ein Bild über die durch andere Konstruktion unter sonst gleichen Verhältnissen zu erwartenden Änderungen der Wärmedurchgangszahl bzw. der erforderlichen Heizfläche.

Tafel 16: Rauchgasabkühlung bzw. Luftvorwärmung und Luftvorwärmerheizfläche in m^2/kg für 1 kg stündlich vollständig verbrannte Kohle in Abhängigkeit vom unteren Heizwert der Kohle $\mathfrak{H}_u$, dem CO_2-Gehalt der Rauchgase, den Rauchgas- bzw. Lufttemperaturen, dem Mantelverlust, der Rauchgas- bzw. Luftmenge je kg Kohle, der Wärmedurchgangszahl k und der mittleren Temperaturdifferenz Δt_m.

Mit Hilfe von Tafel 16 kann die Rauchgasabkühlung abhängig von der Luftvorwärmung und umgekehrt bestimmt werden, wenn Kohlenheizwert, CO_2-Gehalt, Rauchgas- und Luftmenge gegeben sind. Nachdem die Ein- und Austrittstemperaturen von Rauchgasen und Luft bestimmt sind, lassen sich auch Wärmedurchgangszahl k und mittlere Temperaturdifferenz Δt_m festlegen und mit Hilfe dieser Werte die Luftvorwärmerheizfläche für 1 kg stündlich verbrannte Kohle ermitteln. Der Gebrauch der Tafel wird sofort an einem Beispiel gezeigt.

Beispiel 22: Gegeben: Bauart: Taschenluftvorwärmer.

Lufttemperatur:		Mantelverlust	10 vH
Eintritt Luftvorwärmer	20° C	Rauchgasgeschwindigkeit	7 m/s
Austritt Luftvorwärmer	175° C	Luftgeschwindigkeit	10 m/s
Kohlenverbrauch des Kessels	8290 kg/h	Breite des Rauchgasspaltes	40 mm
Unterer Heizwert der Kohle	6900 kcal/kg	Breite des Luftspaltes	18 mm
CO_2-Gehalt der Rauchgase	14 vH	Anteil der den Luftvorwärmer durchstrei-	
Rauchgastemperatur hinter Luftvor-		chenden Luftmenge an der gesamten	
wärmer	180° C	Verbrennungsluft	85 vH

Gesucht: Rauchgastemperatur vor Luftvorwärmer, Luftvorwärmerheizfläche.

Zunächst muß die Rauchgastemperatur vor Luftvorwärmer ermittelt werden. Nach Tafel 1 ist für 1 kg Kohle von $\mathfrak{H}_u = 6900$ kcal/kg die theoretisch erforderliche Luftmenge 7,45 Nm^3/kg (Beispiel 1, S. 15). Der Luftüberschuß beträgt nach Tafel 1 bei 14 vH CO_2-Gehalt $\lambda = 1{,}34$, somit die tatsächlich zugeführte Luftmenge $1{,}34 \cdot 7{,}45 = 10\ \text{Nm}^3/\text{kg}$ und die Rauchgasmenge nach Tafel 1 10,3 Nm^3/kg. Je 1 kg verbrannte Kohle beträgt die den Vorwärmer durchströmende Luftmenge $0{,}85 \cdot 10 = 8{,}5\ \text{Nm}^3/\text{kg}$. Nunmehr geht man in Tafel 16 von 20° C, Punkt A_1, senkrecht bis zum Schnitt mit der Kurve „Luft", Punkt B_1, dann horizontal bis zur Ordinatenachse nach B_2, zwischen den Linien schräg hoch bis zu einem später zu bestimmenden Punkt. Darauf von 175° C, Punkt A_2, senkrecht auf die Kurve „Luft", Punkt B_3, dann horizontal nach links bis zum Schnitt B_4 mit der vorhin erwähnten schrägen Linie durch B_2. Von B_4 aus abwärts auf 0 vH Mantelverlust, Punkt B_5, horizontal auf 10 vH Mantelverlust, Punkt B_6, abwärts auf 8,5 Nm^3/kg Luftmenge, Punkt B_7, horizontal auf 10,3 Nm^3/kg Rauchgasmenge, Punkt B_8, dann senkrecht nach oben.

Nun ebenso wie in den Tafeln 11, 12, 13 und 14 von 6900 kcal/kg unterem Heizwert, Punkt A_3, zu 14 vH CO_2-Gehalt, Punkt B_9, horizontal nach B_{10}, zwischen den Linien bis zum Schnitt B_{11} mit einer von 180° C Rauchgastemperatur, Punkt A_4, kommenden Vertikalen. Durch B_{11} wagerecht nach links bis B_{12}, schräg aufwärts bis zum Schnitt B_{13} mit der Vertikalen durch B_8. Eine Horizontale durch B_{13} schneidet die für das Rauchgas charakteristische, durch B_{10} gezogene Linie in Punkt B_{14}. Von hier senkrecht zum Schnitt mit der Abszissenachse, wo man die gesuchte Rauchgastemperatur vor Luftvorwärmer zu 312° C findet, Punkt C_1.

Da nun sämtliche Temperaturen bekannt sind, kann aus Tafel 4, nach Beispiel 8, S. 19, die mittlere Temperaturdifferenz $\Delta t_m = 148°$ C und aus Tafel 10 und 15, nach Beispiel 19, S. 32, die Wärmedurchgangszahl $k = 12{,}1$ kcal/m^{2}h$^\circ$ C gefunden werden.

Darauf kehrt man zurück zu Tafel 16, zieht die Horizontale durch B_7 bis zum Schnitt mit $k = 12{,}1$ kcal/m^{2}h$^\circ$ C, Punkt B_{15}, geht senkrecht nach unten bis zum Schnitt mit $\Delta t_m = 148°$ C, Punkt B_{16}, und findet auf der rechten Ordinatenachse die für 1 kg/h verbrannte Kohle erforderliche Heizfläche mit 0,253 m^2/kg, Punkt C_2. Die gesamte Heizfläche muß somit $8290 \cdot 0{,}253 = 2100$ m^2 sein.

Tafel 17—20: Feuerraumtemperatur in ° C für Kohlenstaub- und Rostfeuerungen für verschiedene Feuerraumgrößen in Abhängigkeit vom unteren Heizwert der Kohle $\mathfrak{H}_u$. dem Luftüberschuß, der Flammenbelastung, der Kühlziffer ψ und der Temperatur der Verbrennungsluft.

Tafel 17—20 dienen zur Ermittlung der Feuerraumtemperatur in Kohlenstaub- und Rostfeuerungen. Wie bereits auf S. 13 kurz erwähnt wurde, liegen hier die Verhältnisse am schwierigsten. Die Berücksichtigung zahlreicher wichtiger Einflüsse auf die Feuerraumtemperatur mußte, damit man überhaupt ein Rechnungsverfahren ausarbeiten konnte, von einigen Voraussetzungen ausgehen, die in technischen Feuerungen nur selten genau zutreffen. Dies gilt z. B. für die Annahme einer im ganzen Feuerraum gleich hohen Temperatur. Die Berechnung der Gasstrahlung beruht auf sehr umständlichen Formeln, die sich ohne wesentliche Vereinfachungen für technische Rechnungen überhaupt nicht eignen. Schließlich ist die Art, wie der Brennstoff zugeführt und verbrannt wird, bei Dampfkesselfeuerungen so außerordentlich vielgestaltig und die Formen der Feuerräume weichen vielfach von geometrisch einfachen Formen so stark ab, daß es aus allen diesen Gründen nicht überraschen kann, wenn erst seit kurzer Zeit einige für die Berechnung von Dampfkesselfeuerungen brauchbare Verfahren entwickelt worden sind. Tafel 17—20 beruhen auf den Arbeiten von Wohlenberg, Morrow[a] und Lindseth[b], die es in sehr geschickter Weise verstanden haben, den verschiedenartigsten Einflüssen und Vorgängen in einer Feuerung Rechnung zu tragen. Eine rein empirische, von Orrok stammende, weit einfachere Formel wird auf S. 70 besprochen.

An Hand dieser Tafeln kann man sich einen sehr guten, wenn auch der absoluten Größe nach manchmal nicht ganz zutreffenden Einblick in die verwickelten Vorgänge in Feuerräumen verschaffen. Sie setzen alle einen würfelförmigen Feuerraum und eine im ganzen Feuerraum gleichmäßige spezifische Wärmeentbindung und Temperatur voraus. Tafel 17—19 sind für Kohlenstaubfeuerungen, Tafel 20 ist für Roste bestimmt. Damit Verwechslungen der Tafeln vermieden werden, ist Tafel 20 etwas anders angeordnet als die drei übrigen Tafeln. Sämtliche Tafeln wurden für zwei verschiedene Heizwerte und zwei verschiedene Luftüberschußzahlen entworfen. Die Temperatur der Heizfläche ist durchweg zu 230° C angenommen. Tafel 17 gilt für 3 m, Tafel 18 für 6 m, Tafel 19 für 9 m Kantenlänge des Feuerraumes. Für Rostfeuerungen wurde nur eine Tafel für 6 m Kantenlänge entworfen, Tafel 20. Sie wird für die meisten Bedarfsfälle um so eher ausreichen, als die geometrischen Formen und die konstruktive Durchbildung von Rostfeuerungen so außerordentlich verschieden sind, daß diese Unterschiede nicht selten den Einfluß verschiedener Feuerraumgröße weit überdecken. Es soll hier aber ausdrücklich darauf aufmerksam gemacht werden, daß für das Entwerfen von Tafel 20 nur die Ausgangswerte bei zwei verschiedenen Feuerraumbelastungen vorlagen. Die Kurven wurden daher unter möglichster Anpassung ihres Charakters an die mit 3 Ausgangswerten gezeichneten Tafeln 17—19 entworfen, bzw. extrapoliert, was durch Strichelung deutlich gemacht ist. Infolgedessen ist Tafel 20 nicht so zuverlässig wie Tafel 17—19. Will man sich auch für Rostfeuerungen ein ungefähres Bild vom Einfluß der Feuerraumgröße auf die Feuerraumtemperatur machen, so kann man so vorgehen, daß man die Rechnung zunächst mit den Tafeln 17—19 durchführt, also die Temperatur für Staubfeuerung ermittelt (Beispiel 23, S. 38). Hierauf sucht man die entsprechende Temperatur auch aus Tafel 20 für eine Rostfeuerung und berichtigt die Werte für Kohlenstaubfeuerungen entsprechend dem Unterschied der Ergebnisse aus Tafel 18 und 20, die beide für eine Feuerraumkantenlänge von 6 m gelten.

Da sehr viele Feuerungen keine würfelförmige Gestalt haben, muß man unter geschicktem Einfühlen in die tatsächlichen Verhältnisse schätzen, welche Würfellänge etwa einen äquivalenten Feuerraum gäbe. Im Zweifelsfalle kann man auch mit zwei Grenzwerten rechnen und interpolieren oder gemäß den Angaben auf S. 37 vorgehen.

---

[a] 42.   [b] 41.

Feuerräume derselben Größe und Form können sich wieder durch den Grad unterscheiden, in welchem ihre Wandungen mit Kühlfläche ausgekleidet sind. Bezeichnet

S_H = Summe der gesamten im Feuerraum angebrachten „kalten Flächen", nachdem sie auf die Wand projiziert wurden, vor der sie angebracht sind, in m²,

S_S = Summe der nicht mit „kalten Flächen" ausgekleideten feuerfesten Wandflächen, in m²,

dann ist die sogenannte **Kühlziffer:**

$$\psi = \frac{S_H}{S_H + S_S}. \tag{32}$$

Sie gibt an, welcher Anteil der Innenfläche des Feuerraumes von **kalten Flächen** (Heizflächen) bedeckt ist. Diese Flächen werden auch vielfach Kühlflächen, Kühlheizflächen und Strahlungsheizflächen genannt. In dieser Arbeit werden Strahlungsheizflächen, die nicht ein Teil der eigentlichen Kesselheizfläche, sondern in besondere Sammelkästen eingewalzt sind, im allgemeinen als **Kühlflächen** oder **Kühlheizflächen** bezeichnet. Sie sind an den Wänden des Feuerraumes oder auf oder über seinem Boden bzw. auf oder über dem Boden des Schlackentrichters angeordnet. Kühlflächen, deren Rohre mit 300—400 mm Abstand voneinander oberhalb der Schlackentrichter untergebracht sind und zum Abschrecken der niederrieselnden, oftmals geschmolzenen Schlackenteilchen dienen, werden meist **Kühlroste** oder **Abschreckroste** genannt. Der Begriff „kalte Flächen" umfaßt also sämtliche von Wasser bzw. von Dampf gekühlte und der Strahlung des Feuerraumes ausgesetzte Heizflächen, somit sowohl einen Teil der Kesselheizfläche als auch die eigentliche Kühlfläche. Da in sämtlichen Tafeln ein würfelförmiger Feuerraum vorausgesetzt ist, dessen obere Fläche gleichzeitig den Eintritt der Rauchgase in die Kesselzüge bildet und von Wasserrohren durchzogen ist, zwischen welchen die Verbrennungsprodukte abziehen, so würde die Kühlziffer bei einem Feuerraum ohne zusätzliche Kühlfläche sein:

bei Rosten . . . . $\psi_{\min} = \frac{1}{5}$ } Feuerung Typ A.
bei Kohlenstaubfeuerungen . . . . . $\psi_{\min} = \frac{1}{6}$

Sind aber sämtliche Wandflächen, d. h. bei Rosten 5 und bei Staubfeuerungen 6, durch Heizfläche (sogenannte Kühlfläche) belegt, so ist

bei Rosten . . . . $\psi_{\max} = \frac{5}{5}$ } Feuerung Typ B.
bei Staubfeuerungen . . . . $\psi_{\max} = \frac{6}{6}$

Allerdings sind in Wirklichkeit die Kühlflächen meist keine Ebenen, sondern bestehen, wenn man von Strahlungsüberhitzern der Foster-Bauart und von Bailey-Platten absieht, aus Rohren, die entweder glatt sind oder seitliche Flossen haben. Würden die Kühlflächen aus unmittelbar nebeneinander gereihten, glatten, geraden Rohren bestehen, so wäre ihre tatsächliche, dem Feuer zugekehrte Fläche gleich ihrer halben Oberfläche. Es leuchtet aber ein, daß nicht die ganze halbe Oberfläche gleich stark an der Wärmeaufnahme durch Strahlung teilnimmt. Nach dem Vorgang der Amerikaner hat man sich daran gewöhnt, mit der sogenannten **projizierten Oberfläche** zu rechnen. Tatsächlich wird im allgemeinen, solange die Kühlflächen rein sind, eine etwas größere Fläche als die projizierte wirksam sein, besonders bei den sogenannten Kühlrosten, durch welche die Flamme teilweise durchschlägt und deren Unterseite von den glühenden Rückständen in den Schlackentrichtern bestrahlt wird. Man rechnet aber im allgemeinen am einfachsten und zuverlässigsten, und es ist auch im Interesse der Einheitlichkeit erwünscht, wenn man bei den eigentlichen Kühlflächen die projizierte Oberfläche einsetzt und unter Umständen einen kleinen Zuschlag bei solchen Teilen der Kühlflächen macht, bei denen, wie z. B. bei den Kühlrostrohren, offenbar eine größere Fläche als ihre projizierte wirksam ist. Die bestrahlte Fläche des Kesselbündels ist als Strahlungsheizfläche nach Wohlenberg und Lindseth derart zu errechnen, daß man das Bündel in die Deckfläche des Feuerraumwürfels projiziert und die dadurch erhaltene Fläche

geschlossen in Rechnung setzt. Man darf auch nicht übersehen, daß nach einiger Betriebs-
zeit die bestrahlten Heizflächen meist nicht mehr metallisch rein sind, sondern einen
erheblichen Überzug aus Asche und Schlacke tragen. Bei Kohlen, die zur Bildung
solcher Ansätze neigen, tut man daher unter Umständen gut daran, nur mit 60—80 vH
der tatsächlichen projizierten bestrahlten Heizfläche zu rechnen, um der allmählichen
Verschmutzung Rechnung zu tragen.

Bei Lesern, die wenig mit derartigen Rechnungen gearbeitet haben, könnte sich
der Eindruck einer großen, dadurch verursachten Ungenauigkeit bilden. Es läßt sich
aber leicht zeigen, daß es unter normalen Verhältnissen von keinem nennenswerten
Einfluß ist, ob man mit einer etwas größeren oder kleineren „Strahlungsheizfläche“
rechnet. In Zweifelsfällen sollte man mit zwei Grenzfällen rechnen. Größer dürfte die
Unsicherheit sein, die durch die Abweichung des Feuerraumes von der Würfelform in
die Rechnung gebracht wird. Vor allem bei Rosten ist diese Abweichung unter Umständen sehr beträchtlich. Wenngleich also die absolute Genauigkeit von Tafel 17 bis
20 oft nur beschränkt ist, so leisten sie doch in sehr vielen Fällen gute Dienste und
bringen gegenüber dem früheren Zustand reiner Schätzung den großen Vorteil, daß die
verschiedenen Einflüsse nach bestimmten Gesetzen verfolgt werden können. Etwaige
Ungenauigkeiten oder Fehler bei Vergleichsrechnungen verschiedener Ausführungen oder
verschiedener Betriebsweise machen sich aber in den allermeisten Fällen in gleicher
Weise geltend und heben sich daher vielfach auf.

Es wurde bereits darauf hingewiesen, daß Tafeln 17—20 nur unter ganz bestimmten
Voraussetzungen gelten, z. B. nur für kubische Feuerräume. Wie die „kalten Flächen“
innerhalb solcher Feuerräume angeordnet sind, ist bei Staubfeuerungen im allgemeinen
von ziemlich untergeordneter Bedeutung, nicht aber im selben Maße bei Rosten, weil
die für die Strahlung vom Rost nach der „kalten Fläche“ maßgeblichen Strahlungswinkel zwischen beiden bei derselben Größe der „kalten Fläche“ je nach ihrer Lage zum
Rost anders sind. Ist z. B. die gesamte „kalte Fläche“ gleich einer Würfelfläche und
nimmt man an, daß sie einmal oberhalb eines Wanderrostes parallel zu ihm untergebracht, das andere Mal aber auf eine oder mehrere der senkrechten Seitenflächen des
Feuerraumes verteilt ist, so wird ihr Einfluß auf die Feuerraumtemperatur ein anderer
sein, weil eben die Strahlungswinkel anders sind.

Weicht die Feuerraumform wesentlich von der Würfelform ab, ist also der Feuerraum z. B. ein Parallelepiped von wesentlich größerer Breite als Höhe, oder hat er Einschnürungen über dem Rost oder eine stark unsymmetrische Gestalt, so können Tafeln 17
bis 20 nicht mehr ohne weiteres verwendet werden. Es hängt dann ganz vom Grade
der verlangten Genauigkeit oder dem besonderen Zweck der Rechnung ab, ob man trotzdem mit ihnen, unter Umständen mit einer entsprechenden, mehr gefühlsmäßigen Korrektur arbeiten, oder ob man durch ein exakteres Verfahren der besonderen Form des
Feuerraumes Rechnung tragen soll. Für diesen Fall sei auf die diesbezüglichen Ausführungen von Wohlenberg und Lindseth[a] unter Appendix Nr. 7 verwiesen, wo für
die verschiedensten Feuerraumformen Angaben über das einzuschlagende Vorgehen
gemacht sind. Allerdings dürfte die Praxis hiervon wohl nur selten Gebrauch machen,
weil das Wohlenbergsche Verfahren für die Ermittlung von Feuerraumtemperaturen
schon für kubische Feuerräume nicht einfach ist und noch verwickelter wird, sobald
der Feuerraum von einem Würfel wesentlich abweicht.

Auf Seite 64 bzw. in Zahlentafel 1 ist gezeigt, wie bei Ermittlung der für die Berechnung der mittleren Feuerraumtemperatur erforderlichen „projizierten kalten Flächen“
vorgegangen werden kann.

Daß es aber selbst bei angenäherten Berechnungen nicht immer zweckmäßig ist,
lediglich auf Grund des Feuerraumvolumens mit der Kantenlänge eines äquivalenten
Würfels zu rechnen, ist leicht ersichtlich, wenn man sich z. B. einen verhältnismäßig

---

[a] *41*, S. 82.

niederen, aber breiten und langen Feuerraum vorstellt. Solche Formen kommen besonders bei mechanischen Rosten öfters vor. Wäre z. B. ein Feuerraum wie in Abb. 17 3 m tief, 3 m hoch und 6 m breit, so könnte man sich ihn in zwei nebeneinanderliegende Würfel desselben Volumens, also von je 3 m Kantenlänge unterteilt denken und damit die mittlere Feuerraumtemperatur errechnen. In Zweifelsfällen wird es gegebenenfalls vorteilhaft sein, falls man nicht nach dem von Wohlenberg angegebenen genauen Verfahren[a] rechnen will, einen von der Würfelform wesentlich abweichenden Feuerraum auf verschiedene Weise in Würfel zu unterteilen und damit jeweils die Feuerraumtemperatur zu ermitteln. Man erhält dann Grenzwerte, zwischen denen der gesuchte Wert liegen muß. Dies genügt für praktische Bedürfnisse vielfach und ist der jetzigen völligen Ungewißheit vorzuziehen. Auf jeden Fall ist bei solchen Rechnungen gute Einfühlung in die tatsächlichen Verhältnisse und etwas Übung nötig, weshalb der Leser, bevor er sich an solche Rechnungen macht, zunächst einmal die verschiedenen Beispiele dieses Buches durcharbeiten sollte.

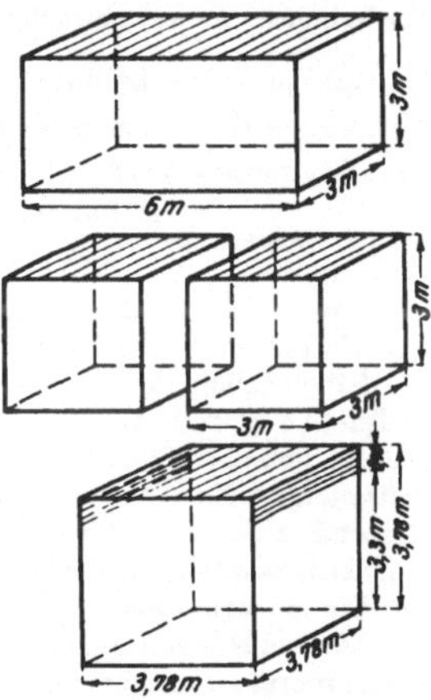

Abb. 17. Vergleich dreier Feuerräume von gleichem Gesamtvolumen.

Wohlenberg und seine Mitarbeiter haben bei sämtlichen Rechnungen vorausgesetzt, daß die Flamme von allen Seiten eines Feuerraumes um $^1/_2'$, d. h. rd. 150 mm entfernt, das Flammenvolumen also kleiner als das Feuerraumvolumen ist. Der Unterschied wird um so kleiner, je größer ein Feuerraum ist. Die Voraussetzung eines gewissen Abstandes zwischen Flamme und Wand ist richtig, das Maß von 150 mm wird freilich oft eher zu niedrig als zu hoch sein. Andererseits mußte aber irgendein Abstand angenommen werden und es hätte der Klarheit zweifellos nur geschadet, wenn Wohlenberg je nach Größe und spezifischer Belastung eines Feuerraumes mit verschiedenen Abständen gerechnet hätte. Bei Benutzen der Tafeln 17—20 muß man sich aber stets vergegenwärtigen, daß zwischen Feuerraum- und Flammenvolumen der durch den gewählten Flammenabstand von 150 mm bedingte, auf den Tafeln angegebene Unterschied besteht.

Da aber in der Praxis ganz allgemein mit der spezifischen Feuerraumbelastung und nicht mit der Flammenbelastung gearbeitet wird, hätte es nahe gelegen, Tafel 17—20 auf ersterer aufzubauen. Daß ich dies nicht getan habe, geschah mit aus dem Grunde, um den Leser immer wieder auf eine wichtige, den Wohlenbergschen Berechnungen zugrunde gelegte Voraussetzung hinzuweisen und zu verhindern, daß in Unkenntnis hiervon Irrtümer begangen werden oder daß Leser, die die sehr aufschlußreichen amerikanischen Originalarbeiten studieren wollen, durch scheinbare Unstimmigkeiten verwirrt werden. Es ist daher auf jeder Tafel ausdrücklich angegeben, mit welcher Zahl die spezifische Feuerraumbelastung multipliziert werden muß, um die Flammenbelastung zu erhalten, die als Maßstab für die Tafeln dient.

In sämtlichen Abbildungen der Veröffentlichungen von Wohlenberg und seinen Mitarbeitern ist die spezifische Wärmebelastung stets auf das Flammenvolumen bezogen, was bei ihrem Studium genau beachtet werden muß. Im Gegensatz hierzu ist außer bei den Tafeln 17—20, wo jeweils die Umrechnungszahl von Feuerraum- auf Flammenbelastung an auffälliger Stelle angegeben, ein Irrtum also unmöglich ist, bei sämtlichen Abbildungen dieses Buches die spezifische Feuerraumbelastung als Maßstab gewählt, weil, wie gesagt, diese Bezugsgröße in der Praxis allgemein und allein üblich ist und die Schaffung einer zweiten leicht schwere Verwirrung verursachen könnte. Auch soweit Originalabbildungen aus den Wohlenbergschen Veröffentlichungen entnommen wurden, ist der Maßstab für die spezifische Wärmebelastung auf das Feuerraumvolumen umgerechnet worden.

---

[a] *41*, S. 82.

Der Gebrauch der Tafeln wird an einem Beispiel erklärt.

Beispiel 23: Es wird die Feuerraumtemperatur in einer Kohlenstaubfeuerung für folgende Verhältnisse gesucht:

Spezifische Feuerraumbelastung	. 130000 kcal/m³h	CO_2-Gehalt im Feuerraum (Orsatanalyse)	14 vH
Unterer Heizwert der Kohle . .	6900 kcal/kg	Temperatur der Verbrennungsluft . . .	150° C
Verbrannte Kohlenmenge	8290 kg/h	Kühlziffer	$\psi = 0{,}38$.

Nach Tafel 1 ist bei 14 vH CO_2 der Luftüberschuß $\lambda = 1{,}34$, der theoretische Luftbedarf von 1 kg Kohle 7,45 Nm³/kg, der tatsächliche Luftbedarf $1{,}34 \cdot 7{,}45 = 10$ Nm³/kg.

Es ist:

in der Kohle zugeführte Wärme $= 8290 \cdot 6900$	$=$	57100000 kcal/h.
erforderliches Feuerraumvolumen $= \dfrac{57100000}{130000}$	$=$	440 m³.
Kantenlänge des würfelförmig gedachten Feuerraumes $= \sqrt[3]{440}$	$=$	7,60 m.
Kantenlänge des Flammenvolumens (s. Bemerk. S. 37) $\sim 7{,}60 - 0{,}30$	$=$ rd.	7,30 m
Flammenvolumen $7{,}30^3$	$=$ rd.	386 m³.
Flammenbelastung $\dfrac{57100000}{386}$		$=$ rd. 150000 kcal/m³h .

Der Unterschied zwischen dem Heizwert von 6900 kcal/kg und demjenigen, der den Tafeln 17—20 zugrunde gelegt wurde (6800 kcal/kg) ist so klein, daß man die Tafeln ohne Berichtigung verwenden kann.

Hinsichtlich der Feuerraumgröße und des Luftüberschusses sind jedoch die Abweichungen von den den Tafeln zugrunde gelegten Werten zu erheblich, als daß man ohne Interpolation zu einem genügend genauen Ergebnis gelangen könnte. Man geht daher etwa folgendermaßen vor. Mit Hilfe der Tafeln 17, 18 und 19 ermittelt man für drei verschiedene Feuerraumkantenlängen je zwei Werte für die Feuerraumtemperatur, entsprechend einem Luftüberschuß von $\lambda = 1{,}2$ bzw. $\lambda = 1{,}4$. · Dabei legt man die gegebenen Werte für Flammenbelastung, Kühlziffer, Lufttemperatur und einen unteren Heizwert von 6800 kcal/kg zugrunde.

Die so erhaltenen Feuerraumtemperaturen werden über der Feuerraumkantenlänge aufgetragen, so daß man zwei Kurven erhält. Über der errechneten Kantenlänge (7,60 m) findet man zwei Werte für die Feuerraumtemperatur, entsprechend $\lambda = 1{,}2$ und $\lambda = 1{,}4$. Durch geradlinige Interpolation zwischen diesen beiden Werten wird sodann die Feuerraumtemperatur für den tatsächlichen Luftüberschuß ermittelt.

Für den Fall, daß auch der Heizwert der Kohle beträchtlich von den den Tafeln zugrunde gelegten Werten abweichen sollte, hätte man zunächst auf dem eben geschilderten Wege für jeden der beiden Heizwerte (6800 bzw. 2800 kcal/kg) eine Feuerraumtemperatur zu ermitteln. Durch lineare Interpolation zwischen diesen Werten könnte man sodann die dem vorliegenden Heizwert entsprechende Feuerraumtemperatur festlegen.

An Hand von Tafel 18 soll die Ermittlung der Feuerraumtemperatur gezeigt werden. Auf einer Tafel sind jeweils vier voneinander unabhängige Darstellungen nebeneinander gestellt, und zwar für je zwei verschiedene Heizwerte immer zwei verschiedene Luftüberschußzahlen. Man ermittelt zunächst die Feuerraumtemperatur für 6 m Kantenlänge, $\mathfrak{H}_u = 6800$ kcal/kg und $\lambda = 1{,}2$. Die entsprechende Darstellung befindet sich auf Tafel 18 ganz links. Im unteren Teil sucht man den Punkt A_1 als Schnittpunkt des Kreises für die Flammenbelastung 150000 kcal/m³h mit dem Radius für die Kühlziffer $\psi = 0{,}38$. Von A_1 aus geht man senkrecht nach oben auf die $\psi = 0{,}38$ entsprechende Kurve, Punkt B. Durch B legt man eine Horizontale. Diese wird von einer Vertikalen durch den einer Lufttemperatur von 150° C entsprechenden Punkt A_2 in Punkt C geschnitten. Punkt C gibt durch seine Lage zu den Linien konstanter Feuerraumtemperatur den gesuchten Wert zu 1250° C an.

Auf ganz dieselbe Weise wird die Feuerraumtemperatur aus der zweiten Darstellung von links auf Tafel 18 für $\lambda = 1{,}4$ zu 1200° C bestimmt.

Wie bereits angedeutet, werden die entsprechenden Werte auch für die Kantenlängen 3 und 9 m ermittelt und dann graphisch dargestellt. Für 7,60 m Kantenlänge und $\lambda = 1{,}34$ ergibt sich damit die endgültige Feuerraumtemperatur zu 1260° C.

Etwas einfacher wird die Bestimmung, wenn man nur zwischen 6 und 9 m Feuerraumkantenlänge linear interpoliert, an Stelle der Interpolation zwischen 3, 6 und 9 m. Das Ergebnis wird dadurch zwar etwas ungenauer, man bekommt 1255° C statt 1260° C. Der Unterschied ist also in diesem Falle nur sehr klein.

Die Berechnung von Feuerräumen mit armierten Kühlflächen (Baileyplatten) oder anderen Sonderausführungen von Kühlflächen (Flossenrohre, eingemauerte Rohre) wird auf S. 62 und in Beispiel 26 beschrieben.

IV. Das Verhalten von Dampferzeugern.

a) Einleitung.

Mit Hilfe der Tafeln soll nunmehr das Verhalten von Dampfkesseln und ihres Zubehörs untersucht, ihre Verwendbarkeit für andere Fälle gezeigt und geprüft werden, wie die mit ihnen ermittelten Werte mit Messungsergebnissen an ausgeführten Anlagen übereinstimmen. Zu Übungszwecken wird zunächst ein vollständiger Kessel durchgerechnet.

Beispiel 24: Berechnung eines Dreitrommel-Steilrohrkessels mit Staubfeuerung, Ekonomiser und Luftvorwärmer.

Ausgangswerte:

Stündliche Dampfmenge	75 t/h	CO_2-Gehalt	14 vH
Kesseldruck	40 at abs.	Feuerraumbelastung	rd. 130 000 kcal/m³h
Dampftemperatur	425° C	Feuerraumgestalt	würfelförmig
Unterer Heizwert der Kohle $\mathfrak{H}_u$	6900 kcal/kg	Kühlziffer des Feuerraumes ψ	rd. 0,38

Temperaturen:

Rauchgase vor Überhitzer	800° C
Rauchgase hinter Luftvorwärmer	180° C
Speisewasser: Eintritt Ekonomiser	120° C
Austritt Ekonomiser	180° C
Luft: Eintritt Luftvorwärmer	20° C
Austritt Luftvorwärmer	175° C
Durch den Luftvorwärmer strömender Anteil der gesamten Verbrennungsluft	85 vH
Verlust durch Unverbranntes, Strahlung usw. (Restverlust)	4,9 vH

Geschwindigkeiten:

Rauchgase in: Vor- und Nachheizfläche	6 m/s
Überhitzer	7 m/s
Ekonomiser	7 m/s
Luftvorwärmer	7 m/s
Dampf im Überhitzer	20 m/s
Luft im Luftvorwärmer	10 m/s

Rohrdurchmesser:

Wasserrohre	75/83 mm
Überhitzerrohre	32/42 mm
Ekonomiserrohre	35/45 mm

Rohrteilung über die Breite des Kessels:

Kessel	185 mm
Überhitzer	97 mm
Ekonomiser	85 mm

Rohrteilung in senkrechter Richtung:

Kessel	185 mm
Überhitzer	97 mm
Ekonomiser	85 mm

Taschenluftvorwärmer:

Breite des Luftspaltes	18 mm
Rauchgasspaltes	40 mm
Mantelverlust	10 vH
Anordnung der Überhitzerrohre	fluchtend
Ekonomiserrohre	fluchtend
Gasströmung zu den Überhitzerrohren	senkrecht
Ekonomiserrohren	senkrecht

1. **Stündlicher Kohlenverbrauch.**

Zunächst muß der stündliche Kohlenverbrauch bzw. die entstehende Rauchgasmenge ermittelt werden, wozu die Aufstellung der Wärmebilanz nötig ist.

Es betragen:

Luftüberschußzahl nach Tafel 1, Beispiel 2, S. 15) λ 1,34
Wärmeinhalt der Rauchgase von 1 kg Kohle bei 14 vH CO, und 180° C (aus Tafel 2)   60 kcal/Nm³
Desgl. bei 20° C . . . . 6 kcal/Nm³
Rauchgasmenge je kg Kohle (nach Tafel 1, Beispiel 2, S. 15) . . . . 10,3 Nm³/kg
Abgasverlust je kg Kohle = 10,3 · (60 — 6) . . . . 556 kcal/kg

Desgl. in vH des Kohlenheizwertes = $\dfrac{556 \cdot 100}{6900}$ . . . . 8,1 vH

Restverlust (lt. Voraussetzung) . . . . 4,9 vH
somit
Kesselwirkungsgrad = 100 — (8,1 + 4,9) . . . . 87,0 vH
Wärmeinhalt von: 1 kg Dampf von 40 at abs. und 425° C (JS-Diagramm) . . . . 782 kcal/kg
       1 kg Speisewasser von 120° C . . . . rd. 120 kcal/kg
Erzeugungswärme von 1 kg Dampf = 782 — 120 . . . . 662 kcal/kg

Verdampfungsziffer von 1 kg Kohle = $\dfrac{6900 \cdot 0,87}{662}$ . . . . 9,05 kg/kg

Stündlicher Kohlenverbrauch = $\dfrac{75000}{9,05}$ . . . . 8290 kg/h

2. Feuerraumtemperatur.

Feuerraumbelastung nach Annahme . . . . rd. 130000 kcal/m³h
In Kohle zugeführte Wärme = 8290 · 6900 . . . . 57100000 kcal/h

Volumen des Feuerraumes = rd. $\dfrac{57100000}{130000}$ . . . . rd. 440 m³

Kantenlänge des Feuerraumes = rd. $\sqrt[3]{440}$ . . . . rd. 7,60 m
Kantenlänge des Flammenvolumens (siehe Bemerkung S. 37) $\sim$ 7,60 — 0,30 . . . . rd. 7,30 m
Flammenvolumen = 7,30³ . . . . rd. 386 m³

Flammenbelastung = $\dfrac{57100000}{386}$ . . . . rd. 150000 kcal/m³h

Es wurde vorausgesetzt, daß nur 85 vH der gesamten Verbrennungsluft auf 175° vorgewärmt und die restlichen 15 vH als kalte Einblaseluft zusammen mit dem Kohlenstaub zugeführt werden. Somit ist

mittlere Temperatur der Verbrennungsluft = 0,85 · 175 + 0,15 · 20 = rd. 150° C.

Diese Lufttemperatur ist beim Ermitteln der Feuerraumtemperatur zu benutzen. Den Rechnungsgang im einzelnen unter Verwendung obiger Zahlenwerte zeigt Beispiel 23, S. 38, wonach sich ergibt:

Feuerraumtemperatur . . . . 1260° C.

3. Belastung der Feuerraumkühlfläche.

Feuerraumkantenlänge, siehe unter 2. . . . . rd. 7,60 m
Oberfläche des würfelförmig gedachten Feuerraumes = 6 · 7,60² . . . . 346 m²
Kühlziffer nach Annahme 0,38
somit
projizierte Kühlfläche einschl. bestrahlter Kesselheizfläche = 0,38 · 346 . . . . . . rd. 130 m².

Der Feuerraum sei ähnlich ausgeführt wie in Abb. 20, d. h. mit senkrecht von oben nach unten blasenden Brennern. Unter mittleren Verhältnissen kann man dann annehmen, daß der Vorbau für die Brenner im Innern des Feuerraumes gemessen rd. 2500 mm tief ist, infolgedessen ist die

dem Feuer ausgesetzte projizierte Länge der untersten Wasserrohrreihe =
  rd. 7600 — 2500 . . . . 5100 mm
bestrahlte projizierte Kesselheizfläche, siehe S. 35, = 7,6 · 5,1 . . . . rd. 39 m²
projizierte Kühlfläche ohne bestrahlte Kesselheizfläche = 130 — 39 . . . . 91 m²
Verbrennungsluftmenge (aus Tafel 1) = 7,45 · 1,34 . . . . 10 Nm³/kg

Dem Feuerraum zugeführte Wärme:
in der Kohle (abzüglich Restverlust) . . . . 54400000 kcal/h
in der Verbrennungsluft (aus Tafel 2 für 150° — 20° = 130° Übertemperatur) =
  40 · 10 · 8290 . . . . <u>3320000 kcal/h</u>
            insgesamt: 57720000 kcal/h

fühlbare Rauchgaswärme bei 1260° C (aus Tafel 1 und 2) = 10,3 · 450 · 8290 . . . 38400000 kcal/h
von der Kühlfläche aufgenommene Strahlungswärme . . . . 19320000 kcal/h

Belastung von 1 m² projizierter Kühlfläche durch eingestrahlte Wärme = $\dfrac{19320000}{130}$ rd. 150000 kcal/m²h.

Zu diesem Betrag kommt für die bestrahlte Kesselheizfläche noch die durch Berührung mit den heißen Gasen aufgenommene Wärme.

4. Vorheizfläche.

Rauchgastemperatur: vor Vorheizfläche . . . . 1260° C
                   hinter Vorheizfläche . . . . 800° C.

Damit sind

mittlere Rauchgastemperatur $= \dfrac{1260 + 800}{2}$ . . . . 1030° C

Rohrwandtemperatur (= Siedetemperatur + 15°C) . . . . 265° C.

Mit Rücksicht auf die besondere Art der Rauchgasströmung im vorderen Bündel wird bei der Berechnung des Wärmeüberganges für α_B das arithmetische Mittel aus den Werten für Strömung der Gase parallel und senkrecht zu den Rohren benutzt, siehe S. 4.

Für fluchtende Rohranordnung und Strömung senkrecht zu den Rohren ist nach Tafel 5, Beispiel 9, S. 20, für $t_R = 1030°$ C, $t_W = 265°$ C, Steinkohle, $v = 6$ m/s, $d = 83$ mm, 10 Rohrreihen:

Wärmeübergangszahl von Rauchgasen an Rohrwand $= \alpha_B$ . . . . 22,6 kcal/m²h °C.

Ferner bei Strömung parallel zu den Rohren nach Tafel 7, Beispiel 10, S. 21: für $t_R = 1030°$ C, $t_W = 265°$ C, Steinkohle, rd. 10 m Rohrlänge, $v = 6$ m/s, $d = 83$ mm

Wärmeübergangszahl von Rauchgasen an Rohrwand α_B . . . . 12 kcal/m²h °C

Mittel aus beiden Werten $\alpha_B = \dfrac{22,6 + 12}{2}$ . . . . 17,3 kcal/m²h °C.

Nach Tafel 8, Beispiel 11, S. 23, wird für $\mathfrak{H}_u = 6900$ kcal/kg, 14 vH CO_2 am Orsat gemessen, 185 mm Rohrteilung, 83 mm ä. Rohrdurchmesser, Stärke der strahlenden Schicht $s = 185 - \dfrac{83}{2} = 143,5$ mm

$(p \cdot s)_{CO_2} = 0,13 \cdot 143,5 = 18,7;\ (\varphi)_{CO_2} = 6,55;\ (\alpha_s)_{CO_2}$ . . . . 11,9 kcal/m²h
$(p \cdot s)_{H_2O} = 0,06 \cdot 143,5 = 8,6;\ (\varphi)_{H_2O} = 2,75;\ (\alpha_s)_{H_2O}$ . . . . 4,9 kcal/m²h °C
gesamte Wärmeübergangszahl von Rauchgasen an Rohrwand $\alpha_1 = 17,3 + 11,9 + 4,9 = 34,1$ kcal/m²h °C.

Aus den auf S. 25 angegebenen Gründen kann gesetzt werden:
Wärmedurchgangszahl von Rauchgasen an Kesselwasser $k = \alpha_1$ . . . . 34,1 kcal/m²h °C.

Es betragen ferner:
kleinstes Temperaturgefälle zwischen Rauchgasen und Wasser $\Delta k = 800° - 250° = 550°$ C
größtes Temperaturgefälle zwischen Rauchgasen und Wasser $\Delta g = 1260° - 250° = 1010°$ C

$$\frac{\Delta k}{\Delta g} = \frac{550}{1010}$$ 0,544

Mit diesen Werten findet man auf Tafel 4
mittlere Temperaturdifferenz Δt_m . . . . 756° C

und nach Tafel 11, Beispiel 16, S. 29
Heizfläche für 1 kg/h Kohle . . . . 0,069 m²/kg
gesamte Vorheizfläche $= 0,069 \cdot 8290$ . . . . 570 m².

5. Überhitzerheizfläche.

In Beispiel 17, S. 30, ist für die gleichen Verhältnisse wie im vorliegenden Fall gezeigt, wie aus Tafel 13 gefunden wird:
Rauchgastemperatur hinter Überhitzer . . . . 520° C.

Damit sind die für die Ermittlung der Wärmeübergangszahlen maßgebenden Temperaturen:

mittlere Rauchgastemperatur $t_R = \dfrac{800 + 520}{2}$ . . . . 660° C.

Die Rohrwandtemperatur wurde schätzungsweise 25° C höher als die mittlere Dampftemperatur angenommen, also zu

$t_W = \dfrac{250 + 425}{2} + 25$ . . . . 362° C.

Der Dampf soll den Überhitzer im Gegenstrom zu den Rauchgasen durchfließen.

Aus Tafel 5 findet man für $t_R = 660°$ C, $t_W = 362°$ C, Steinkohle, $v = 7$ m/s, $d = 42$ mm, 10 Rohrreihen
Wärmeübergangszahl Rauchgase an Rohrwand durch Berührung α_B . . . . 33,4 kcal/m²h °C.

Aus Tafel 8 findet man für $\mathfrak{H}_u = 6900$ kcal/kg, 14 vH CO_2-Gehalt (Orsatanzeige), 97 mm Rohrteilung, 42 mm ä. Rohrdurchmesser und mittlere Stärke der strahlenden Schicht $s = 97 - \dfrac{42}{2} = 76$ mm.

$(p \cdot s)_{CO_2} = 0,13 \cdot 76 = 9,9;\quad (\varphi)_{CO_2} = 7,5;\ (\alpha_s)_{CO_2}$ . . . . 8,1 kcal/m²h °C
$(p \cdot s)_{H_2O} = 0,06 \cdot 76 = 4,56;\ (\varphi)_{H_2O} = 2,1;\ (\alpha_s)_{H_2O}$ . . . . 2,0 kcal/m²h °C

Somit ist:

gesamte Wärmeübergangszahl von Rauchgasen an Rohrwand $\alpha_1 = 33,4 + 8,1 + 2,0$. 43,5 kcal/m²h °C.

In Beispiel 12, S. 24, ist für die gleichen Verhältnisse wie im vorliegenden Fall gezeigt, wie aus Tafel 9 gefunden wird:

innere Wärmeübergangszahl von Rohrwand an überhitzten Dampf α_2. . . . . . . 1030 kcal/m²h °C.

Aus den auf S. 25 angegebenen Gründen kann gesetzt werden:

$$\text{Wärmedurchgangszahl Rauchgase an Dampf } k = \frac{1}{\dfrac{1}{\alpha_1} + \dfrac{1}{\alpha_2}} \text{ kcal/m²h °C.}$$

Mit $\alpha_1 = 43,5$ kcal/m²h °C und $\alpha_2 = 1030$ kcal/m²h °C erhält man nach Tafel 10, Beispiel 13, S. 25 Wärmedurchgangszahl $k = 41,6$ kcal/m²h °C.

Mit den Werten $\Delta k = 520 - 250 = 270°$ C, $\Delta g = 800 - 425 = 375°$ C, $\dfrac{\Delta k}{\Delta g} = 0,72$ wird aus Tafel 4 gefunden:

mittlere Temperaturdifferenz Δt_m . . . . 319° C.

Nach Tafel 13, Beispiel 17, S. 30:

Überhitzerheizfläche für 1 kg/h Kohle . . . . 0,079 m²/kg
gesamte Überhitzerheizfläche = 0,079 · 8290 . . . . 655 m².

Die Nachheizfläche des Kessels kann erst errechnet werden, wenn die Rauchgastemperatur vor Ekonomiser festliegt. Für die Ekonomiserheizfläche gilt insofern dasselbe, als erst die Rauchgastemperatur vor Luftvorwärmer bestimmt sein muß. Aus diesem Grunde wird zunächst der Luftvorwärmer und dann der Ekonomiser berechnet.

6. Luftvorwärmerheizfläche.

In Beispiel 22, S. 33, ist für die gleichen Verhältnisse wie im vorliegenden Fall gezeigt, wie aus Tafel 16 gefunden wird:

Rauchgastemperatur vor Luftvorwärmer . . . . 312° C.

Damit sind die für die Ermittlung der Wärmedurchgangszahl maßgebenden Temperaturen:

mittlere Rauchgastemperatur $= \dfrac{180 + 312}{2}$ . . . . 246° C

mittlere Lufttemperatur $= \dfrac{175 + 20}{2}$ . . . . 97,5° C

mittlere Wandtemperatur $= \dfrac{246 + 97,5}{2}$ . . . . rd. 172° C.

In Beispiel 19, S. 32, ist mit den Zahlenwerten des vorliegenden Falles gezeigt, wie aus Tafel 15 gefunden wird:

Wärmedurchgangszahl k . . . . 12,1 kcal/m²h °C.

Mit den Werten $\Delta k = 312 - 175 = 137°$ C, $\Delta g = 180 - 20 = 160°$ C, $\dfrac{\Delta k}{\Delta g} = 0,856$ wird aus Tafel 4 gefunden:

mittlere Temperaturdifferenz Δt_m . . . . 148° C.

Nach Tafel 16, Beispiel 22, S. 33:

Luftvorwärmerheizfläche für 1 kg/h Kohle . . . . 0,253 m²/kg
gesamte erforderliche Luftvorwärmerheizfläche = 0,253 · 8290 . . . . 2100 m²

7. Ekonomiserheizfläche.

Die unter Punkt 6 ermittelte Rauchgastemperatur vor Luftvorwärmer von 312° C ist gleich der Rauchgastemperatur hinter Ekonomiser.

In Beispiel 18, S. 31 wurde für die gleichen Verhältnisse wie im vorliegenden Fall aus Tafel 14 gefunden:

Rauchgastemperatur vor Ekonomiser. . . . . 467° C.

Damit sind:

mittlere Rauchgastemperatur $= \dfrac{312 + 467}{2}$ . . . . 390° C

mittlere Rohrwandtemperatur (= mittlere Wassertemperatur $+ 10°$ C)
$$= \frac{120 + 180}{2} + 10 \ . \ . \ . \ . \ . \ 160° \text{ C.}$$

Der Ekonomiser sei ein Schlangenrohrvorwärmer in Gegenstromschaltung, bei dem die Rauchgase senkrecht zu den fluchtend angeordneten Rohren strömen.

Aus Tafel 5 findet man für $t_R = 390°$ C, $t_W = 160°$ C, Steinkohle, $v = 7$ m/s, $d = 45$ mm, 10 Rohrreihen Wärmeübergangszahl von Rauchgasen an Rohrwand durch Berührung α_B . . . . . 37 kcal/m²h°C.

Ferner findet man aus Tafel 8 für $\mathfrak{H}_u = 6900$ kcal/kg, 14 vH CO_2-Gehalt (Orsatanzeige), $t = 85$ mm,

$d = 45$ mm und mittlere Stärke der strahlenden Schicht $s = 85 - \dfrac{45}{2} = $ rd. 62,5 mm

$(p \cdot s)_{CO_2} = 0,13 \cdot 62,5 = 8,1$; $(\varphi)_{CO_2} = 8,2$; $(\alpha_s)_{CO_2}$ . . . . 2,6 kcal/m²h°C

$(p \cdot s)_{H_2O} = 0,06 \cdot 62,5 = 3,8$; $(\varphi)_{H_2O} = 2,2$; $(\alpha_s)_{H_2O}$ . . . . 0,8 kcal/m²h°C.

Somit ist:

gesamte Wärmeübergangszahl von Rauchgasen an Rohrwand $\alpha_1 = 37 + 2,6 + 0,8 = $ 40,4 kcal/m²h°C

und nach S. 25:

Wärmedurchgangszahl von Rauchgasen an Speisewasser $k = \alpha_1$ . . . . 40,4 kcal/m²h°C.

In Beispiel 8, S. 19 ist mit den Zahlenwerten des vorliegenden Falles gezeigt, wie aus Tafel 4 gefunden wird:

mittlere Temperaturdifferenz Δt_m . . . . 236° C.

Nach Tafel 14, Beispiel 18, S. 31 ist

Ekonomiserheizfläche für 1 kg/h Kohle . . . . 0,059 m²/kg

gesamte Ekonomiserheizfläche $= 0,059 \cdot 8290$ . . . . 489 m².

8. Nachheizfläche.

Rauchgastemperatur vor Nachheizfläche (= hinter Überhitzer) nach 5. . . . . 520° C

Rauchgastemperatur hinter Nachheizfläche (= vor Ekonomiser) nach 7. . . . . 467° C

mittlere Rauchgastemperatur $= \dfrac{520 + 467}{2}$ . . . . 493° C

Rohrwandtemperatur (= Siedetemperatur $+ 15°$ C) . . . . 265° C.

Aus Tafel 7 erhält man für fluchtende Rohranordnung und Gasströmung parallel zu den Rohren, $t_R = 493°$ C, $t_W = 265°$ C, Steinkohle, $v = 6$ m/s, $d = 83$ mm, 10 m Rohrlänge:

Wärmeübergangszahl Rauchgase an Rohrwand durch Berührung α_B . . . . 14,2 kcal/m²h°C.

In Beispiel 11, S. 23, unter b) ist mit den Zahlenwerten des vorliegenden Falles gezeigt, wie aus Tafel 8 gefunden wird:

Wärmeübergangszahl durch Gasstrahlung α_s . . . . 7,3 kcal/m²h°C

gesamte Wärmeübergangszahl von Rauchgasen an Rohrwand $\alpha_1 = 14,2 + 7,3$ . . . . 21,5 kcal/m²h°C.

Nach S. 25:

Wärmedurchgangszahl von Rauchgasen an Kesselwasser $k = \alpha_1$ . . . . 21,5 kcal/m²h°C.

Mit den Werten $\Delta k = 467 - 250 = 217°$ C, $\Delta g = 520 - 250 = 270°$ C, $\dfrac{\Delta k}{\Delta g} = 0,804$ kann aus Tafel 4 gefunden werden:

mittlere Temperaturdifferenz Δt_m . . . . 242° C.

Aus Tafel 11 ergibt sich sodann ähnlich Beispiel 16, S. 29:

Nachheizfläche für 1 kg/h Kohle . . . . 0,04 m²/kg

gesamte Nachheizfläche $= 0,04 \cdot 8290$ . . . . 332 m².

9. Zusammenstellung.

Es betragen somit:

reine Kühlfläche (voller Umfang) . . . . 286 m²

Vorheizfläche des Kessels . . . . 570 m²

Nachheizfläche des Kessels . . . . 332 m²

gesamte Kesselheizfläche . . . . 1188 m²

Überhitzerheizfläche . . . . 655 m²

Ekonomiserheizfläche . . . . 489 m²

Luftvorwärmerheizfläche . . . . 2100 m².

Beispiel 25: Kontrollrechnung an einem ausgeführten Kessel. Es soll geprüft werden, wie die mit den Tafeln ermittelten Werte mit Meßergebnissen an Kessel Nr. 22 des Calumet-Kraftwerkes in Chikago übereinstimmen, Abb. 108. Der Kessel ist ein Babcock-Sektionalkessel mit Bailey-Staubfeuerung, Ekonomiser und Luftvorwärmer[a]. Die Rechnung wird so durchgeführt, daß die Wärmedurchgangszahl k in kcal/m²h°C einmal aus der beim Versuch übertragenen Wärme, d. h. den Temperaturen und Mengen des

---

[a] *25 u. 26.*

heizenden und beheizten Mittels errechnet wird. Ein zweites Mal wird sie auf Grund der Geschwindigkeiten mit Hilfe der Tafeln 5, 6, 7, 8, 9 und 15 bestimmt, und dann mit dem ersten Wert verglichen, so daß man daraus ein Bild über die Zuverlässigkeit obiger Tafeln erhält.

Ausgangswerte:

stündliche Dampfmenge . . . . 97 211 kg/h
Kesseldruck . . . . 22,8 at abs.
unterer Heizwert der Kohle $\mathfrak{H}_u$ . . . . 6490 kcal/kg
CO_2-Gehalt hinter Kessel . . . . 15,4 vH
stündliche Kohlenmenge . . . . 11 290 kg/h
Verdampfungsziffer $= \dfrac{97\,211}{11\,290}$ . . . . 8,62 kg/kg

Temperaturen:

überhitzter Dampf . . . . 390° C
Rauchgase: vor Ekonomiser . . . . 687° C
        hinter Ekonomiser . . . . 277° C
        hinter Luftvorwärmer . . . . 143° C
Speisewasser: Eintritt Ekonomiser . . . . 86° C
Luft: Eintritt Luftvorwärmer . . . . 39° C
    Austritt Luftvorwärmer . . . . 197° C.

Durchmesser:

Wasserrohre . . . . 74/82,5 mm   Ekonomiserrohre außen . . . . 50,8 mm
Überhitzerrohre außen . . . . 50,8 mm   Luftvorwärmerrohre . . . . 57,5/63,5 mm.

1. Luftvorwärmer.

Wie aus der benutzten Literaturquelle hervorgeht, wird ein Teil der durch den Luftvorwärmer strömenden Luft zum Trocknen der Kohle vor ihrer Vermahlung verwendet, der dann ins Freie zieht. Dafür wird etwas kalte Luft unmittelbar den Brennern zugeführt. Angaben über die betreffenden Luftmengen, die offenbar nicht beträchtlich sind, werden nicht gemacht. Aus diesem Grunde ist die Aufstellung einer zuverlässigen Wärmebilanz des Luftvorwärmers nicht möglich. Wenn hier trotzdem so gerechnet wird, als ob die gesamte Verbrennungsluft durch den Luftvorwärmer strömte, so geschieht dies lediglich, um den Rechnungsgang zu zeigen.

Röhrenluftvorwärmer. Reine Gegenstromschaltung. Luft- und Rauchgase strömen parallel zu den Rohren.

Ermittlung der Wärmedurchgangszahl k:

a) aus den Versuchswerten auf Grund der übertragenen Wärmemenge:

Heizfläche (Mittelwert aus Gas- und Luftseite) . . . . 3690 m²
Heizfläche je kg/h Kohle $\dfrac{3690}{11\,290}$ . . . . 0.327 m²/kg

Mit den Werten $\Delta k = 277 - 197 = 80°$ C, $\Delta g = 143 - 39 = 104°$ C, $\dfrac{\Delta k}{\Delta g} = 0,77$ wird aus Tafel 4 gefunden:

mittlere Temperaturdifferenz Δt_m . . . . 91,5° C.

Ferner ist:

CO_2-Gehalt vor Luftvorwärmer . . . . 14,8 vH
CO_2-Gehalt nach Luftvorwärmer . . . . 13,6 vH
mittlerer CO_2-Gehalt im Luftvorwärmer . . . . 14,2 vH.

Damit ergibt sich aus Tafel 1:

Rauchgasmenge je kg Kohle . . . . 9,75 Nm³/kg
theoretische Luftmenge je kg Kohle . . . . 7,05 Nm³/kg
Luftüberschußzahl (entsprechend 15,4 vH CO_2-Gehalt im Feuerraum) λ 1,21
tatsächliche, dem Feuerraum zugeführte Luftmenge $= 7,05 \cdot 1,21$ . . . . 8,55 Nm³/kg
Mantelverlust angenommen zu . . . . 5 vH.

Mit diesen Werten und den zugehörigen Luft- und Rauchgastemperaturen kann man aus Tafel 16 die Wärmebilanz prüfen. Zu diesem Zweck braucht man lediglich ganz ähnlich wie bei dem eingezeichneten Beispiel die Linienzüge folgendermaßen zu durchfahren. Man geht zunächst von der Eintrittstemperatur der Luft 39° C aus, entspr. Punkt A_1, dann von der Austrittstemperatur der Luft 197° C, entspr. Punkt A_2 bis Schnittpunkt B_4 mit der von B_3 kommenden Schrägen. Darauf senkrecht nach unten bis zum Schnitt B_5 mit der Kurve 0 vH Mantelverlust, horizontal weiter bis Schnitt B_6 mit Kurve 5 vH Mantelverlust, senkrecht nach unten bis Schnitt B_7 mit 8,55 Nm³/kg Luft, dann horizontal bis Schnitt B_8 mit 9,75 Nm³/kg Rauchgas und weiter senkrecht nach oben. Nunmehr beginnt man mit dem unteren Heizwert der Kohle 6490 kcal/kg, entspr. Punkt A_3, geht bis zum Schnitt B_9 mit einer 14,2 vH CO_2 entsprechenden Kurve, darauf horizontal bis Schnitt B_{10}, von wo aus man zwischen die schrägen Kurven eine passende Linie bis zum Schnitt B_{11} mit der von A_4, d. h. 143° C Austrittstemperatur kommenden Vertikalen einzeichnet. Darauf über B_{12} zum Schnitt B_{13} mit der von B_8 kommenden Senkrechten, dann nach rechts horizontal bis zum Schnitt B_{14} mit der vorher eingezeichneten, 14,2 vH CO_2 entsprechenden Linie und von dort senkrecht nach unten, wo man die Rauchgaseintrittstemperatur mit 275° C findet, während 277° C gemessen wurden, so daß also der angenommene Mantelverlust bestätigt erscheint.

Die Wärmebilanz kann grundsätzlich auf dieselbe Weise, aber etwas genauer, auch mit Hilfe von Tafel 1 und 2 kontrolliert werden, indem man die den Rauchgasen entzogene, bzw. die von der Luft aufgenommene Wärme ermittelt.

Aus Tafel 1 findet man für 14,2 vH CO_2-Gehalt:

Rauchgasmenge je kg Kohle . . . . 9,75 Nm³/kg
tatsächliche dem Feuerraum zugeführte Luftmenge (entsprechend 15,4 vH CO_2-Gehalt,
 $\lambda = 1,21$ im Feuerraum) $= 7,05 \cdot 1,21$ . . . . 8,55 Nm³/kg

Aus Tafel 2 ergibt sich:

Wärmeinhalt von 1 Nm³ Rauchgas vor Luftvorwärmer . . . . 93 kcal/Nm³
     1 Nm³ Rauchgas nach Luftvorwärmer. . . . . 47,5 kcal/Nm³
Abnahme des Wärmeinhaltes von 1 Nm³ Rauchgas im Luftvorwärmer $= (93 — 47,5)$. 45,5 kcal/Nm³
desgleichen je kg Kohle $= 9,75 \cdot 45,5$ . . . . 444 kcal/kg
Wärmeinhalt von 1 Nm³ Luft vor Luftvorwärmer. . . . . 12,5 kcal/Nm³
     1 Nm³ Luft hinter Luftvorwärmer . . . . 61,5 kcal/Nm³
Zunahme des Wärmeinhaltes von 1 Nm³ Luft im Luftvorwärmer $= (61,5—12,5)$. . . 49,0 kcal/Nm³
desgleichen je kg Kohle $= 49,0 \cdot 8,55$ . . . . 419 kcal/kg

 somit

Luftvorwärmerwirkungsgrad $= \dfrac{419}{444}$ . . . . 95,5 vH

entsprechend Mantelverlust $(100 — 95,5)$ . . . . 4,5 vH.

Man kommt also fast zu denselben Ergebnissen wie vorher (Mantelverlust 4,5 statt 5 vH).

Da der Abfall des CO_2-Gehaltes im Luftvorwärmer aber sehr beträchtlich ist, ist es, wenn man auf größere Genauigkeit Wert legt, richtiger, für die Kontrolle der Wärmebilanz an Stelle von Tafel 16 zwar Tafel 1 und 2 zu verwenden, aber mit den tatsächlichen Luft- und Rauchgasmengen vor und hinter Luftvorwärmer zu rechnen.

Aus Tafel 1 findet man:

Rauchgasmenge: vor Luftvorwärmer   (14,8 vH CO_2) . . . . 9,25 Nm³/kg
     hinter Luftvorwärmer (13,6 vH CO_2) . . . . 9,95 Nm³/kg
tatsächliche, dem Feuerraum zugeführte Luftmenge (entspr. 15,4 vH CO_2-Gehalt, $\lambda = 1,21$
 im Feuerraum) $= 7,05 \cdot 1,21$ . . . . 8,55 Nm³/kg
Luftmenge vor Luftvorwärmer $= 8,55 + (9,95 — 9,25)$. . . . . 9,25 Nm³/kg.

Dabei wurde angenommen, daß die Luftmenge, die die Rauchgase verdünnt, von der Luftseite herüberkommt, daß die Zunahme des Rauchgasvolumens also gleich der Abnahme des Luftvolumens ist.

Aus Tafel 2 ergibt sich:

Wärmeinhalt:

von 1 Nm³ Rauchgas vor Luftvorwärmer . . . . 93 kcal/Nm³
von 1 Nm³ Rauchgas hinter Luftvorwärmer . . . . 47,5 kcal/Nm³
der Rauchgase von 1 kg Kohle: vor Luftvorwärmer $= 9,25 \cdot 93$ . . . . 860 kcal/kg
     hinter Luftvorwärmer $= 9,95 \cdot 47,5$ . . . . 473 kcal/kg
von 1 Nm³ Luft vor Luftvorwärmer. . . . . 12,5 kcal/Nm³
von 1 Nm³ Luft hinter Luftvorwärmer. 61,5 kcal/Nm³
der Luft für 1 kg Kohle: vor Luftvorwärmer $= 9,25 \cdot 12,5$ . . . . 116 kcal/kg
     hinter Luftvorwärmer $= 8,55 \cdot 61,5$ . . . . 525 kcal/kg
im Luftvorwärmer den Rauchgasen von 1 kg Kohle entzogen $= 860 — 473$ . . . . . 387 kcal/kg
im Luftvorwärmer der Verbrennungsluft von 1 kg Kohle zugeführt $= 525 — 116$ . . 409 kcal/kg.

Es scheint, daß die der Luft zugeführte Wärmemenge größer ist als die den Rauchgasen entzogene. Dies ist natürlich unmöglich und erklärt sich im vorliegenden Fall dadurch, daß weniger Luft, als der Rechnung zugrunde gelegt wurde, durch den Luftvorwärmer strömt. Aber auch wenn dies nicht zutreffen würde, tritt diese Erscheinung öfter auf und zwar infolge von Meßfehlern, vor allem bei der Bestimmung der Rauchgastemperaturen (siehe S. 2), die sich auch bei sonst genau durchgeführten Kesselversuchen oft nicht vermeiden lassen. Auf welche der drei beschriebenen Weisen verfahren werden soll, hängt somit vom besonderen Zweck und der verlangten Genauigkeit einer Rechnung ab.

Es wird jetzt die allgemeine Berechnung weiter durchgeführt. Mit Hilfe von Tafel 16 kann man ähnlich Beispiel 22 die beim Versuch erreichte Wärmedurchgangszahl k ermitteln. Da in diesem Falle aus den eingangs erwähnten Gründen die Luftmenge nicht genau bekannt ist, ist es das gegebene, bei der Ermittlung der Wärmedurchgangszahl k die Rauchgasabkühlung zugrunde zu legen.

Damit wird

Wärmedurchgangszahl k . . . . 14,6 kcal/m²h°C

b) Errechnung von k mit Hilfe der Tafeln auf Grund der Abmessungen des Luftvorwärmers (Geschwindigkeit der Luft und der Rauchgase):

mittlere Rauchgastemperatur $= \dfrac{277 + 143}{2}$ . . . . 210° C

mittlere Lufttemperatur $= \dfrac{197 + 39}{2}$ . . . . 118° C

mittlere Rohrwandtemperatur $= \dfrac{118 + 210}{2}$ . . . . 164° C

Länge eines Rohres nach Zeichnung . . . . rd. 10 m

sekundl. Rauchgasmenge $= \dfrac{9,75 \cdot 11\,290 \cdot 483}{3600 \cdot 273}$ . . . . 54 m³/s

freier Rauchgasquerschnitt nach Zeichnung . . . . 4,9 m²

somit

mittlere Rauchgasgeschwindigkeit $= \dfrac{54}{4,9}$ . . . . 11 m/s

sekundl. Luftmenge $=$ rd. $\dfrac{8,55 \cdot 11\,290 \cdot 391}{3600 \cdot 273}$ . . . . rd. 38,4 m³/s

freier Luftquerschnitt nach Zeichnung . . . . 4,45 m²

somit

mittlere Luftgeschwindigkeit $=$ rd. $\dfrac{38,4}{4,45}$ . . . . rd. 8,6 m/s.

Mit diesen Werten ergibt sich aus Tafel 15 für die Rauchgasseite:

Wärmeübergangszahl α_1 . . . . 31 kcal/m²h°C

für die Luftseite:

Wärmeübergangszahl α_2 . . . . 25,3 kcal/m²h°C

damit aus Tafel 10:

Wärmedurchgangszahl k . . . . 14 kcal/m²h°C

gegenüber dem Versuchswert k . . . . 14,6 kcal/m²h°C.

2. Ekonomiser:

Gegenstromschaltung. Strömung der Rauchgase senkrecht zu den fluchtend angeordneten Ekonomiserrohren.

Ermittlung der Wärmedurchgangszahl k:

a) aus den Versuchswerten auf Grund der übertragenen Wärmemenge:

Heizfläche . . . . 821 m²

Heizfläche je kg/h Kohle $= \dfrac{821}{11\,290}$ . . . . 0,0726 m²/kg

CO_2-Gehalt vor Ekonomiser 15,4

nach Ekonomiser 14,8

mittlerer CO_2-Gehalt im Ekonomiser . . . . 15,1 vH.

Damit ergibt sich aus Tafel 1:

Luftüberschußzahl λ 1,25

Rauchgasmenge je kg Kohle . . . . 9,2 Nm³/kg.

Da sich dieser Ekonomiser über einen außergewöhnlich großen Temperaturbereich ausdehnt, ist es nicht möglich, ihn mit Hilfe von Tafel 14 nachzurechnen, deren Temperaturbereich im Interesse größerer Genauigkeit nur bis 550° C geht. Sollte ein Leser öfter Rechnungen in dem diese Temperatur überschreitenden Gebiet zu machen haben, so könnte er sie unschwer durch sinngemäße Verlängerung der leicht gekrümmten, die Gaszusammensetzung charakterisierenden Kurvenschar im rechten oberen Quadranten auch für diese Bedarfsfälle erweitern. Im allgemeinen wird sich dies wohl nicht lohnen, weshalb gezeigt wird, wie die Speisewassererwärmung und die Wärmedurchgangszahl an Hand von Tafel 2 berechnet werden können.

Aus Tafel 2 findet man:

Wärmeinhalt von 1 Nm³ Rauchgas: vor Ekonomiser . . . . 241 kcal/Nm³
hinter Ekonomiser . . . . 100 kcal/Nm³

somit

im Ekonomiser pro Nm³ Rauchgas übertragene Wärme . . . . 141 kcal/Nm³
desgl. pro kg Kohle $= 9,2 \cdot 141$ . . . . 1300 kcal/kg
3 vH Verlust im Ekonomiser angenommen . . . . 40 kcal/kg

somit

ins Speisewasser pro kg Kohle übergegangen . . . . 1260 kcal/kg
Zunahme des Wärmeinhaltes von 1 kg Speisewasser $= \dfrac{1260}{8,62}$ . . . . 146 kcal/kg
Wärmeinhalt des Speisewassers: vor Ekonomiser . . . . 86 kcal/kg
hinter Ekonomiser . . . . 232 kcal/kg.

Da die Siedetemperatur bei 219° C liegt, folgt, daß bei dieser Last bereits etwas Wasser im Ekonomiser verdampft ist, ein Umstand, dem übrigens bereits bei der Konstruktion des Ekonomisers Rechnung getragen und der bewußt herbeigeführt wurde. Es beträgt also

Speisewassertemperatur Austritt Ekonomiser . . . . 219° C.

Mit den Werten $\Delta k = 277 - 86 = 191°$ C, $\Delta g = 687 - 219 = 468°$ C, $\dfrac{\Delta k}{\Delta g} = 0,410$ wird aus Tafel 4 gefunden:

mittlere Temperaturdifferenz Δt_m . . . . 310° C.

Diese Art der Berechnung ist hier nicht ganz korrekt, da die Temperatur des Speisewassers nicht kontinuierlich von Eintritt bis Austritt Ekonomiser steigt, sondern im letzten Stück, wo das Wasser verdampft, konstant bleibt. Da dieses Stück aber im Verhältnis zur ganzen Erwärmung klein ist, erscheint die angewandte Berechnung noch gerechtfertigt. Bei einer stärkeren Abweichung vom stetigen Verlauf müßte man die Heizfläche unterteilen in einen Teil, in dem die Wassertemperatur ansteigt, und einen Teil, in dem sie konstant ist (siehe auch Literaturverzeichnis 2, S. 80 ff.).

Mit obigen Werten ergibt sich

Wärmedurchgangszahl $k = \dfrac{1300}{0,0726 \cdot 310} \cdot$ . . . . 57,5 kcal/m²h°C.

b) Errechnung mit Hilfe der Tafeln auf Grund der Abmessungen des Ekonomisers:

mittlere Rauchgastemperatur $= \dfrac{687 + 277}{2}$ . . . . 482° C

mittlere Wassertemperatur $= \dfrac{219 + 86}{2}$ . . . . 152° C

mittlere Rohrwandtemperatur $= 152 + 10$ . . . . 162° C
lichter Querschnitt des Ekonomisers nach Zeichnung (Abb. 108) $= 5,50 \cdot 1,96^a$ . . . 10,80 m²
Rohrzahl in horizontaler Richtung nach Zeichnung 18
Rohrteilung $= \dfrac{1960}{18}$ . . . . 110 mm
Querschnittsverengung durch die Rohre $= 18 \cdot 0,0508 \cdot 5,50$ . . . . 5,04 m²
freier Rauchgasquerschnitt $= 10,80 - 5,04$ . . . . 5,76 m²
sekundl. Rauchgasmenge $= \dfrac{9,2 \cdot 11\,290 \cdot 755}{3600 \cdot 273}$ . . . . 80 m³/s
mittlere Rauchgasgeschwindigkeit $= \dfrac{80}{5,76}$ . . . . 13,8 m/s.

Mit diesen Werten findet man aus Tafel 5 für mehr als 10 hintereinanderliegende Rohrreihen:
Wärmeübergangszahl durch Berührung α_B . . . . 51 kcal/m²h°C

Nach Tafel 8 wird für $\mathfrak{H}_u = 6490$ kcal/kg, 15,1 vH mittleren CO_2-Gehalt, 110 mm Rohrteilung, 50,8 mm

äußeren Rohrdurchmesser, Stärke der strahlenden Schicht $s = 110 - \dfrac{50,8}{2} = 85$ mm

$(p \cdot s)_{CO_2} = 0,137 \cdot 85 = 11,6$; $(\varphi)_{CO_2} = 8,4$; $(\alpha_s)_{CO_2}$ . . . . 3,9 kcal/m²h°C
$(p \cdot s)_{H_2O} = 0,073 \cdot 85 = 6,2$; $(\varphi)_{H_2O} = 3,2$; $(\alpha_s)_{H_2O}$ . . . . 1,5 kcal/m²h°C
gesamte Wärmeübergangszahl von Rauchgasen an Rohrwand $\alpha_1 = 51 + 3,9 + 1,5 = 56,4$ kcal/m²h°C.

Aus den auf S. 25 angegebenen Gründen kann gesetzt werden:

Wärmedurchgangszahl von Rauchgasen an Kesselwasser $k = \alpha_1$ . . . . 56,4 kcal/m²h°C
gegenüber dem Versuchswert k . . . . 57,5 kcal/m²h°C.

* Die mittlere Tiefe des Ekonomisers ist 1960 mm und nicht, wie in Abb. 108 angegeben, 2050 mm.

3. Überhitzer.

Dampf und Rauchgase fließen praktisch im Kreuzstrom, die Rauchgase strömen senkrecht zu den fluchtend angeordneten Überhitzerrohren.

Ermittlung der Wärmedurchgangszahl k

a) aus den Versuchswerten auf Grund der übertragenen Wärmemenge:

Die Temperatur der Rauchgase hinter Überhitzer ist in den Versuchsdaten nicht aufgeführt. Da eine einwandfreie Rechnung aus der Temperatur vor Ekonomiser (687° C) nicht möglich ist, wurde die Abkühlung an der verhältnismäßig kleinen Heizfläche hinter Überhitzer (Verbindungsrohre der Sektionen mit der Trommel) zu rd. 20° C angenommen, damit wird:

Rauchgastemperatur hinter Überhitzer . . . . rd. 710° C

Verdampfungsziffer $= \dfrac{97\,211}{11\,290}$ . . . . 8,62 kg/kg

Sattdampftemperatur (22,8 at abs.) . . . . 219° C

Heißdampftemperatur . . . . 390° C.

Überhitzungswärme (bei 2 vH Dampffeuchtigkeit, die der großen Kesselbelastung wegen
    so hoch angenommen wurde) aus JS-Diagramm 770 — 660 . . . . 110 kcal/kg.

Aus Tafel 1 für $\mathfrak{H}_u = 6490$ kcal/kg, 15,4 vH CO_2-Gehalt:

Rauchgasmenge je kg Kohle . . . . 8,9 Nm³/kg.

Mit diesen Werten findet man aus Tafel 13:

Rauchgastemperatur vor Überhitzer . . . . 1000° C

Um den Strömungsverhältnissen Rechnung zu tragen, wird als mittlere Temperaturdifferenz das arithmetische Mittel aus den Werten für Gleich- und Gegenstrom gesetzt.

Gleichstrom: $\Delta k = 710 - 390 = 320$ $\dfrac{\Delta k}{\Delta g} = 0{,}41$
            $\Delta g = 1000 - 219 = 781$

nach Tafel 4 $\Delta t_m = 517°$ C

Gegenstrom: $\Delta k = 710 - 219 = 491$ $\dfrac{\Delta k}{\Delta g} = 0{,}805$
            $\Delta g = 1000 - 390 = 610$

nach Tafel 4 $\Delta t_m = 545°$ C

mittlere Temperaturdifferenz im Überhitzer $\Delta t_m = \dfrac{545 + 517}{2}$ 531

Überhitzerheizfläche nach Zeichnung . . . . 467 m²

Heizfläche je kg/h Kohle $= \dfrac{467}{11\,290}$ . . . . 0,0415 m²/kg.

Mit diesen Werten findet man aus Tafel 13

Wärmedurchgangszahl k . . . . 43,1 kcal/m² h °C.

b) Errechnung mit Hilfe der Tafeln auf Grund der Überhitzerabmessungen:

mittlere Rauchgastemperatur $= \dfrac{1000 + 710}{2}$ . . . . 855° C

mittlere Dampftemperatur $= \dfrac{390 + 219}{2}$ . . . . 305° C

mittlere Rohrwandtemperatur $= 305 + 25$ . . . . 330° C

lichter Querschnitt des Kessels im Überhitzer nach Zeichnung $= 7{,}35 \cdot 3{,}7$ . . . . . 27,2 m²

mittlere Länge eines Überhitzerrohres . . . . 7 m

Rohrzahl in senkrechter Richtung 4

Rohrdurchmesser: äußerer . . . . 50,8 mm

                 innerer (nach Annahme) . . . . 40,8 mm

Heizfläche . . . . 467 m²

gesamte Rohrzahl $= \dfrac{467}{0{,}0508 \cdot \pi \cdot 7}$ 420

Überhitzerschlangen nebeneinander $= \dfrac{420}{4}$ 105

horizontale Rohrteilung $= \dfrac{7350}{105}$ . . . . 70 mm

Querschnittsverengung durch die Rohre $= 105 \cdot 0{,}0508 \cdot 3{,}5$ . . . . 18,70 m²

freier Rauchgasquerschnitt $= 27{,}20 - 18{,}70$ . . . . 8,50 m²

sekundl. Rauchgasmenge $= \dfrac{8{,}9 \cdot 11\,290 \cdot 1128}{3600 \cdot 273}$ . . . . 116 m³/s

mittlere Rauchgasgeschwindigkeit $= \dfrac{116}{8{,}5}$ . . . . 13,6 m/s.

Mit diesen Werten findet man aus Tafel 5 für acht hintereinander liegende Rohrreihen:

Wärmeübergangszahl durch Berührung α_B . . . . 47 kcal/m²h°C.

Nach Tafel 8 wird für $\mathfrak{H}_u = 6490$ kcal/kg, 15,4 vH CO_2-Gehalt, 70 mm Rohrteilung, 50,8 mm äußerer Rohrdurchmesser, Stärke der strahlenden Schicht $s = 70 - \dfrac{50,8}{2} = 45$ mm

$(p \cdot s)_{CO_2} = 0,14 \cdot 45 = 6,3$; $(\varphi)_{CO_2} = 5,9$; $(\alpha_s)_{CO_2}$ . . . . 8,5 kcal/m²h°C

$(p \cdot s)_{H_2O} = 0,077 \cdot 45 = 3,47$; $(\varphi)_{H_2O} = 1,3$; $(\alpha_s)_{H_2O}$ . . . . 2,0 kcal/m²h°C

gesamte Wärmeübergangszahl von Rauchgasen an Rohrwand $\alpha_1 = 47 + 8,5 + 2,0$ . . 57,5 kcal/m²h°C

Strömungsquerschnitt für den Dampf im Überhitzer $= \dfrac{105 \cdot 4 \cdot \pi \cdot 0,0408^2}{4}$ . . . . . 0,528 m²

mittleres spez. Volumen des Dampfes im Überhitzer (nach JS-Tafel) $= \dfrac{0,09 + 0,13}{2}$. 0,11 m³/kg

sekundl. Dampfmenge $= \dfrac{0,11 \cdot 97\,211}{3600}$ . . . . 2,97 m³/s

mittlere Dampfgeschwindigkeit $= \dfrac{2,97}{0,528}$ . . . . 5,6 m/s [a]

Dampfdruck . . . . 22,8 at abs.

mittlere Dampftemperatur $= \dfrac{390 + 219}{2}$ . . . . 305° C

mittlere Länge einer Rohrschlange . . . . 7 m

innerer Rohrdurchmesser . . . . 40,8 mm.

Mit diesen Werten findet man aus Tafel 9:

Wärmeübergangszahl an den überhitzten Dampf α_2 . . . . 250 kcal/m²h°C.

Aus Tafel 10 ergibt sich:

Wärmedurchgangszahl im Überhitzer k . . . . 46,8 kcal/m²h°C

gegenüber dem Wert aus den Versuchen k . . . . 43,1 kcal/m²h°C.

b) Das Verhalten von Feuerräumen.

1. Einleitung. Wie schon auf S. 34 hervorgehoben wurde, muß bei den Untersuchungen von Wohlenberg und seinen Mitarbeitern, den auf ihnen aufgebauten Tafeln 17 bis 20 und den damit gemachten Rechnungen stets beachtet werden, daß sie auf ganz bestimmten, mit den tatsächlichen Verhältnissen nicht immer völlig übereinstimmenden Voraussetzungen beruhen und daher zunächst nur unter diesen Verhältnissen gelten.

So z. B. sind, wie Abb. 18 und 19 zeigen, weder die Wärmeentbindung noch die Temperatur im gesamten Feuerraum der in Abb. 20 und 21 dargestellten Feuerung des Kraftwerkes Cahokia gleich. Vielmehr durchströmt ihn die Flamme in einer ausgeprägten Bahn, deren Lage und Temperaturverteilung mit der spezifischen Feuerraumbelastung wechselt. Insbesondere der Verlauf des CO_2- und O_2-Gehaltes zeigt deutlich die örtlich verschiedene Wärmeentwicklung in der Flamme. Aber auch senkrecht zur Flammenbahn herrschen auf demselben Meridian am Rande der Flamme andere Temperaturen als mehr nach ihrer Mitte zu.

Beim Gebrauch der Tafeln 17 bis 20 sollte daher das Hauptgewicht weniger auf genaue zahlenmäßige Übereinstimmung ihrer Werte mit den an ausgeführten Feuerungen gefundenen Ergebnissen gelegt werden, wenngleich sie in vielen Fällen für praktische Bedürfnisse vollkommen genügt, als auf den durch sie ermöglichten gesetzmäßigen Aufschluß über die Auswirkung verschiedener wichtiger Einflüsse.

Die Feuerraumtemperatur bzw. die im Feuerraum durch Strahlung und Wärmeleitung an die Kesselheizfläche übertragene Wärmemenge hängen besonders von folgenden Größen ab:

1. Feuerraumvolumen,
2. spezifische Belastung des Feuerraumes in kcal/m³h,
3. Feinheit des Kohlenstaubes (bei Staubfeuerungen),

---

[a] Die Dampfgeschwindigkeit ist auffallend klein.

4. Temperatur der Verbrennungsluft,
5. Zusammensetzung und Heizwert der Kohle (Einfluß auf die Gasstrahlung),
6. Luftüberschußzahl,
7. Größe und Lage der der Strahlung der Flammen (und des Rostes) ausgesetzten Heizflächen.

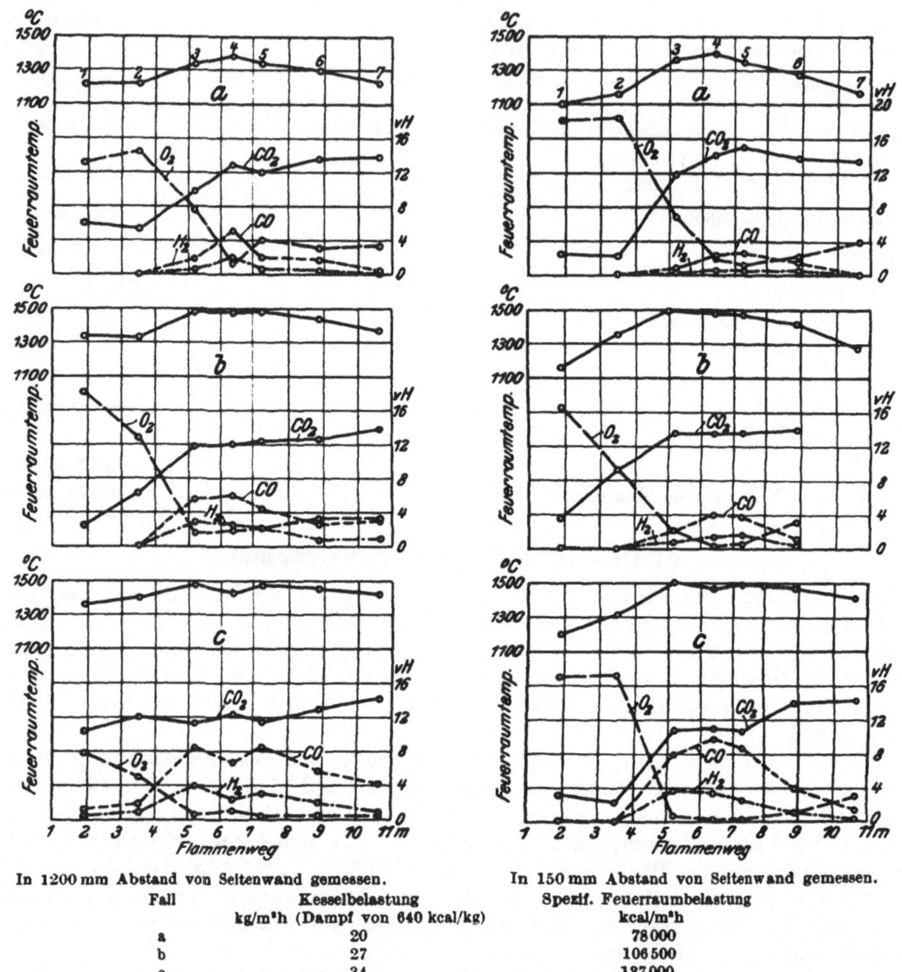

In 1200 mm Abstand von Seitenwand gemessen.

Fall	Kesselbelastung kg/m²h (Dampf von 640 kcal/kg)	Spezif. Feuerraumbelastung kcal/m²h
a	20	78000
b	27	106500
c	34	137000

Abb. 18 und 19. Temperaturverlauf und Gaszusammensetzung in der in Abb. 20 und 21 dargestellten Kohlenstaubfeuerung im Cahokia-Kraftwerk [a].

Wohlenberg setzt z. B. bei Kohlenstaubfeuerungen voraus, daß die Wärmeentwicklung im ganzen Feuerraum gleichmäßig verteilt ist, was, wie soeben gezeigt wurde, fast niemals zutrifft. Bei horizontaler Einführung des Kohlenstaubes durch Wirbelbrenner mit rundem Austritt, Abb. 109, werden die Verhältnisse anders liegen als bei den schmalen, hohen, gegeneinander blasenden Doppelbrennern von Bailey, Abb. 108, oder als bei Feuerräumen mit senkrechten Brennern und Flammenumkehr am unteren Ende des Feuerraumes, wie sie durch Lopulco entwickelt wurden, Abb. 20 und 21. Ohne diese vereinfachende Voraussetzung wäre aber eine rechnerische Erfassung noch schwieriger, als sie ohnehin schon ist. Zunächst sollen dieselben drei Feuerräume

---

[a] 32.

und Kohlensorten behandelt werden, die **Wohlenberg** seinen Untersuchungen zugrunde legte:

Feuerraum 1:

Kantenlänge . . . . 3050 mm

Feuerraumvolumen $V_F = 3{,}05^3$ . . . . 28,4 m³

Flammenvolumen $V_{Fl} = (3{,}05 - 0{,}305)^3$ . . . . 20,7 m³

$\dfrac{\text{Feuerraumvolumen}}{\text{Flammenvolumen}}$ 1,372

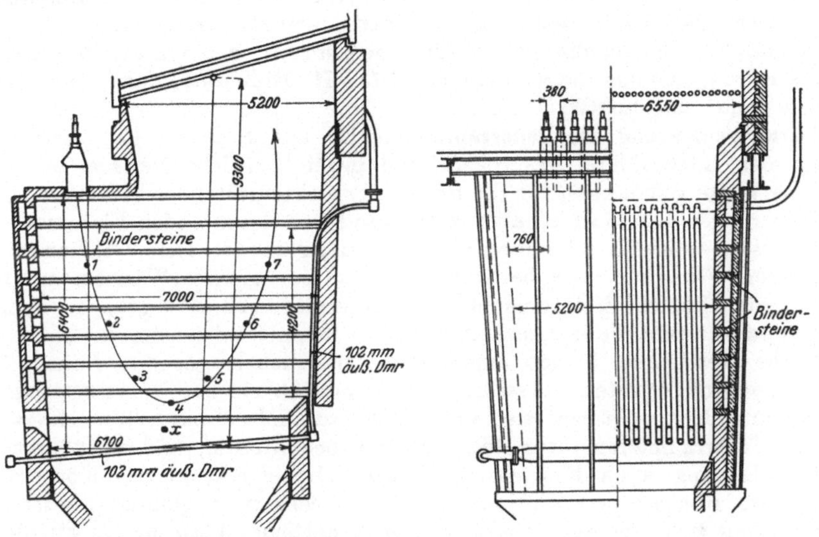

Punkte 1 bis 7 sind luftgekühlt; Punkt x nicht.

Abb. 20 und 21. Lopulco-Kohlenstaubfeuerung im Cahokia-Kraftwerk.

Feuerraum 2:

Kantenlänge $= 2 \cdot 3050$ . . . . 6100 mm

Feuerraumvolumen $V_F = 6{,}1^3$ . . . . 227,0 m³

Flammenvolumen $V_{Fl} = (6{,}1 - 0{,}305)^3$ . . . . 194,8 m³

$\dfrac{\text{Feuerraumvolumen}}{\text{Flammenvolumen}}$ . . . . 1,166.

Feuerraum 3:

Kantenlänge $= 3 \cdot 3050$ . . . . 9150 mm

Feuerraumvolumen $V_F = 9{,}15^3$ . . . . 766,1 m³

Flammenvolumen $V_{Fl} = (9{,}15 - 0{,}305)^3$ . . . . 693,1 m³

$\dfrac{\text{Feuerraumvolumen}}{\text{Flammenvolumen}}$ . . . . 1,107.

Bezeichnung der Kohle	Nr.	1	2	3
Unterer Heizwert	kcal/kg	6800	7790	8050
Gehalt an:				
Feuchtigkeit	vH	6	3	0
flüchtige Bestandteile . . .	vH	32,4	13,00	0
fixer Kohlenstoff	vH	54,3	78,80	100
Asche	vH	7,3	5,23	0

4*

Elementaranalyse (bezogen auf Trockenkohle)[a]:

Kohlenstoff	. . . .	vH	71,6	82,84	100
Wasserstoff	. . . .	vH	5,3	4,46	0
Sauerstoff	. . . .	vH	12,8	5,94	0
Schwefel	. . . .	vH	1,7	0,48	0
Stickstoff	. . . .	vH	1,3	1,05	0
Asche	. . . .	vH	7,3	5,23	0

Kohle Nr. 1 ist also eine gasreiche Steinkohle von mittlerem Aschen- und Wassergehalt, Kohle 3 ein fiktiver, aus reinem Kohlenstoff bestehender, von flüchtigen Bestandteilen freier Brennstoff, wie er in der Praxis niemals vorkommt.

Bei sämtlichen Untersuchungen wurde angenommen, daß ein Staubteilchen einen Durchmesser von 0,05 mm habe, was etwa 75 vH Durchsatz durch ein Sieb mit 6400 Maschen/cm² entspricht.

2. Wärmeübertragung im Feuerraum. Bereits auf S. 9 und 10 wurde von der Bedeutung der Gasstrahlung gesprochen und gezeigt, welche Beträge sie erreichen kann. Diese Werte gelten auch für die Strahlung nichtleuchtender Flammen. In technischen Feuerungen hat man es aber vorwiegend mit leuchtenden Flammen zu tun, die im Gegensatz zu nichtleuchtenden überaus feine, glühende, feste Teilchen enthalten. Wenn in einem Feuerraum von bestimmter Größe eine gewisse Wärmemenge in einer nichtleuchtenden Flamme frei gemacht wird, so ergibt sich eine ganz·bestimmte Abstrahlung und mittlere Feuerraumtemperatur. Könnte man nun in einer solchen Flamme eine bestimmte Menge unschmelzbarer, nichtbrennender, feiner Teilchen dauernd schwebend erhalten, so würden sie, obgleich sie der Voraussetzung gemäß den Feuerraum nicht verlassen, also nur einmal auf hohe Temperatur erhitzt werden müssen, die Feuerraumtemperatur doch dauernd beeinflussen, und zwar herabsetzen. Der Wärmeübergang durch Konvektion ist nämlich bei sehr kleinen Körpern außerordentlich gut. Infolgedessen würden die Teilchen sehr rasch glühend werden und als feste Körper mit hoher Strahlungszahl eine beträchtliche Wärmemenge an die kalten Heizflächen abstrahlen, die ihnen dann immer wieder durch Konvektion zugeführt wird, so daß sich schnell ein neuer Gleichgewichtszustand auf tieferem Temperaturniveau einstellen würde. Die feinen Teilchen würden also den Wärmeübergang durch Strahlung unter Umständen bedeutend erhöhen, ohne selbst Wärme zu entbinden. In Kohlenstaubfeuerungen entwickelt aber der feine in der Flamme schwebende Kohlenstaub in unmittelbarster Nähe der einzelnen Staubteilchen durch Verbrennung seines Koksanteiles Wärme, die wohl genügend genau so betrachtet werden kann, als ob die einzelnen Staubteilchen aus ihrem Innerern heraus Wärme abgäben, die sie zum Aufglühen bringt. Mit zunehmendem Ausbrennen der Staubteilchen, d. h. einen je größeren Weg sie durch den Feuerraum hindurch zurückgelegt haben, werden sie immer kleiner, weil ja ihr Gewicht schließlich bis auf das Gewicht ihres Gehaltes an Asche abnehmen muß. Unter mittleren Verhältnissen dürften rd. 20 bis 25 vH des Kohlenheizwertes unmittelbar an der Oberfläche der Staubteilchen frei werden, während der Rest durch Verbrennung der gasförmigen Bestandteile gewissermaßen zwischen den Staubkörnern entbunden wird. Dadurch wird die Abstrahlung an die kalten Heizflächen bei derselben gesamten Wärmeentwicklung noch höher, als wenn ein konstanter Vorrat unverbrennlicher Teilchen in der Flamme schwebte, weil sie infolge der eigenen Verbrennung eine höhere Temperatur haben, als wenn ihnen die von ihnen ausgestrahlte Wärme erst durch Konvektion zugeführt werden müßte. Unter solchen Umständen kann die Strahlung einer leuchtenden Flamme annähernd so groß wie die eines schwarzen Körpers werden. Selbst bei Rostfeuerungen, wo der Brennstoff nicht in der Flamme schwebt, ist diese Erscheinung von

---

[a] Die Originalarbeit enthält ebenso wie die beiden ihr entnommenen Tabellen über die Kohlen eine Unstimmigkeit, indem der Gehalt an Asche in der feuchten und in der Trockenkohle gleich hoch angegeben ist. Wahrscheinlich ist der Aschengehalt der feuchten Kohle der richtige Wert.

hoher Bedeutung, weil viele Kohlenwasserstoffe leicht zerfallen und dabei Ruß ausscheiden, der die Flamme zum Aufleuchten bringt, so daß außer dem Kohlenbett auch die leuchtende Flamme sehr stark strahlt. Sehr aufschlußreich sind Versuche von Lent und Thomas[a], die die Ausstrahlung einer nichtleuchtenden und einer leuchtenden Flamme bei derselben Wärmezufuhr und Flammentemperatur untersuchten. Sie verwendeten Gichtgas, dem Benzol zugesetzt wurde, um die Flamme leuchtend zu machen. Eine konstante Temperatur in beiden Fällen wurde durch entsprechende Luftzufuhr erreicht, so daß das Benzol zunächst nur zersetzt wurde. Hierbei zeigte sich, daß die Strahlung der leuchtenden Flamme etwa das Vierfache derjenigen der nichtleuchtenden war.

3. Wärmebilanz des Feuerraumes.

Bedeutet bei Staubfeuerungen:

Q_B = durch Verbrennung der Kohle frei gewordene Wärme in kcal/h,

Q_L = fühlbare, in der Verbrennungsluft durch deren Übertemperatur gegenüber der Außenluft dem Feuerraum zugeführte Wärme in kcal/h,

Q_R = fühlbare Wärme in den Verbrennungsprodukten bei Eintritt in die Kesselheizfläche in kcal/h,

q_H = von 1 m² projizierter Kühlfläche des Feuerraumes aufgenommene Wärme in kcal/m²h,

S_H = Summe der gesamten im Feuerraum angebrachten „kalten Oberflächen", nachdem sie auf die Wand projiziert wurden, vor der sie angebracht sind, in m²,

μ_6 = Anteil der von der Fläche S_H aufgenommenen an der gesamten der Feuerung zugeführten Wärme,

so ist

$$Q_B + Q_L = Q_R + S_H \cdot q_H. \tag{33}$$

Ist ferner

V_{Fl} = Volumen der Flamme $\qquad$ in m³

$\mathfrak{B}_{Fl}$ = spezifische Flammenbelastung $\qquad$ in kcal/m³h,

so ist

$$\mathfrak{B}_{Fl} \cdot V_{Fl} = Q_B \tag{34}$$

oder

$$\mu_6 = \frac{S_H \cdot q_H}{V_{Fl} \cdot \mathfrak{B}_{Fl} + Q_L}. \tag{35}$$

Dieser von Wohlenberg mit μ_6 bezeichnete Koeffizient[b] gibt den Zusammenhang zwischen spezifischer Flammenbelastung $\mathfrak{B}_{Fl}$ und der von der kalten Fläche S_H aufgenommenen Wärme. Das Produkt aus spezifischer Flammenbelastung und Flammenvolumen ist aber gleich dem Produkt aus spezifischer Feuerraumbelastung und Feuerraumvolumen. Der Koeffizient μ_6 und einige andere von Wohlenberg benutzte Koeffizienten μ_1 bis μ_5 werden hier nicht gebracht, weil meist die Feuerraumtemperatur und weniger die im Feuerraum übertragene Wärme interessiert. Wenn trotzdem die Definition von μ_6 wiedergegeben ist, so geschah es, um den Gebrauch zahlreicher in den amerikanischen Originalarbeiten enthaltenen Abbildungen zu erleichtern. Mancher Leser könnte glauben, daß, sobald die Feuerraumtemperatur gegeben ist, auch die von den kalten Flächen aus der Flamme aufgenommene Wärme festliegen, also ein eindeutiger Zusammenhang zwischen der Feuerraumtemperatur und ihr bestehen müsse. Dies ist nicht der Fall, weil je nach dem CO_2-Gehalt der Verbrennungsprodukte die Rauchgase eine ganz verschiedene Wärmemenge in die eigentliche Kesselheizfläche führen. Wie in Beispiel 24, S. 40, gezeigt wurde, muß man daher zur Berechnung der von den kalten Flächen aufgenommenen Wärmemenge zunächst aus der mittleren Feuerraumtemperatur und der Menge der Verbrennungsprodukte ermitteln, wieviel Wärme in den Kessel mitgeführt wird; die Differenz gegenüber der dem Feuer-

---

[a] *13.* $\qquad$ [b] *41*, S. 5.

raum im Brennstoff (und unter Umständen in der vorgewärmten Verbrennungsluft)
zugeführten Wärme abzüglich der Feuerungsverluste gibt dann den gewünschten Betrag.
Im übrigen sei auch hier nochmals auf die in dem Sankey-Diagramm, Abb. 7, S. 12,
wiedergegebene allgemeine Wärmebilanz von Feuerräumen verwiesen.

Die der Arbeit von Wohlenberg und Lindseth entnommenen Abb. 22 bis 24,
die ebenso wie andere Abbildungen aus amerikanischen Veröffentlichungen auf die
Feuerraumbelastung (statt der bei uns ganz ungebräuchlichen Flammenbelastung) um-

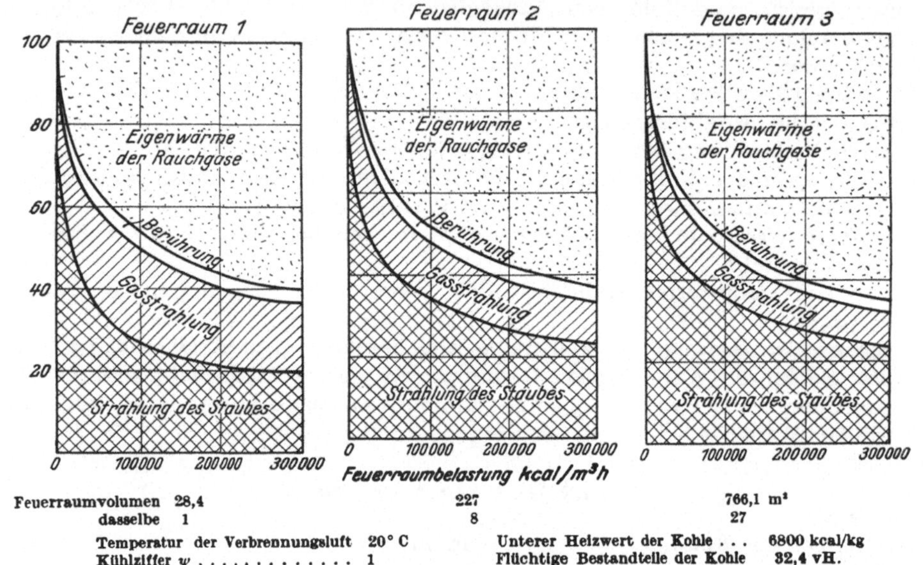

Feuerraumvolumen	28,4	227	766,1 m²
dasselbe	1	8	27

Temperatur der Verbrennungsluft 20° C	Unterer Heizwert der Kohle ...	6800 kcal/kg
Kühlziffer ψ 1	Flüchtige Bestandteile der Kohle	32,4 vH.

Abb. 22 bis 24. Wärmebilanz dreier Feuerräume verschiedener Größe mit Staubfeuerung in vH des unteren
Heizwertes der Kohle.

gezeichnet wurden, zeigen die Wärmebilanz von Kohlenstaubfeuerungen, deren Feuerräume völlig mit Kühlfläche ausgekleidet sind (Feuerräume Nr. 1, 2 und 3 vom Typ B,
S. 35, 51), beiverschiedener spezifischer Feuerraumbelastung und einer Verbrennungslufttemperatur von 20° C. Es ist also durchweg die Kühlziffer $\psi = \dfrac{S_H}{S_H + S_S} = 1$. Die Abbildungen lehren folgendes:

1. Der Anteil der durch den brennenden Kohlenstaub ausgestrahlten, an der dem
Feuerraum insgesamt zugeführten Wärme ist um so höher, je kleiner die spezifische
Feuerraumbelastung ist.

2. Bei gasreicher Kohle beträgt die Gasstrahlung je nach der Feuerraumgröße
zwischen spezifischen Feuerraumbelastungen von rd. 100000 und 300000 kcal/m³h etwa
100 bis 30 vH der Strahlung des Kohlenstaubes.

3. Je nach der Feuerraumgröße führen die Rauchgase bei spezifischen Feuerraumbelastungen von rd. 65000 bis 300000 kcal/m³h etwa 40 bis 65 vH der dem Feuerraum
zugeführten Wärmemenge als fühlbare Wärme in die Kesselzüge.

Da der Anteil der fühlbaren, von den Verbrennungsprodukten in die Kesselzüge
getragenen Wärme an der der Feuerung insgesamt zugeführten mit steigender Feuer-
raum- bzw. Kesselleistung steigt, das Rauchgasgewicht aber etwa proportional der
erzeugten Dampfmenge zunimmt, erklärt es sich, daß bei Berührungsüberhitzern die
Überhitzung um so höher wird, je stärker ein Kessel belastet ist, Abb. 72, S. 84.
Diese Erscheinung wird, wenigstens bei Rostfeuerungen, oft noch dadurch verstärkt,
daß mit zunehmender Kesselbelastung die Verbrennungsgase bei Eintritt in die Kesselzüge noch nicht ganz ausgebrannt sind, Abb. 77, S. 86.

4. Einfluß der Kohlenzusammensetzung. Abb. 25 zeigt die Wärmebilanz für die drei auf S. 51 gekennzeichneten Kohlen und Feuerraum 2 bei rd. 190000 kcal/m³h Feuerraumbelastung. Der Anteil der Strahlung des Kohlenstaubes an der insgesamt entwickelten Wärme ist bei der gasärmsten Kohle am größten, der der Eigenstrahlung der Gase am kleinsten. Die Eigenwärme der in die Kesselzüge strömenden Rauchgase ist in allen drei Fällen nahezu gleich groß. Abb. 26 bis 28 geben die Feuerraumtemperaturen für dieselben drei Kohlen und die Feuerrräume 1 bis 3 bei einer Temperatur der Verbrennungsluft von rd. 260° C. Die Feuerraumtemperaturen sind bei Verbrennung reinen Kohlenstoffes am höchsten, zwischen den Kohlen Nr. 1 und 2 besteht kaum ein Unterschied. Innerhalb der üblichen Grenzen (rd. 15 bis 35 vH) hat also der Gasgehalt auf die mittlere Feuerraumtemperatur nur geringen, vernachlässigbaren Einfluß. Oberhalb eines Volumens von rd. 200 m³ beeinflußt die Feuerraumgröße die Feuerraumtemperatur nur noch wenig, bei rd. 800 m³ Inhalt ist sie z. B. in Abb. 26 bis 28 nur um rd. 50° C höher als bei rd. 200 m³.

Tafel 17 bis 20 wurden jeweils für zwei sehr verschiedene Kohlenheizwerte errechnet, nämlich 6800 kcal/kg und 2800 kcal/kg. Natürlich kann eine Braunkohle von

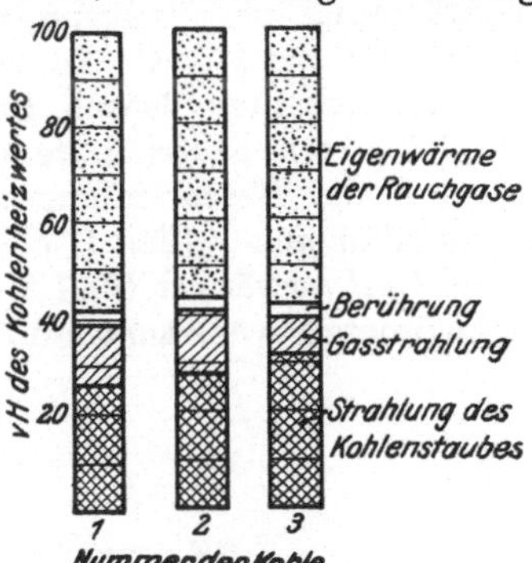

Abb. 25. Wärmebilanz vom Feuerraum 2 (227 m³) bei drei verschiedenen Kohlen. Nach Wohlenberg.

(Staubfeuerung, Feuerraumbelastung = 190000 kcal/m³h, Luftüberschuß $\lambda = 1,2$, Kühlziffer $\psi = 1,0$.)

etwa 50 vH Wassergehalt nicht ohne Heißluft vermahlen und als Staub verbrannt werden. Wenn trotzdem die Tafeln für Kohlenstaubfeuerungen und für Roste für so wasserhaltige Kohle entworfen wurden, so geschah es, um für Kohlen von sehr verschiedenem Heizwert wenigstens angenähert durch Interpolation die interessierenden Werte ermitteln

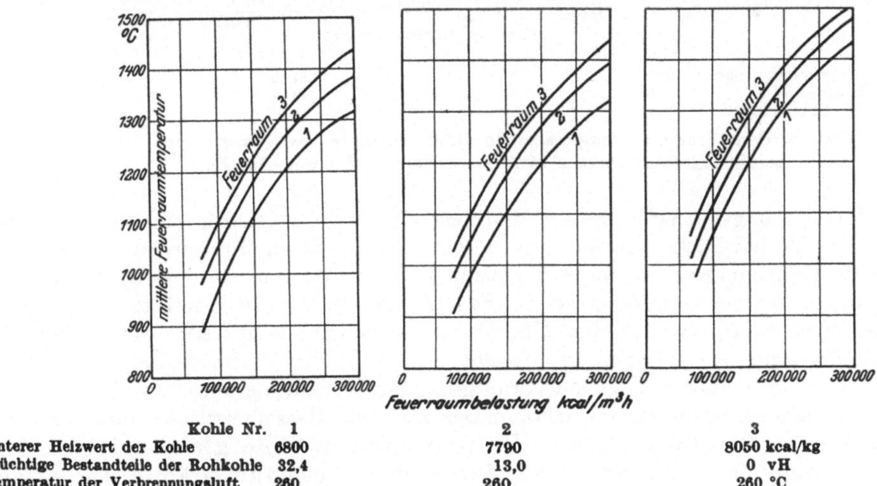

	Kohle Nr. 1	2	3
Unterer Heizwert der Kohle	6800	7790	8050 kcal/kg
Flüchtige Bestandteile der Rohkohle	32,4	13,0	0 vH
Temperatur der Verbrennungsluft	260	260	260 °C

Abb. 26 bis 28. Mittlere Feuerraumtemperatur bei drei verschieden großen Feuerräumen mit Staubfeuerung und drei verschiedenen Kohlensorten (Kühlziffer $\psi = 1,0$, Luftüberschuß $\lambda = 1,2$).

zu können. Im übrigen sei, was die Genauigkeit der für Roste gültigen Tafel 20 betrifft, auf die Ausführungen auf S. 34 verwiesen.

Abb. 29 und 30 zeigen die Feuerraumtemperaturen für Rostfeuerungen für 6800 kcal/kg und 2800 kcal/kg unterem Heizwert, 0° C und 400° C Temperatur der Verbrennungsluft und für eine Kühlziffer von 0,2 und 0,8. Bei $\psi = 0,2$ ist nur die Decke des Feuerraumes mit Heizfläche bedeckt, bei $\psi = 0{,}8$ Decke, Rückseite und beide Seitenwände. Der Unterschied im Heizwert verändert somit die Feuerraumtemperatur um 80 bis 150° C. Bei kleiner Feuerraumbelastung ist die Differenz am kleinsten.

5. Einfluß der Temperatur der Verbrennungsluft. Nach Abb. 29 und 30 erhöht die Vorwärmung der Verbrennungsluft von 0° C auf 400° C die Feuerraumtemperatur um rd. 150 bis 175° C. Es wird daher für die meisten Fälle genügen, wenn man in dem untersuchten Bereich für je 100° C höhere Lufttemperatur mit einer um 30 bis 45° C höheren Feuerraumtemperatur rechnet.

Soll der Kesselwirkungsgrad derselbe sein, gleichgültig, ob das Speisewasser in einem Ekonomiser (Fall 1) oder die Verbrennungsluft um einen äquivalenten Betrag in einem Luftvorwärmer (Fall 2) vorgewärmt wird, wird also in beiden Fällen die gleiche Kohlenmenge verbrannt und dasselbe Rauchgasgewicht erzeugt, so tritt bei vorge-

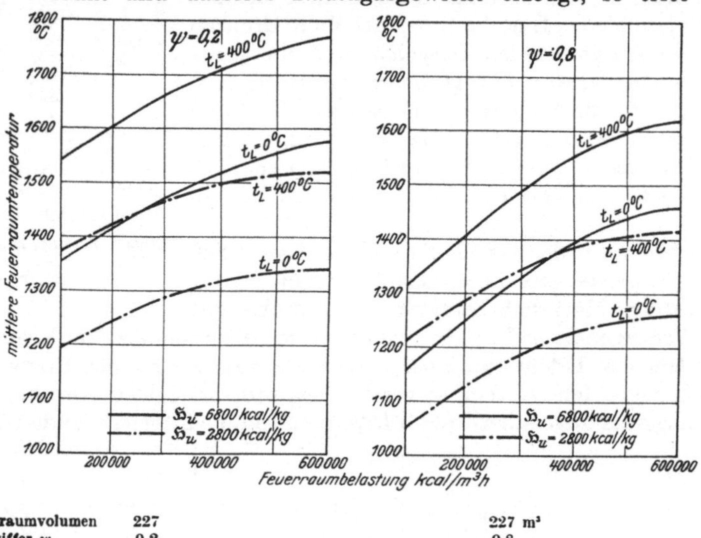

Feuerraumvolumen	227	227 m³
Kühlziffer ψ	0,2	0,8
Luftüberschuß λ	1,4	1,4

Abb. 29 und 30. Mittlere Feuerraumtemperatur in Rostfeuerungen bei verschiedener Kühlziffer, Verbrennungslufttemperatur und verschiedenem Heizwert der Kohle.

wärmter Verbrennungsluft eine größere Wärmemenge in die Kesselzüge ein. Die Wärmeaufnahme der Vorheizfläche nimmt zwar infolge des größeren Temperaturgefälles und der höheren Rauchgasgeschwindigkeit gleichfalls zu, trotzdem wird dem Überhitzer in Fall 2 mehr Wärme zugeführt als in Fall 1. Soll daher die Überhitzung dieselbe bleiben, so muß man entweder den Überhitzer verkleinern oder aber, wenn auch die Rauchgastemperatur vor Überhitzer dieselbe sein soll, die Vorheizfläche vergrößern. Infolge des in beiden Fällen als gleich vorausgesetzten Wirkungsgrades kommt bei einem dem Luftvorwärmer äquivalenten Ekonomiser auf die Kesselheizfläche eine kleinere Wärmeaufnahme. Bei Betrieb mit Luftvorwärmer ohne gleichzeitige Verwendung eines Ekonomisers muß daher die Kesselheizfläche im allgemeinen etwas größer gemacht werden als bei einem äquivalenten Ekonomiser, wenn in beiden Fällen derselbe Wirkungsgrad verlangt wird und das Speisewasser dieselbe Temperatur hat.

Die vom Rauchgasstrom in den verschiedenen Heizflächen abgegebenen und die dort vom Speisewasser bzw. der Verbrennungsluft aufgenommenen Wärmemengen sind in Abb. 31 und 32 für einen bestimmten Fall maßstäblich eingezeichnet. Da der Luftvorwärmer und der Ekonomiser dieselbe Wärmemenge aufnehmen sollen, muß der Wärmeinhalt der Rauchgase an ihrem Eintritt und Austritt derselbe sein. Während in Abb. 31 dem Feuerraum nur die Brennstoffwärme, d. h. in einem bestimmten Zeitraum 100 kcal zugeführt werden, kommen in Abb. 32 noch die von der Verbrennungsluft im Luftvorwärmer aufgenommenen 5,9 kcal hinzu. Kessel und Überhitzer müssen also im ersten Fall 81,6 kcal, im zweiten 87,5 kcal aufnehmen, weil das Speisewasser einmal mit 11,9 kcal, das andere Mal nur mit 6,0 kcal Wärme in den Kessel kommt.

Meistens liegt aber das Problem etwas anders. Entweder verwendet man nämlich heiße Luft, damit eine schlecht zündende Kohle besser, d. h. mit höherem Wirkungsgrad oder in einem kleineren Feuerraum verbrennt. Dann hat die Luftvorwärmung einen mittelbaren Vorteil. Oder aber ist das Speisewasser bereits so heiß, daß es die Rauchgase in einem Ekonomiser nur noch wenig und nur mit einer verhältnismäßig großen Heizfläche, also hohen Baukosten, abkühlen könnte. Dann ist die Luftvorwärmung ein sehr willkommenes und einfaches Mittel, um trotz hoher spezifischer Belastung der Kesselheizfläche die Rauchgase mit mäßigen Kosten weitgehend auszunutzen. Dieser Vorteil ist um so größer, zu je höheren Dampfdrücken und spezifischen Feuerraumbelastungen man übergeht, und je größer der Belastungsbereich sein soll, innerhalb dessen ein Kessel noch zuverlässig arbeiten muß.

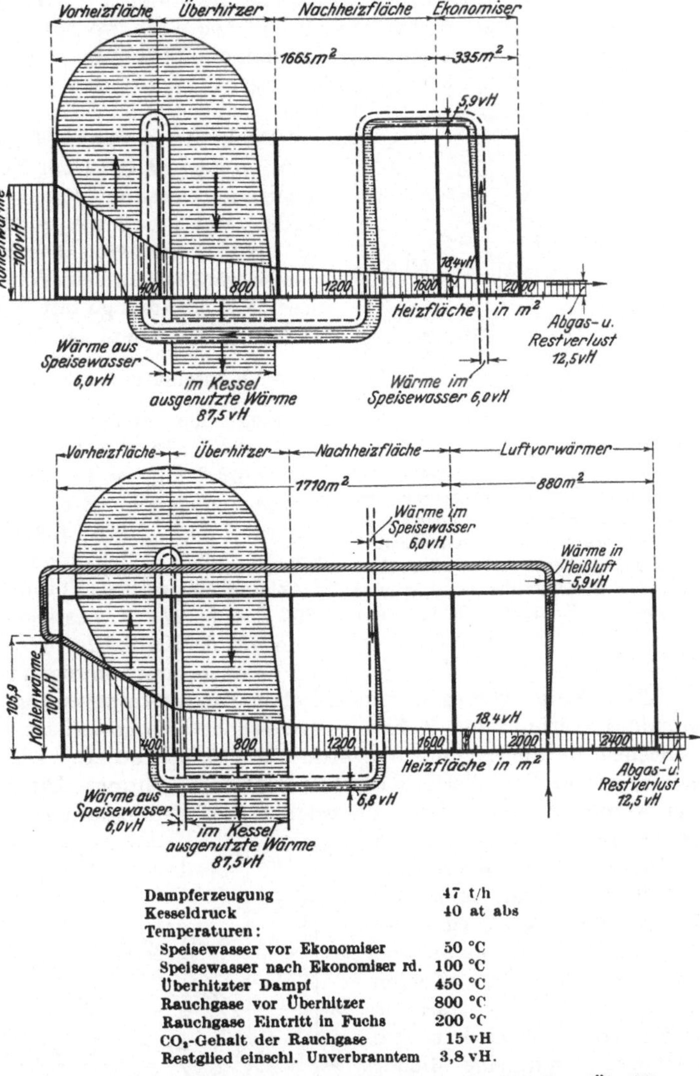

Dampferzeugung 47 t/h
Kesseldruck 40 at abs
Temperaturen:
Speisewasser vor Ekonomiser 50 °C
Speisewasser nach Ekonomiser rd. 100 °C
Überhitzter Dampf 450 °C
Rauchgase vor Überhitzer 800 °C
Rauchgase Eintritt in Fuchs 200 °C
CO₂-Gehalt der Rauchgase 15 vH
Restglied einschl. Unverbranntem 3,8 vH.

Abb. 31 und 32. Vergleich zweier Kesselanlagen mit derselben Überhitzerheizfläche und Nachheizfläche, derselben Dampferzeugung und demselben Wirkungsgrad, von denen die eine mit einem Ekonomiser, die andere mit einem äquivalenten Luftvorwärmer ausgestattet ist.

Abb. 33 zeigt, wie mit steigender Temperatur der Verbrennungsluft der Anteil der fühlbaren, in den heißen Rauchgasen in den Kessel mitgeführten Wärme an der im Brennstoff zugeführten immer kleiner wird. Sollte man daher einmal zu Warmlufttemperaturen von 500 bis 1000° C kommen, so würde Bemessung und Anordnung von Dampfkesseln eine tiefgreifende Änderung erfahren müssen.

6. Verschiedene spezifische Feuerraumbelastung bei gleicher Gesamtbelastung. Die mit Hilfe der Tafeln 17 bis 19 entworfenen Abb. 34 und 35 geben für die Kühlziffern $\psi = 1,0$ (allseitig mit Kühlfläche ummantelter Feuerraum) und $\psi = 0,33$ (zwei Seiten des Feuerraumes sind mit Kühlfläche bedeckt) die mittleren Feuerraumtemperaturen für verschiedene Größen und spezifische Belastungen des Feuerraumes. Abb. 34 und 35 sind für den häufig vorkommenden Fall von Wert, wo entschieden werden soll, welchen

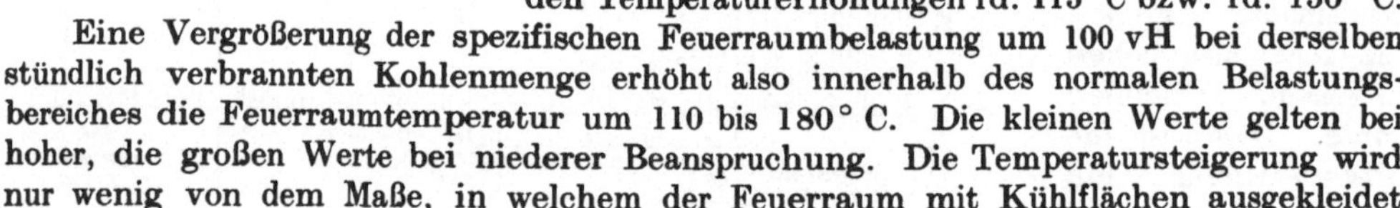

Abb. 33. Wärmebilanz des Feuerraumes einer Kohlenstaubfeuerung bei konstanter Feuerraumbelastung (rd. 190000 kcal/m³h) in Abhängigkeit von der Temperatur der Verbrennungsluft. (Feuerraumgröße = 227 m³; Luftüberschuß $\lambda = 1,2$; Kühlziffer $\psi = 1,0$; unterer Heizwert der Kohle $\mathfrak{H}_u = 6800$ kcal/kg). Nach Wohlenberg.

Einfluß die Erhöhung der spezifischen Feuerraumbelastung hat, wenn die verbrannte Kohlenmenge dieselbe bleibt.

Punkt A_1 in Abb. 34 gilt z. B. für einen Feuerraum, in dem rd. 15,1 t/h Kohle bei einer spezifischen Feuerraumbelastung von 200000 kcal/m³h verbrannt werden, wobei sich die mittlere Feuerraumtemperatur auf 1320° C einstellt. Die Kantenlänge dieses Feuerraumes wäre 8,0 m, sein Volumen 512 m³. Würde jetzt dieselbe Kohlenmenge mit 400000 kcal/m³h spezifischer Belastung in einem anderen Feuerraum verbrannt, dessen Kantenlänge somit $\sqrt[3]{\dfrac{512}{2}} = 6,35$ m sein müßte, so stiege die Feuerraumtemperatur um 125° C auf rd. 1445° C, Punkt B_1. Wäre dagegen der größere Feuerraum nur mit 100000 kcal/m³h beansprucht gewesen entsprechend einer stündlichen Kohlenmenge von rd. 7,5 t/h, hätte die Feuerraumtemperatur also nur rd. 1095°C betragen, Punkt A_2, so wäre sie bei Verkleinerung seines Volumens auf die Hälfte um rd. 180° C auf 1275° C gestiegen. Bei dem andern Feuerraum mit der Kühlziffer $\psi = 0,33$ sind die entsprechenden Temperaturerhöhungen rd. 115°C bzw. rd. 150° C.

Eine Vergrößerung der spezifischen Feuerraumbelastung um 100 vH bei derselben stündlich verbrannten Kohlenmenge erhöht also innerhalb des normalen Belastungsbereiches die Feuerraumtemperatur um 110 bis 180° C. Die kleinen Werte gelten bei hoher, die großen Werte bei niederer Beanspruchung. Die Temperatursteigerung wird nur wenig von dem Maße, in welchem der Feuerraum mit Kühlflächen ausgekleidet ist, beeinflußt, sobald nur mindestens zwei seiner Wandungen mit ihnen belegt sind. Ein Temperaturunterschied von 110 bis 180° C kann aber das Verhalten einer Kohlenstaubfeuerung sehr stark beeinflussen. Bei niederen Belastungen kann eine Mindertemperatur von 170 bis 180° C die sichere Zündung und gute Verbrennung in Frage stellen, bei hohen Belastungen kann sie dazu führen, daß die Asche schmilzt oder dünnflüssig wird, was besonders verhängnisvoll ist, wenn die Feuerraumtemperatur bereits nahe bei oder gar über dem Erweichungs-

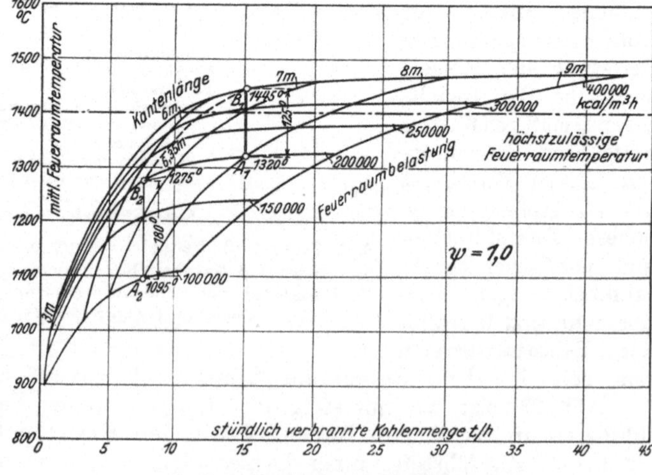

Sämtliche Wandungen mit Kühlfläche bedeckt.

Abb. 34 und 35. Einfluß der Größe und spezifischer Belastung

punkt der feuerfesten Ausmauerung liegt. Außerdem wird an einigen Stellen des Feuerraumes die tatsächliche Temperatur häufig merklich höher als die errechnete mittlere liegen. Deshalb wären in Abb. 34 und 35 alle die Betriebsverhältnisse, bei denen 1400 bis 1450° C Feuerraumtemperatur überschritten werden, nicht mehr zulässig. Bei vielen Kohlen sind aber schon 1300 bis 1400° C die obere Grenze, wenn man nicht feuerfeste Ausmauerung überhaupt vermeidet, Abb. 108 bis 111. Dann aber muß man darauf achten, daß man bei Schwachlast nicht unter die zum sicheren Zünden nötige Temperatur kommt. Da nun besonders bei Kesseln mit Ekonomisern und Luftvorwärmern die Warmlufttemperatur kurz nach dem Anheizen und bei Schwachlast, d. h. gerade dann, wenn es besonders nötig wäre, ihren Wert bei Vollast nicht erreicht, kann es zweckmäßig sein, die Anlage so anzuordnen bzw. zu betreiben, daß bei Schwachlast nur ein Teil der Rauchgase durch den Ekonomiser zieht. Jedenfalls zeigen diese Ausführungen, wie wichtig es unter extremen Verhältnissen ist, Bemessung und Kühlung von Feuerräumen sorgfältig zu prüfen, wozu Abb. 34 und 35 oder entsprechende, mit Hilfe von Tafeln 17 bis 20 für den jeweiligen Bedarfsfall entworfene Schaubilder gute Dienste leisten können.

7. **Einfluß der Feuerungsart.** Abb. 36 zeigt für eine Staub- und eine Rostfeuerung, die unter denselben Bedingungen arbeiten, wobei jeweils nur eine Wand gekühlt ist, den Verlauf der Feuerraumtemperaturen in Abhängigkeit von der spezifischen Feuerraumbelastung bei 0° C und 400° C Verbrennungslufttemperatur. Bei 0° C Lufttemperatur sind außerdem noch die Verhältnisse untersucht, wenn an vier Wandungen Kühlflächen angebracht sind. Nach Abb. 36 ist die Feuerraumtemperatur bei derselben Feuerraumbelastung bei Rosten durchweg höher als bei Staubfeuerungen; der Unterschied nimmt mit zunehmender Feuerraumbelastung ab. Bei kleinen Feuerraumbelastungen ist der Unterschied zwischen Rosten und Staubfeuerungen um so größer, je weniger Wände Kühlflächen tragen. Dieses eigentümliche Verhalten ist hauptsächlich auf zwei Ursachen zurückzuführen: einmal liegen bei Staubfeuerungen die Abstrahlungsverhältnisse nach der kalten Fläche günstiger als bei Rosten, zum andern wird aber mit steigender Feuerraumbelastung bei Kohlenstaubfeuerungen die Zahl der in der Flamme schwebenden Staubteilchen immer größer. Dadurch nimmt zwar die die Wärme ausstrahlende Fläche zu. Trotzdem erhöht sich die Zahl der die kalte Fläche treffenden Wärmestrahlen nicht im selben Maße, weil immer mehr der vom Flammenkern ausgesandten Strahlen auf Staubteilchen am Rande der Flamme stoßen und dadurch am Erreichen der kalten Fläche verhindert werden.

Man sollte aber aus Abb. 36 keine zu weitgehenden Schlüsse über das grundsätzliche Verhalten von Rosten und von Staubfeuerungen ziehen, weil die Verhältnisse sich durch gewisse konstruktive Zufälligkeiten, insbesondere durch die Form des Feuerraumes gegenüber den Voraussetzungen von Abb. 36 sehr verschieben können. Es soll auch noch darauf aufmerksam gemacht werden, daß in Abb. 36 bei beiden Feuerungsarten mit demselben CO_2-Gehalt gerechnet

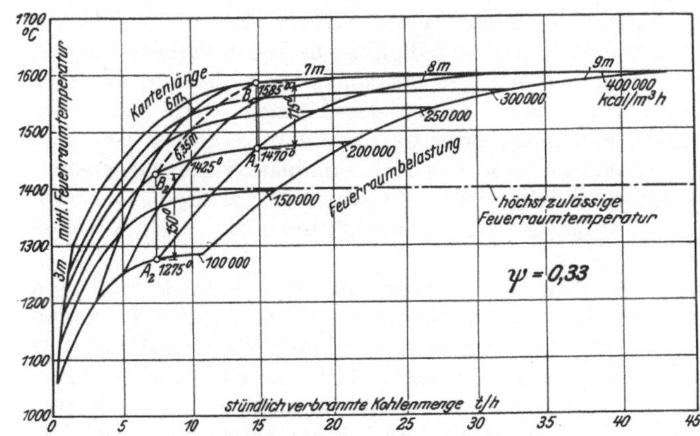

Luftüberschuß in Abb. 34 und 35 $\lambda = 1{,}2$. Des besseren Vergleiches wegen sind die Abbildungen auf gleiche Ordinatenhöhe gesetzt.

Zwei Wandungen mit Kühlfläche bedeckt.

von Kohlenstaub-Feuerräumen auf die Feuerraumtemperatur.

wurde, während man im allgemeinen bei Staubfeuerungen einen höheren CO_2-Gehalt als bei Rosten erreicht.

8. Einfluß armierter Kühlflächen. Die bisherigen Ausführungen galten für den Fall, daß die Feuerraumwandungen entweder aus blanken, metallischen, vom Kesselwasser gekühlten Flächen oder aus Mauerwandungen oder aus beiden bestehen. Die Amerikaner haben bald nach Einführung der Staubfeuerungen den großen thermischen und betrieblichen Vorteil zusammenhängender, möglichst glatter metallener Kühlflächen erkannt, die sie zunächst durch unmittelbares Aneinanderreihen paralleler Wasserrohre zu erreichen versuchten. Diese Bauart ist aber konstruktiv schwierig und sehr teuer. Der nächste Schritt waren die sogenannten **Fin-, Flossen- oder Flügelrohre,** d. h. Rohre mit beiderseitig angeschweißten, in einer Ebene liegenden Blechstreifen. Bei den ersten Ausführungen überdeckten sich die Streifen zweier aufeinander folgender Rohre etwas, später wurden sie alle in einer Ebene mit einem Spiel von wenigen mm im kalten Zustand verlegt. Solche Sonderrohre werden rechnerisch ebenso behandelt wie gewöhnliche Wasserrohre, d. h. man setzt, soweit es sich um die im Feuerraum aufgenommene Wärme handelt, ihre projizierte Heizfläche ein.

Teils aus patentrechtlichen Gründen, teils um eine Staubfeuerung besser den Verhältnissen eines besonderen Falles anpassen zu können, haben andere Firmen eigenartige Platten, die entweder auf die Kühlrohre aufgeklemmt, aufgeschrumpft oder aufgegossen werden, ausgebildet. Insbesondere Bailey hat auf diesem Gebiete Bahnbrechendes geleistet. Seine Veröffentlichung über solche Platten ist außerordentlich lehrreich und eine der wertvollsten, über Staubfeuerungen überhaupt geschriebenen Arbeiten, deren Studium nicht warm genug empfohlen werden kann[a]. Abb. 37 bis 41 zeigen Schnitte durch einige typische **Bailey-Platten.** Die Platten in Abb. 40 bestehen lediglich aus hochhitzebeständigem Gußeisen, die übrigen gleichfalls aus Gußeisen, das aber auf seiner dem Feuer zugekehrten Seite entweder durch Schamotte oder Carborundum geschützt ist. Das flüssige Gußeisen wird um die Schamotte- bzw. Carborundumplatten herumgegossen, wodurch eine überaus festes Haften erzielt wird. Zwischen Rohre und Gußeisen wird ein Zement mit hoher Wärmeleitfähigkeit eingeschmiert, um einen guten Wärmeübergang ans Rohr zu erreichen.

Reine Gußeisenplatten empfiehlt Bailey besonders für den Schlackenfall von Staubfeuerungen, und zwar vor allem dann, wenn die Asche flüssig abgezogen werden soll. Die Platte in Abb. 37 mit Carborundumfutter von sehr hoher Wärmeleitzahl wird verwendet, wo besonders hohe Temperaturen herrschen und die Kühlfläche außergewöhnlich stark beansprucht wird, die übrigen Platten sind für weniger hoch belastete Stellen und Feuerräume bestimmt. Bailey strebt nämlich im Interesse guter Verbrennung, eines tunlichst großen CO_2-Gehaltes und kleiner Feuerräume möglichst hohe Feuerraumtemperaturen an und braucht hierzu bzw. zum Schutz der Kühlrohre vor Überlastung Platten verschiedener Wärmeleitfähigkeit.

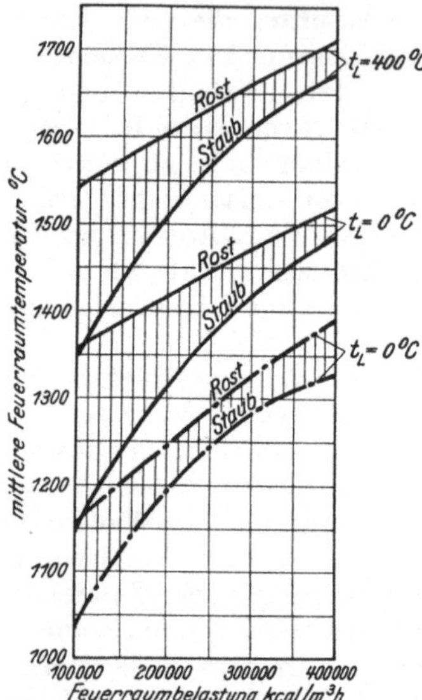

Abb. 36. Abhängigkeit der mittleren Feuerraumtemperatur von der spezifischen Feuerraumbelastung bei Rosten und bei Kohlenstaubfeuerungen bei 0° und 400 °C Temperatur der Verbrennungsluft. (Feuerraumgröße = 227 m³, Luftüberschuß λ = 1,4, unterer Heizwert der Kohle $\mathfrak{H}_u$ = 6800 kcal/kg).

– · – · – 1 Wand kalt; bei Rost $\psi = 0,2$; bei Staub $\psi = 0,167$;

– · – · – 4 Wände kalt; bei Rost $\psi' = 0,8$; bei Staub $\psi' = 0,667$.

---

[a] 1.

Flügelrohre wie Bailey-Platten haben sich übrigens auch bei mechanischen Rosten ausgezeichnet bewährt und finden bei uns noch viel zu wenig Verwendung. Eine im Wesen ähnliche, konstruktiv etwas andere Art von Kühlfläche sind Kühlrohre, die durch Mauerwerk geschützt bzw. in Mauerwerk eingebettet sind. In Abb. 37 bis 41 sind der Temperaturverlauf und die übertragene Wärmemenge von Bailey-Platten auf Grund von Messungen mittels Thermoelementen eingetragen.

Wohlenberg und Brooks[a] haben u. a. die Verhältnisse in Feuerräumen mit armierten Kühlflächen untersucht. Zur Vereinfachung der Rechnung und um sie für möglichst viele Fälle verwenden zu können, haben sie angenommen, daß die Kühl-

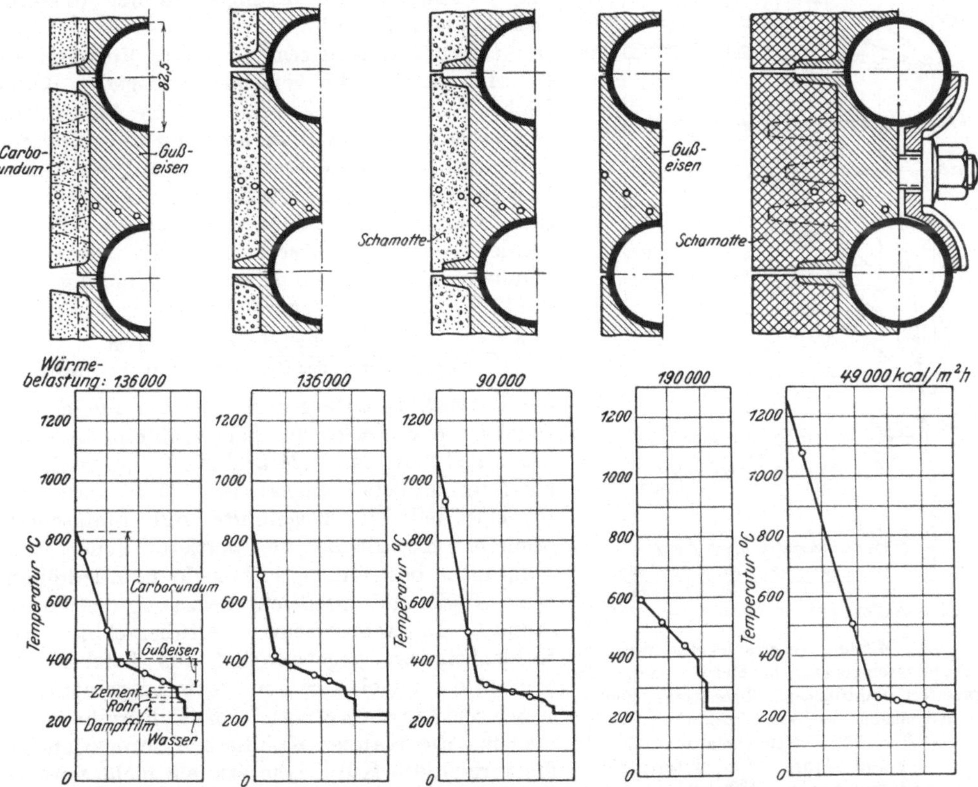

Abb. 37 bis 41. Konstruktion von und Temperaturverlauf in verschiedenen Bailey-Platten.

flächen aus ebenen, wassergekühlten Metallwänden bestehen, die durch satt anliegende Schamotteschichten einer bestimmten Wärmeleitzahl vor der unmittelbaren Berührung durch das Feuer geschützt sind. Abb. 42 gibt für Steinkohle, eine Staubfeuerung mit 190000 kcal/m³h spezifischer Feuerraumbelastung, 1,2 Luftüberschuß, 20° C Lufttemperatur und 6 m Feuerraumkantenlänge an, wie sich mittlere Feuerraumtemperatur und mittlere Außentemperatur der Kühlflächenverkleidung bei verschieden weitgehender und verschieden dicker Abdeckung ändern. Dabei ist in allen Fällen angenommen, daß der ganze Feuerraum mit Heizflächen ausgelegt ist, von denen der jeweils angegebene Bruchteil blank, der Rest abgedeckt ist. Die Kurven 1/6 würden also gelten, wenn die Deckenfläche des Feuerraumwürfels durch die Projektion des Kesselbündels gebildet wird (das als blanke Heizfläche rechnet), während die ganze eigentliche Kühlfläche

---

40.

verkleidet ist. Besonders bemerkenswert ist, daß von etwa 150 mm Stärke der Verkleidung an die Verhältnisse praktisch dieselben sind, wie wenn hinter der Verkleidung überhaupt keine Kühlfläche säße, gleichgültig, ob der Feuerraum weitgehend mit blanken Kühlflächen ausgekleidet ist oder nicht. Die Feuerraumtemperaturen in Abb. 42 sind daher für $\delta = 150$ mm die gleichen, wie sie aus Tafel 18 für $\psi = 1/6$, 2/6 usw. ermittelt werden können. Ebenso stimmt die Temperatur für $\delta = 0$, d. h. wenn alle Kühlflächen blank sind, mit dem Werte aus Tafel 18 für $\psi = 1,0$ überein. Die von Wohlenberg und Brooks gefundenen Ergebnisse zeigen auch für andere Feuerraumbedingungen immer dasselbe charakteristische Bild.

Dieser Umstand ermöglicht die Verwendung der Abb. 42 für die verschiedenartigsten Kühlflächen. Zu diesem Zwecke sind in Abb. 42 im Gegensatz zu der Originalabbildung die mittleren Temperaturen im Feuerraum und auf der äußersten Schicht der Schutzbekleidung für sechs verschiedenartige Auskleidungen eingetragen. Ferner wurde als Hauptmaßstab nicht die Dicke der Schutzschicht, sondern der eine Verkleidungskonstruktion eindeutig kennzeichnende Quotient

$$\frac{\delta}{\lambda} = \frac{\text{Dicke der Schutzschicht in m}}{\text{Wärmeleitzahl der Schutzschicht in kcal/m h }^\circ\text{C}},$$

der **Plattenkonstante** genannt werden möge, verwendet. Die Dicke der Schutzschicht für eine Wärmeleitzahl von 1,24 kcal/mh°C ist lediglich als Nebenmaßstab eingetragen. Will man nun für eine beliebig ausgeführte und umfassende armierte Kühlfläche die mittlere Feuerraumtemperatur bestimmen, so braucht man lediglich, wenn Größe und spezifische Belastung des Feuerraumes, Lufttemperatur, Luftüberschuß und Kohlenheizwert gegeben sind, aus Tafel 17, 18 oder 19 die zugehörige Feuerraumtemperatur für $\psi = 1$ und für ein ψ ermitteln, das sich ergibt, wenn man nur die blanken Kühlflächen berücksichtigt, die verkleidete Kühlfläche also als nicht vorhanden betrachtet. Diese beiden Werte werden in ein Koordinatensystem nach Abb. 42 eingetragen, der

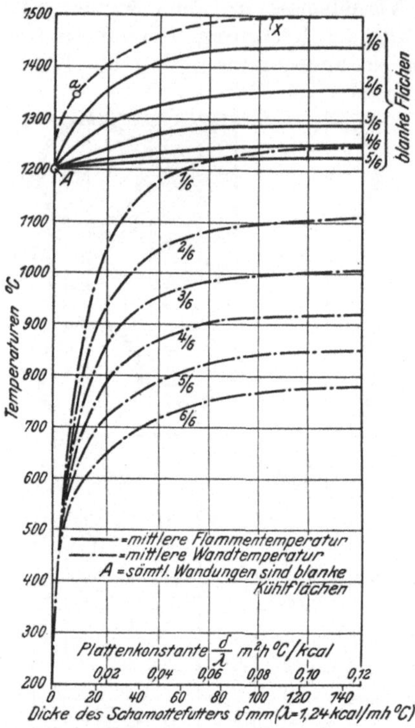

Abb. 42. Mittlere Feuerraum- und mittlere Wandungstemperatur in Feuerräumen mit armierten Kühlflächen. (Spezifische Feuerraumbelastung = 190000 kcal/m³h; Luftüberschuß = 1,2; Lufttemperatur = 20 °C; Feuerraumkantenlänge = 6 m; unterer Heizwert der Kohle = 6800 kcal/kg.)

erste für $\dfrac{\delta}{\lambda} = 0$, der zweite für $\dfrac{\delta}{\lambda} = 0,12$. Durch diese beiden Punkte läßt sich mit genügender Genauigkeit eine Kurve vom selben Charakter wie die Feuerraumtemperaturkurven legen. Hierauf sucht man für die vorliegende Verkleidungskonstruktion den Wert $\dfrac{\delta}{\lambda}$ in m² h °C/kcal und findet als Schnittpunkt der Ordinate durch diesen Wert mit der Temperaturkurve die gesuchte Feuerraumtemperatur. Setzt sich die Kühlflächenbekleidung ähnlich wie die Bailey-Platten aus mehreren Körpern zusammen, so wird, wie in Beispiel 26 gezeigt wird, der Quotient $\dfrac{\delta}{\lambda}$ der ganzen Platte bestimmt und mit ihm ebenso wie vorher beschrieben verfahren.

Bei Bailey-Platten und ähnlichen Konstruktionen ist es durch Verwendung kalibrierter Rohre möglich und notwendig, ein sattes Anliegen der Platten zu erzielen. Zuweilen werden aber auch die Rohre unmittelbar in Mauerwerk eingebettet, indem die Schamottesteine mehr oder weniger fest auf den Rohren aufliegen oder die senkrechten Rohre mit einem größeren oder kleineren Spiel von den Steinen umfaßt werden. Im Gegensatz zu den Abb. 42 zugrunde liegenden Annahmen muß bei fast allen solchen Ausführungen mit einem unter Umständen erheblichen Wärmewiderstand und daher auch Temperatursprung zwischen Rohrwand und Schutzschicht gerechnet werden. Man darf daher sagen, daß die Feuerraum- und vor allem die Wandungstemperaturen in Abb. 42 Mindestwerte sind, die nur bei gut anliegenden Kühlplatten erreicht werden. Da aber selbst dann bereits bei 150 mm Stärke einer Schamotteschutzschicht sich praktisch keine Kühlwirkung der dahinterliegenden Rohre mehr geltend macht, ist unschwer einzusehen, daß bei mehr oder weniger lose eingemauerten Rohren die Kühlwirkung noch erheblich geringer ist. Dazu kommt, daß bei solchen Ausführungen die Rohre oft um einen mehrfachen Betrag ihres Durchmessers voneinander entfernt sind und daher keine glatte, durchgehende Metallwand darstellen, was die Kühlung des vorgesetzten Mauerwerkes noch weiter verschlechtern kann. Es ist daher nicht verwunderlich, wenn solche Schutzschichten trotz der hinter ihnen liegenden Rohre oft schnell zerstört werden.

Beispiel 26: Ein würfelförmiger Feuerraum von 9 m Kantenlänge einer Kohlenstaubfeuerung ist oben durch das Röhrenbündel des Kessels abgeschlossen, während sämtliche übrigen Wandungen durch Bailey-Platten nach Abb. 43 verkleidet sind. Es soll ermittelt werden, wieviel die Feuerraumtemperatur dadurch steigt, daß die eigentlichen Kühlflächen nicht blank sind.

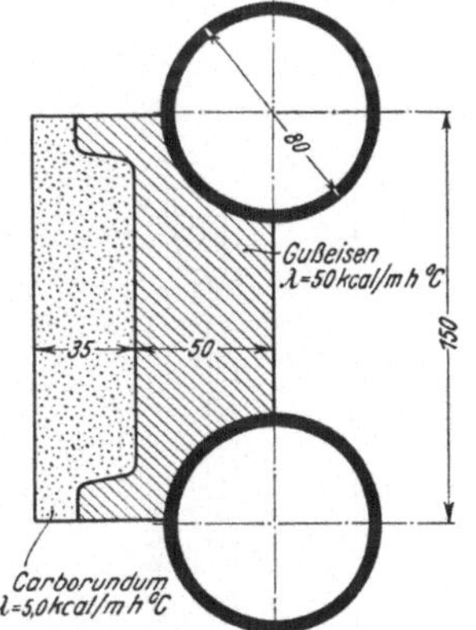

Abb. 43. Schema einer armierten Kühlplatte (zu Rechenbeispiel 26).

Ausgangswerte:

Kantenlänge des Würfels . . . . 9 m
Feuerraumbelastung . . . . . . 200 000 kcal/m³ h
Flammenvolumenbelastung . . . 222 000 kcal/m³ h
Luftüberschußzahl 1,2
Lufttemperatur . . . . 20° C
Brennstoff. . . . . Steinkohle
Unterer Heizwert . . . . rd. 6800 kcal/kg.

Aus Tafel 19 ergibt sich für obige Ausgangswerte:

Feuerraumtemperatur für $\psi = 1{,}0$ . . . . 1255° C.

Wenn man jetzt annimmt, daß fünf Wandungen aus feuerfesten Baustoffen beständen, wäre die Kühlziffer $\psi = 1/6$. Hierzu findet man aus Tafel 19:

Feuerraumtemperatur für $\psi = 1/6$ . . . . 1500° C.

Mit diesen beiden Werten zeichnet man in der auf S. 62 beschriebenen Weise eine Kurve auf, welche die Abhängigkeit der Feuerraumtemperatur von der Größe $\dfrac{\delta}{\lambda}$ wiedergibt, Kurve X in Abb. 42.

An sich läßt sich der Wert δ für den Gußeisenteil der Platte nur annähernd bestimmen, da die Weglänge der Wärme durch das Gußeisen je nach der Stelle auf der Platte sehr verschieden sind. Da aber der Widerstand des Gußeisens gegenüber dem des Carborundums sehr klein ist, spielt diese Unsicherheit keine Rolle. Man kann im vorliegenden Falle die Dicke $\delta_G = 0{,}05$ m, die Wärmeleitzahl $\lambda_G = 50$ kcal/mh °C setzen, während für das Carborundum $\delta_K = 0{,}035$ m, $\lambda_K = 5$ kcal/m h °C beträgt.

Damit ist:

$$\frac{\delta}{\lambda} = \frac{\delta_K}{\lambda_K} + \frac{\delta_G}{\delta_G} = \frac{0{,}035}{5} + \frac{0{,}050}{50} = 0{,}007 + 0{,}001 = 0{,}008 \, .$$

Zu diesem Werte findet man aus der vorher aufgezeichneten Kurve X die gesuchte Feuerraumtemperatur zu 1340° C, Punkt a in Abb. 42.

Zum Vergleich soll die Feuerraumtemperatur bestimmt werden, die sich einstellen würde, wenn die Kühlrohre nicht durch Bailey-Platten geschützt wären. In diesem Falle wäre, da die Kühlrohre von 80 mm äußerem Durchmesser mit 150 mm Teilung verlegt sind, die Kühlziffer:

$$\psi = \frac{1}{6} + \frac{5}{6} \cdot \frac{80}{150} = \, ... 0{,}61$$

Aus Tafel 19 ergibt sich damit:

Feuerraumtemperatur. . . . . 1310° C.

Die Temperaturerhöhung durch die Bailey-Platten beträgt somit gegenüber derselben Anzahl ungeschützter Rohre rd. 30° C, ist also nicht groß. Der Hauptzweck der Platte besteht ja auch darin, die von den Kühlrohren aufgenommene Wärmemenge gleichmäßiger über ihren Umfang zu verteilen und das Anbacken von Asche und Schlacke um die nackten Rohre herum und an den Mauerwerksstreifen zwischen ihnen unmöglich zu machen. Wäre statt Carborundum Schamotte verwendet worden, so wäre eine erheblich höhere Temperatursteigerung die Folge gewesen.

9. Wärmebelastung von Rohren durch Strahlung vom Feuerraum. Es wurde wiederholt darauf hingewiesen, daß zur Bestimmung der Feuerraumtemperatur aus Tafel 17 bis 20 die Projektion der Kühlflächen in die Wände des Feuerraumwürfels maßgebend ist. Um die Richtigkeit dieser Voraussetzungen und des ganzen Rechenverfahrens zu

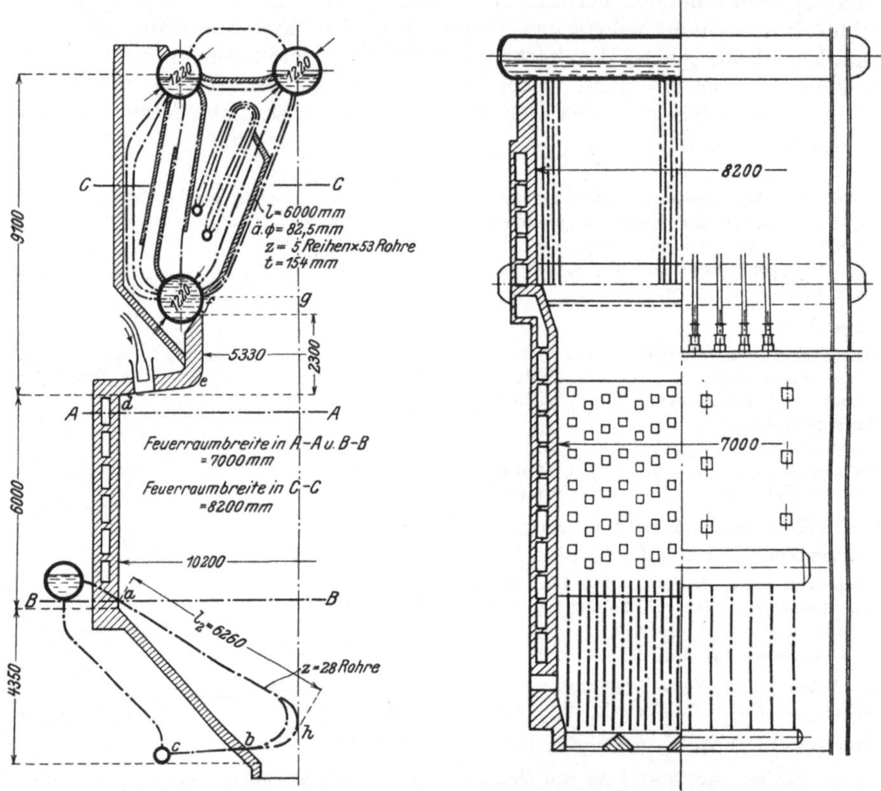

Abb. 44 und 45. Stirlingkessel mit Kühlrosten im Trenton Channel-Kraftwerk.

kontrollieren, wurden die meines Wissens einzigen exakten Messungen benutzt, die an den Kühlrosten der Kessel im Trenton Channel-Kraftwerk gemacht worden sind[a]. Wie Abb. 44 und 45 zeigen, haben die dortigen Kühlroste eigene Unter- und Obertrommeln mit besonderer Speisung, die in den Kühlrosten verdampfte Wassermenge konnte daher zuverlässig gemessen werden. Zahlentafel 1 enthält die Hauptdaten der Kessel, Kurve A, Abb. 46 gibt für verschiedene Kesselbelastung die von 1 m² projizierter Oberfläche der Kühlrostrohre aufgenommene Wärmemenge in kcal/m²h an. Da nach Abb. 44 nur ein Teil der Länge der Kühlrostrohre in vollem Maße an der Strahlung teilnimmt, wurden die Werte von Kurve A auf diejenige Rohrlänge umgerechnet, von der man annehmen kann, daß sie voll der Strahlung ausgesetzt war, Kurve B. Für verschiedene Kesselbelastungen wurde darauf mit Hilfe von Tafel 19 die mittlere Feuerraumtemperatur,

---

[a] *24*, S. 16.

Kurve C, und daraus die pro m² projizierte Oberfläche der reduzierten Länge der Kühlrostrohre übertragene Wärme ausgerechnet, Kurve D. Die beiden Kurven B und D stimmen über einen weiten Belastungsbereich recht gut miteinander überein, so daß die Berechnung der Kühlziffer aus der Projektion der „kalten Flächen" in die Feuer-

Zahlentafel 1. Versuche an den Kühlrostrohren eines Stirlingkessels im Trenton Channel Kraftwerk.

Nr.				
1	gesamte Kesselheizfläche einschließlich Kühlrost	2700	m²	
	Feuerraum:			
2	Volumen	710	m³	
3	gleichwertiger Würfel: Kantenlänge	8,92	m	
4	Oberfläche	477	m²	
5	Tiefe	10,2	m	
6	Breite: oben	8,2	m	
7	unten	7,0	m	
8	mittlere Rohrlänge in der Kesselvorheizfläche	6,0	m	
9	bestrahlte Fläche des ersten Bündels $= 2 \cdot 6,0 \cdot 8,2 =$	98,5	m²	
10	dieselbe in Ebene A—A projiziert $= 5,33 \cdot 8,2 =$	43,6	m²	
	Kühlrost:			
11	gesamte Länge eines Rohres innerhalb des Feuerraums $l_1 =$	7,8	m	
12	äußerer Rohrdurchmesser	82,5	mm	
13	Rohrzahl in beiden Kesselhälften $z =$	56		
14	gesamte tatsächliche Heizfläche $F_{K_1} = \pi \cdot 0,0825 \cdot 7,8 \cdot 56$	113	m²	
15	dieselbe projiziert gerechnet $F_{K_2} = 0,0825 \cdot 7,8 \cdot 56$	36	m²	
16	als wirksam vorausgesetzte Rohrlänge $l_2 =$	6,26	m	
17	als wirksam vorausgesetzte Heizfläche $F_{K_3} = \pi \cdot 0,0825 \cdot 6,26 \cdot 56 =$	91,0	m	
18	dieselbe projiziert gerechnet $F_{K_4} = \dfrac{91,0}{\pi} =$	29,0	m²	
19	dieselbe in Ebene B—B projiziert $F_{K_5} = \dfrac{56}{2} \cdot 10,2 \cdot 0,0825 =$	23,5	m	
20	gesamte projizierte Kühlfläche im Feuerraum $= 43,6 + 23,5 =$	67,1	m²	
21	Kühlziffer $\psi = \dfrac{67,1}{477} =$	0,141		

Nr.	**Versuchswerte:**				
22	stündliche Dampfmenge	kg/h	45360	90720	136080
23	Erzeugungswärme	kcal/kg	654	664	670
24	Feuerraumbelastung	kcal/m³h	49000	100000	151000
25	Feuerraumtemperatur	°C	1220	1320	1410
26	Rauchgasmenge je kg Kohle	Nm³/kg	10	10	10
27	Wärmeinhalt von 1 Nm³ bei Feuerraumtemperatur	kcal/Nm³	438	477	513
28	Kohlenheizwert (unterer)	kcal/kg	7670	7670	7670
29	derselbe abzüglich der Verluste in der Feuerung (angenommen 2 vH)	kcal/kg	7520	7520	7520
30	Wärmeinhalt der Gase vor Kessel auf 1 kg Kohle	kcal/kg	4380	4770	5130
31	im Feuerraum auf 1 kg Kohle übertragen	kcal/kg	3140	2750	2390
32	stündliche Kohlenmenge	kg/h	4530	9250	13950
33	im Feuerraum stündlich übertragen	kcal/h	14200000	25400000	33400000
34	Heizflächenbelastung des Kühlrostes bezogen auf $F_{K_4} = \dfrac{(33) \times 23,5}{67,1 \times 29,0} =$	kcal/m²h	171000	307000	403000

raumwände offenbar als zulässig betrachtet werden darf. Die auf den vollen Umfang der Kühlrostrohre bezogene spezifische Belastung (Kurve E) ist gleich $\dfrac{1}{\pi}$ mal derjenigen in Kurve A, überschreitet also in Trenton Channel auch bei der höchsten Kesselbelastung 130000 kcal/m²h nicht. Die Wärmebeanspruchung eines Rohres der ersten Wasserrohrreihe eines hochbelasteten Kessels zeigen Abb. 47 und 48. Bezogen auf seinen projizierten Umfang ist das Rohr durch die Feuerraumstrahlung bei 1430° C mittlerer Feuerraumtemperatur mit rd. 410000 kcal/m²h belastet, Fläche $a\,b\,c\,d$, entsprechend einer übertragenen Wärmemenge pro m Rohrlänge von $410\,000 \cdot 0,0825$ $= 33\,800$ kcal/h. Dazu kommt auf dem ganzen Rohrumfang die Wärmeübertragung durch reine Berührung, welche unter den Annahmen des Beispieles rd. 30000 kcal/m²h ausmacht, und schließlich noch die durch Gasstrahlung der nicht mehr leuchtenden, an dem Rohr vorüberstreichenden, in die Kesselzüge fließenden Rauchgase, die aber strenggenommen nur auf dem Teil $\pi \cdot d - d$ wirkt, während sie für den Rest schon in der Feuerraumstrahlung erfaßt ist. Die entsprechende Wärmemenge ist gleich den Flächen $(i\,k\,d\,e + l\,m\,f\,c)$, wenn auch natürlich in Wirklichkeit die Trennung zwischen Wärmeaufnahme durch strahlende Wärme des Feuerraumes und strahlende Wärme der vorbeistreichenden, nicht mehr leuchtenden Gase nicht so scharf möglich ist, wie in Abb. 47 angenommen wurde. Die Summe sämtlicher schraf-

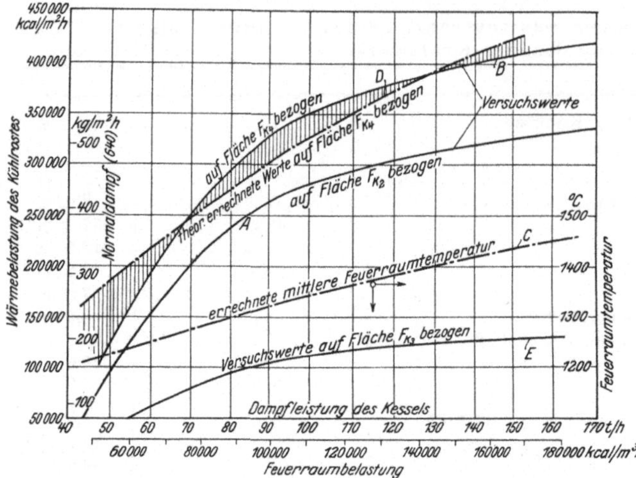

Abb. 46. Versuchsergebnisse an den Kühlrosten im Trenton Channet-Kraftwerk.

fierter Flächen, d. h. die Fläche $i\,k\,a\,b\,l\,m\,h\,g$ ist die pro m Rohrlänge und Stunde insgesamt aufgenommene Wärme. Ihr Inhalt ist gleich der Fläche $n\,o\,h\,g$, somit ist die im Mittel von 1 m² voller Rohroberfläche insgesamt durch Strahlung und Berührung aufgenommene Wärmemenge 182000 oder rd. 180000 kcal/m²h. Bei Feuerungen mit sehr wenig Kühlfläche und sehr hoher Belastung können unter extremen Verhältnissen noch etwas größere spezifische Höchstbelastungen auftreten und einem Rohr durch örtliche Überhitzung unter Umständen sehr gefährlich werden. Auf Grund dieser Untersuchung darf aber angenommen werden, daß bei zweckmäßig gebauten Feuerräumen bezogen auf eine größere Rohrlänge (3000 bis 8000 mm) eine spezifische Belastung des ganzen Rohrumfanges von rd. 180000 kcal/m²h nicht wesentlich überschritten wird, was von großer Bedeutung ist, weil, wie ich an anderer Stelle[*] gezeigt habe, nicht allein

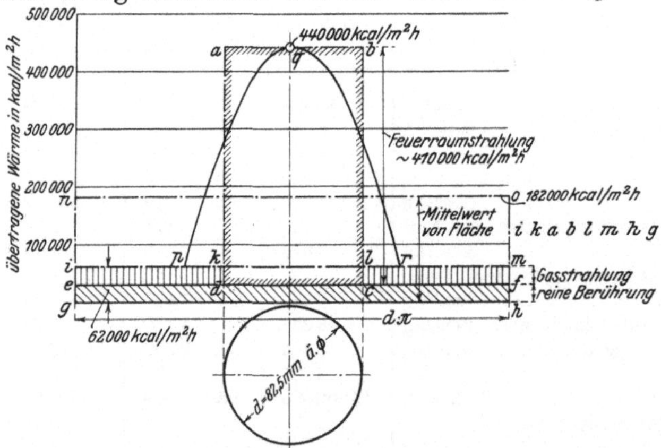

Abb. 47. Wärmebeanspruchung eines durch Feuerraumstrahlung und Berührung hoch belasteten Wasserrohres.

die überhaupt vorkommende maximale Belastung, sondern auch die von einem Rohr insgesamt aufgenommene Wärmemenge über seine Lebensdauer entscheidet. Tatsächlich dürfte die spezifische Wärmebelastung über den Rohrumfang etwa nach der Kurve $i\,p\,q\,r\,m$ verlaufen, d. h. der Wert von 440000 kcal/m²h wird nur in der Rohrmitte erreicht

---

[*] *15*, S. 80.

und verflacht dann beiderseitig auf rd. 62000 kcal/m²h. Abb. 48 zeigt den Verlauf der Wärmebelastung über den Rohrumfang in Polarkoordinaten noch deutlicher. Die Kurve *a* ist gleichzeitig auch ein Maß für die Übertemperatur der Außenwand des Rohres über die Siedetemperatur des Wassers. Durch den tangentialen Wärmefluß in der Rohrwand dürfte eine kleine Absenkung der der Wärmebelastung *a b* entsprechenden, für die Festigkeit des Rohres maßgebenden Temperatur der Außenwand erfolgen. Die Kurve *c* veranschaulicht bildhaft genügend genau den Verlauf der Übertemperatur der Außenwand unter Berücksichtigung dieses tangentialen Wärmeflusses. Aus ähnlichen Gründen, und weil das Rohr vom Feuer ja nicht lediglich parallel zu Linie *b a* bestrahlt wird, findet ein allmählicher Übergang der Belastung von der Feuerseite auf die dem Feuer abgewendete Seite zu statt. Die Höchstbelastung (Strecke *b c*) verhält sich zur kleinsten Belastung (Strecke *d — e*) ungefähr wie 7 : 1.

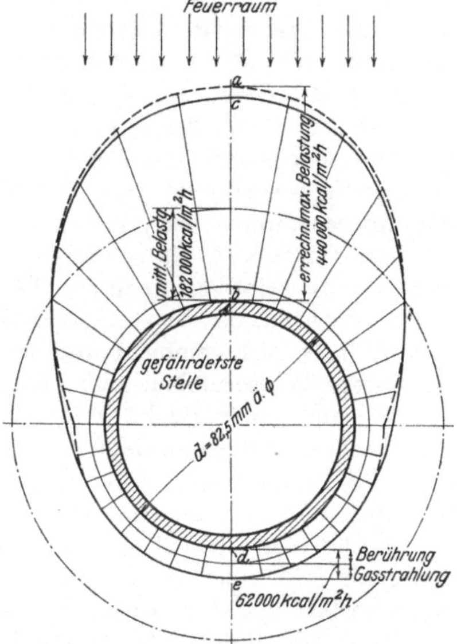

Abb. 48. Wärmebeanspruchung eines durch Feuerraumstrahlung und Berührung hoch belasteten Wasserrohres in Polarkoordinaten.

10. Einfluß von Kesselstein bei hoher Heizflächenbelastung. Bei den hohen, heute üblichen spezifischen Heizflächenbelastungen ist selbst ein leichter Ansatz von Kesselstein viel verhängnisvoller als früher, wo einige mm Steinansatz oft nicht viel zu besagen hatten. Insbesondere manche siliziumhaltigen Steine sind überaus gefährlich. In Zahlentafel 2 ist für zwei verschiedene Kesselsteine gezeigt, welche Rohrtemperaturen entstehen und wie groß die Materialbeanspruchungen werden.

Zahlentafel 2. Einfluß von Kesselstein verschiedener Zusammensetzung auf das Verhalten hochbelasteter Kesselrohre.

Kesselstein:	gutartig		bösartig	
Art				
Stärke . . . . mm	0,1	0,5	0,1	0,2
Wärmeleitzahl . . . . kcal/mh °C	2,0		0,2	
Spezifische Heizflächenbelastung, maximaler Wert Rohrmittelebene . . . . kcal/m²h	410000		410000	
Wärmeübergangszahl zwischen Rohrwand und Wasser (angenommen) . . . . kcal/m²h °C	4000		4000	
Wasserrohr:				
Äußerer Durchmesser . . . . mm	82,5		82,5	
Wandstärke . . . . mm	5,2		5,2	
Kesseldruck . . . . at abs.	30		30	
Temperaturen:				
Rohrwand außen . . . . °C	rd. 400	rd. 480	rd. 583	rd. 788
Rohrwand innen . . . . °C	rd. 356	rd. 438	rd. 540	rd. 745
Kesselstein Wasserseite . . . . °C	335	335	335	335
Kesselwasser . . . . °C	233	233	233	233
Sicherheit des Rohres gegen Formänderung im gefährdetsten Meridian	5,35	4,15	rd. 2,9	—
Sicherheit des Rohres gegen Aufreißen im gefährdetsten Meridian	16,5	12,0	rd. 7,35	—

Nach den Werkstoff- und Bauvorschriften für Landdampfkessel ist die zulässige Zugbeanspruchung der Rohrwand 5 kg/mm², was bei einer Streckgrenze von 20 kg/mm² bezogen auf 20° C einer 4fachen Sicherheit gegen Formänderung entspricht.

Wie man sieht, würde das Rohr unter der in Abb. 47 dargestellten spezifischen Heizflächenbeanspruchung schon bei einem 0,1 bis 0,2 mm starken Ansatz des bösartigen Kesselsteines nicht mehr auf die Dauer halten. Zwar würde infolge der erhöhten Temperatur der Rohrwand die Wärmebelastung der Rohre etwas zurückgehen, so daß die errechneten Temperaturen tatsächlich etwas zu hoch liegen, doch würde sich dadurch das Bild nicht wesentlich ändern. Es muß noch bemerkt werden, daß die angenommene Wärmeleitzahl des bösartigen Kesselsteines durchaus noch nicht das Minimum ist, daß vielmehr nach S. 26 die Leitfähigkeit siliziumreicher Ablagerungen noch unter diesem Wert liegen kann.

Die sehr starke spezifische Belastung der Rohrmitte (Strecke $a\,b$ in Abb. 48) erklärt auch, weshalb die Ausbeulung fast stets an dieser Stelle beginnt, indem der Rohrdurchmesser unter entsprechender örtlicher Verkleinerung der Wandstärke sich allmählich vergrößert, bis schließlich das Rohr den inneren Überdruck nicht mehr aushält und an seiner schwächsten Stelle aufreißt. Besonders groß ist die Gefahr bei den Kühlrostrohren, da sie von oben beheizt werden, d. h. gerade an den Stellen, wo die Dampfblasen sich sammeln und wegen der geringen Neigung der Rohre bei nicht ganz tadellosem Wasserumlauf sich unter Umständen etwas festsetzen können. Wie Abb. 47 und 48 und Zahlentafel 2 zeigen, sind hochbelastete, nicht völlig reine Wasserrohre auf zweierlei Art gefährdet:

1. Sie werden bei großer Länge an ihrem oberen Ende infolge des dortigen starken Gehaltes an Dampfblasen unter Umständen nicht mehr genügend gekühlt.

2. Der Wassergehalt an ihrem oberen Ende wäre zwar an sich nicht gefährlich, aber durch die sehr hohe spezifische Belastung in Querschnitt $a\,b$ in Abb. 48 werden sie örtlich überlastet und reißen allmählich auf.

Zwar wird infolge der hohen Wärmeleitfähigkeit des Eisens im Fall 2 ein gewisser Temperaturausgleich in der Rohrwand um die gefährdetste Stelle herum stattfinden, der aber, wie die Erfahrung lehrt, oft nicht ausreicht.

Beispiel 27: Um den Rechnungsgang zu zeigen, wird Reihe 1 in Zahlentafel 2 hier durchgerechnet. Siedetemperatur bei 30 at abs. . . . . 233° C

Analog den Formeln 4, 5 und 6 ist:

$$\alpha_2 \cdot (t_{\text{Kesselst. Wassers.}} - 233) = \quad \dots \quad 410000 \text{ kcal/m}^2\text{h}$$

$$\left(\frac{\lambda}{\delta}\right)_{\text{Kesselst.}} \cdot (t_{\text{Rohrwd. innen}} - t_{\text{Kesselst. Wassers.}}) = \quad \dots \quad 410000 \text{ kcal/m}^2\text{h}$$

$$\left(\frac{\lambda}{\delta}\right)_{\text{Rohrwd.}} \cdot (t_{\text{Rohrwd. außen}} - t_{\text{Rohrwd. innen}}) = \quad \dots \quad 410000 \text{ kcal/m}^2\text{h}$$

Es ist also:

$$t_{\text{Kesselst. Wassers.}} = \frac{410000}{4000} + 233 \quad \dots \quad 335{,}5° \text{ C}$$

$$t_{\text{Rohrwd. innen}} = \frac{410000 \cdot 0{,}0001}{2} + 335{,}5 \quad \dots \quad 356° \text{ C}$$

$$t_{\text{Rohrwd. außen}} = \frac{410000 \cdot 0{,}0052}{50} + 356 \quad \dots \quad 398{,}6° \text{ C}$$

Beanspruchung des Materials $k = \dfrac{\text{Überdruck in kg/cm}^2 \cdot \text{Rohrinnend. in mm}}{200 \cdot \text{Wandstärke in mm}} = \dfrac{29 \cdot 72}{200 \cdot 5{,}2}$ . . . 2,0 kg/mm²

Streckgrenze für Blechsorte I bei rd. 400° C (mittlerer Wert)[a] . . . . 10,7 kg/mm²

Demnach Sicherheit gegen Formänderung bei rd. 400° C $= \dfrac{10{,}7}{2{,}0}$ 5,35

Festigkeit für Blechsorte I bei rd. 400° C (mittlerer Wert)[a] . . . . 33 kg/mm²

Sicherheit gegen Bruch bei rd. 400° C $= \dfrac{33}{2{,}0}$ 16,5

11. Andere Verfahren zur Ermittlung der Feuerraumtemperatur. Außer Wohlenberg haben verschiedene andere Ingenieure Verfahren zur Berechnung der Feuerraumtemperatur angegeben, von denen aber einige wegen ihrer sehr fehlerhaften Voraussetzungen eine Wiedergabe nicht lohnen. Ein von mir entwickeltes, graphisch-rechnerisches Verfahren läßt zwar den Einfluß der Gasstrahlung und der Strahlung der in

[a] 37.

der Flamme schwebenden festen Bestandteile außer acht, hat aber den Vorzug, schnell
und bildhaft einen, wenn auch zahlenmäßig nicht ganz zuverlässigen, so doch grundsätzlich richtigen Aufschluß über den Einfluß der Feuerraumform zu geben[a]. Eine im
Zusammenhang hiermit angegebene Annäherungsformel für die Berechnung der Feuerraumtemperatur lautet

$$0,0056 \cdot \varphi' \cdot \frac{F_R}{F_H} \cdot \frac{1}{D} \left(\frac{T_R}{100}\right)^4 + 0,00054\, t_R = 1\,. \tag{36}$$

Hierin bedeutet:

F_R = Rostfläche in m²,
F_H = Kesselheizfläche in m² (ohne Überhitzer und Ekonomiser),
D = Belastung von 1 m² Kesselheizfläche (ohne Überhitzer und Ekonomiser), aber
  unter Verrechnung der im Überhitzer aufgenommenen Wärmemenge, bezogen
  auf eine Erzeugungswärme von 640 kcal/kg in kg/m²h,
T_R = absolute Temperatur der Brennstoffschicht (Rostoberfläche) in ° abs.,
t_R = Temperatur der Brennstoffschicht (Rostoberfläche) in ° C,
φ' = 0,45 für schwach belastete Kessel mit kleiner Rostfläche,
φ' = 0,70 für Hochleistungskessel mit großer Rostfläche.

Ein anderes ähnliches Verfahren aus neuester Zeit stammt von O. Seibert[b]. Wenngleich es für praktische Bedürfnisse wohl zu umständlich ist, so hat es den Vorzug,
einen Einblick in die ört-
liche Verteilung der Tem-
peraturen zu gewähren
und dadurch unsere bild-
mäßige Vorstellung von
den Vorgängen in Feuer-
räumen zu vertiefen. Das
von Seibert durchge-
rechnete Beispiel ist in
Abb. 49 in etwas anderer
Weise als in der Originalarbeit dargestellt und
zeigt die große Verschie-
denheit der spezifischen
Heizflächenbelastung an
verschiedenen Stellen desselben Wasserrohres und
die großen Temperatur-
unterschiede innerhalb
eines Feuerraumes von
nicht ganz regelmäßiger
Form. Die starke Kon-
zentrierung der übertra-
genen Wärme auf einen
verhältnismäßig örtlich
eng begrenzten Rohrab-
schnitt erklärt auch im
Verein mit den auf S. 67
gemachten Ausführungen

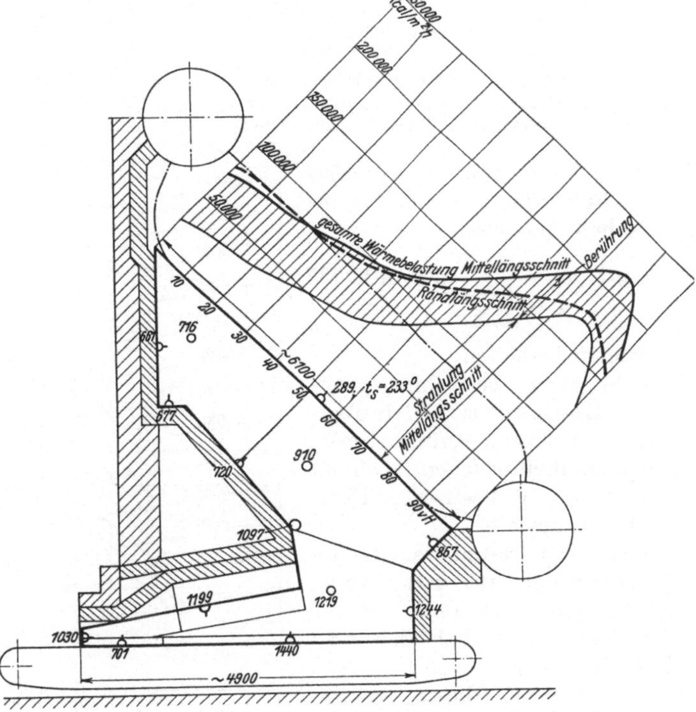

Abb. 49. Temperaturverteilung im Feuerraum eines Steilrohrkessels nach
Seibert.

unschwer, weshalb bei unreinem Wasser so leicht Rohrausbeulungen vorkommen.
Eine aus dem Jahre 1890 stammende, von G. A. Orrok umgeänderte Annäherungs-

[a] *15*, S. 4.   [b] *31*.

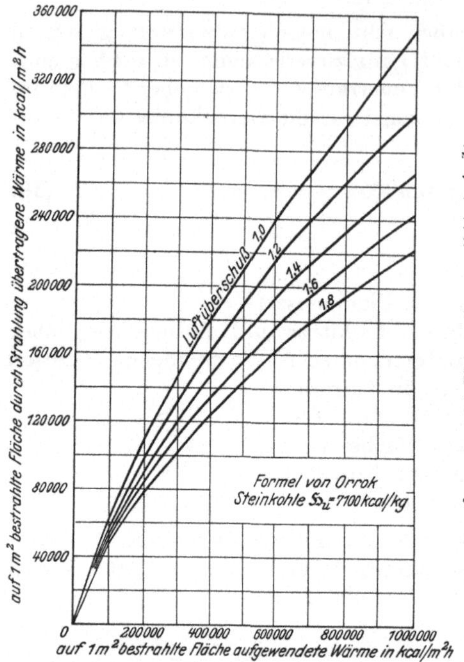

Abb. 50. Abhängigkeit der an 1 m² Heizfläche durch Strahlung übertragenen Wärme von der auf 1 m² Heizfläche aufgewendeten Wärme nach Orrok.

Abb. 51. Vergleich der Ergebnisse verschiedener Formeln für die durch Strahlung übertragene Wärme.

formel erfreut sich in Amerika großer Beliebtheit[a]. Sie lautet im metrischen Maßsystem:

$$X = C_R \cdot H_a \cdot \frac{1}{1 + \dfrac{A\sqrt{C_R}}{59,6}} \text{ kcal/m}^2\text{h.} \quad (37)$$

Hierin bedeuten:

X = An 1 m² bestrahlte projizierte Heizfläche stündlich übertragene Wärmemenge in kcal/m²h.

C_R = Stündlich verfeuerte Kohlenmenge je m² bestrahlte Heizfläche in kg/m²h.

H_a = Im Feuerraum verfügbare Wärmemenge aus 1 kg Kohle in kcal/kg = unterer Heizwert der Kohle abzüglich der Verluste in der Feuerung.

A = Verbrennungsluftmenge in kg je kg Kohle.

Im Gegensatz zu den Formeln von Wohlenberg, die auf Grund einer eingehenden Analyse der Vorgänge im Feuerraum entstan-

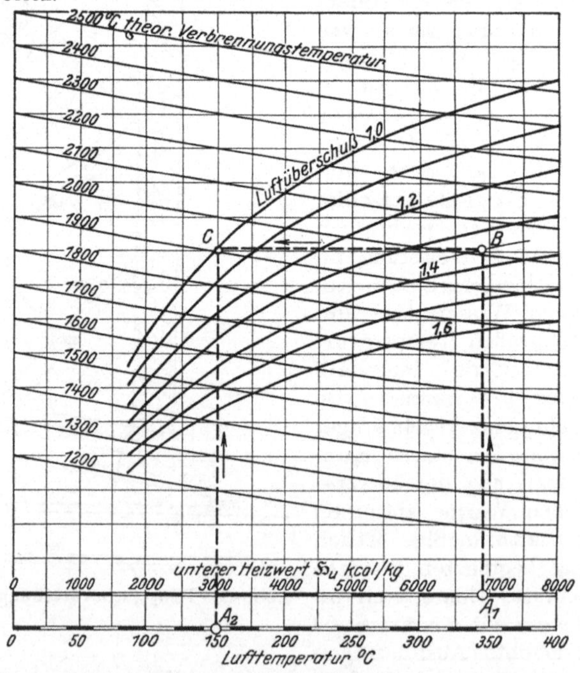

Abb. 52. Kurvenblatt zum Ermitteln der theoretischen Verbrennungstemperatur.

Beispiel: Theoretische Verbrennungstemperatur bei 6900 kcal/kg unterem Heizwert (Punkt A_1); 1,34 Luftüberschuß (Punkt B); 150° Temperatur der Verbrennungsluft (Punkt A_2)? Der gesuchte Wert beträgt 1910° C (Punkt C).

den, hat diese Formel rein empirischen Charakter. Abb. 50 dient zur raschen Ermittlung der eingestrahlten Wärme und der Feuerraumtemperatur nach der Orrokschen Formel für Steinkohle von 7100 kcal/kg unterem Heizwert. Abb. 51 zeigt, wie für einen bestimmten Fall die verschiedenen Formeln miteinander übereinstimmen.

12. Ermittlung der theoretischen Verbrennungstemperatur. Es ist zuweilen erwünscht, die Temperatur zu kennen, die entstehen würde, wenn die Verbrennung verlustlos und ohne Wärmeabgabe an Heizflächen stattfände, was z. B. in einer aus feuerfestem Mauerwerk bestehenden, sehr gut isolierten Kammer ohne alle Wärmeverluste der Fall wäre, aus welcher die Verbrennungsgase erst nach vollständig beendeter Verbrennung nach der der Strahlung völlig entzogenen Heizfläche geführt werden, Abb. 52. Ein Vergleich der theoretischen Verbrennungstemperatur mit der tatsächlichen Feuerraumtemperatur gibt schnell ein Bild von der ungefähren Wärmeabgabe an die Heizflächen in einem Feuerraum.

c) Das Verhalten von Berührungsheizflächen.

1. Einleitung. In Abschnitt c) werden die Punkte untersucht, die auf die Berührungsheizfläche von Dampfkesselanlagen, d. h. auf die Heizfläche des eigentlichen Kessels, wo die Strahlung des Feuerraumes nicht mehr ausschließlich zur Geltung kommt, des Überhitzers, des Ekonomisers und des Luftvorwärmers von Einfluß sind.

Unter **Berührungsheizfläche von Kesseln** soll hier diejenige Kesselheizfläche verstanden sein, in welcher der Rauchgasstrom bereits in verhältnismäßig schmale Streifen unterteilt ist. Sie beginnt also mit der ersten Rohrreihe des vorderen Bündels, unabhängig davon, ob sie noch der Strahlung vom Feuerraum her ausgesetzt ist oder nicht.

Wie schon früher gezeigt wurde, und wie noch eingehender dargelegt wird, kann man aber bei Dampfkesseln von einer reinen Berührungsheizfläche in dem Sinne, daß sie lediglich durch Berührung Wärme aufnimmt, überhaupt nicht sprechen, weil — besonders bei hohen Temperaturen — ein erheblicher Teil der Wärme durch Gasstrahlung an die Heizfläche übergeht. Da diese Erkenntnis jung ist und in den praktischen Kesselbau noch wenig Eingang gefunden hat, widersprechen die in der Fachliteratur angegebenen, bzw. in den Kesselfabriken benutzten Wärmedurchgangszahlen einander so stark, und aus einer bestimmten Heizfläche wird oft nicht das herausgeholt, was möglich gewesen wäre, wenn ihr Konstrukteur die theoretischen Zusammenhänge besser gekannt und verwertet hätte.

Die **Rauchgasgeschwindigkeit** in den Zügen deutscher Wasserrohrkessel beträgt im allgemeinen bei normaler Belastung bis 6 m/s, bei maximaler Last und bei hoch belasteten Kesseln, sogenannten **Hochleistungskesseln**, 7 bis 8 m/s. Vereinzelt scheint auch schon auf 10 m/s gegangen worden zu sein, dagegen wurden meines Wissens bisher die in amerikanischen Hochleistungskesseln vorkommenden Geschwindigkeiten von 12 bis 15 m/s (s. S. 110) wegen des hohen Kraftbedarfes der Saugzuganlage bei uns nicht angewendet. Einige Kesselfirmen wählen bei Schrägrohr- und Steilrohrkesseln dieselbe Gasgeschwindigkeit, andere lassen bei ersteren nur eine um 10 bis 20 vH kleinere zu. Bei Kesseln mit 4 oder mehr Zügen ist infolge der vielen Umlenkungen der Zugverlust bei derselben Rauchgasgeschwindigkeit größer als bei nur 2 oder 3 Zügen. Bei großen Kesseln (über 1000 m²) kann im allgemeinen die Gasgeschwindigkeit etwas höher als bei kleineren gewählt werden.

Im **Überhitzer** ist die Rauchgasgeschwindigkeit vielfach etwas kleiner, und über dem Rost geht man je nach der Kohle nicht gern über 3 bis 4 m/s, um fühlbare Flugkoksverluste zu vermeiden.

In Rippenrohrekonomisern wählt man 4 bis 6 m/s, in gußeisernen Glattrohrekonomisern etwa 3 bis 5 m/s, in **Luftvorwärmern** rauchgasseitig 5 bis 8 m/s, luftseitig etwa 7 bis 10 m/s. Wie aber einige auf S. 105 besprochene amerikanische Anlagen zeigen, geht man unter Umständen über vorstehende Werte noch weit hinaus.

Zunächst wird der Einfluß von Gasgeschwindigkeit, Rohranordnung, Rauchgaszusammensetzung usw. auf die eigentliche Kesselheizfläche untersucht, um allgemeingültige Folgerungen über ihr Verhalten ziehen zu können.

Die Rechnungen wurden durchgeführt für zwei Kohlen von $\mathfrak{H}_u = 2224$ kcal/kg und $\mathfrak{H}_u = 6926$ kcal/kg unterem Heizwert, 5 und 10 m/s Rauchgasgeschwindigkeit, 10 und 15 vH CO_2-Gehalt der Rauchgase, Rauchgastemperaturen zwischen 1400 und 400° C und äußere Rohrdurchmesser von 50 und 100 mm. In allen Fällen wurde vorausgesetzt, daß die Rohre innen durch Wasser gekühlt sind. Der Wärmeleitwiderstand der Rohrwand und der Wärmeübergangswiderstand im Innern des Rohres wurden dadurch berücksichtigt, daß die Rohrwandtemperatur bei einem Druck des siedenden Wassers von rd. 40 at zu 265° C statt 250° C angenommen wurde.

2. Einfluß des Rohrdurchmessers auf die Wärmedurchgangszahl. Die Rohre sollen gemäß dem Schema in Abb. 53 bis 56 angeordnet sein und senkrecht zur Achse von den Gasen bespült werden. Die Teilung wurde in beiden Fällen so gewählt, daß der lichte Abstand zwischen 2 Rohren 100 mm beträgt, ein Maß, das man nicht gern unterschreitet, um Brückenbildung durch Flugasche und Ruß zu vermeiden und die Rohre bequem auswechseln zu können[a]. Nach Abb. 53 bis 56 und nach Zahlentafel 3 ist unter sonst gleichen Verhältnissen die Wärmedurchgangszahl k bei kleinem Durchmesser zum Teil erheblich höher als bei großem. Der Rohrdurchmesser wirkt sich vor allem auf das α_B aus, das mit kleiner werdendem Durchmesser wächst. Bei kleiner Gasgeschwindigkeit und hohen Temperaturen ist daher die Einwirkung des Durchmessers geringer als bei niederen Temperaturen und hoher Geschwindigkeit. Abb. 53 bis 56 zeigen, daß bei kleinem Rohrdurchmesser der Anteil der durch Berührung übertragenen Wärme an der insgesamt übertragenen höher ist als bei großem. In allen Fällen geht der Anteil der Wärmeübertragung durch Berührung mit wachsender Rauchgastemperatur sehr schnell zurück und ist bei 1500° C zum Teil noch nicht einmal halb so groß wie bei 200 bis 400° C. Der Einfluß der durch Gasstrahlung übertragenen Wärme ist also bei höheren Temperaturen sehr bedeutend, und zwar um so mehr, je kleiner die Rauchgasgeschwindigkeit ist, weil sie die durch Strahlung übertragene Wärme nicht beeinflußt. Zunehmende Rauchgasgeschwindigkeit erhöht die Wärmedurchgangszahl und die übertragene Wärme beträchtlich, und zwar bei niederer Rauchgastemperatur verhältnismäßig mehr als bei hoher, da der Einfluß der Gasstrahlung im ersten Fall geringer ist. Die Wärmeaufnahme von 1 m² Heizfläche kann bei denselben Werten von CO_2-Gehalt, Temperatur und Geschwindigkeit der Rauchgase je nach der Höhe der Gastemperatur für die beiden gewählten Rohrdurchmesser bis zu rd. 20 vH verschieden sein.

3. Einfluß der Zusammensetzung der Rauchgase und der Kohle auf die Wärmedurchgangszahl. Da bei gleicher Rauchgasgeschwindigkeit die durch reine Berührung übertragene Wärme gleich bleibt, die durch Gasstrahlung aber mit dem CO_2-Gehalt der Rauchgase wächst, ist die gesamte Wärmedurchgangszahl k um so größer, je höher der CO_2-Gehalt ist, Abb. 53 bis 56. Die Unterschiede können immerhin fühlbar sein und fallen mit der Rauchgastemperatur. Eine Änderung des CO_2-Gehaltes wirkt sich unmittelbar und mittelbar aus. Unmittelbar beeinflußt wird der Anteil der CO_2-Strahlung, die mit dem CO_2-Gehalt steigt. Bei Temperaturen unter 400 bis 500° C nähern sich die Kurven verschiedenen CO_2-Gehaltes sehr stark, weil hier der Einfluß der Strahlung unbedeutend wird. Mittelbar wird die Wärmedurchgangszahl durch den CO_2-Gehalt auch insofern beeinflußt, als sich bei derselben verbrannten Kohlenmenge Temperatur, Volumen und Geschwindigkeit der Rauchgase ändern, doch soll dieser Einfluß nicht gleichzeitig untersucht werden, da sich sonst die einzelnen Auswirkungen überlagern. Infolge des hohen Wasserdampfgehaltes der Rauchgase ist die Wärmedurchgangs-

---

[a] Bei 100 mm äußerem Rohrdurchmesser wären natürlich 100 mm lichter Rohrabstand zu klein, das Maß von 100 mm wurde aber gewählt, um denselben Abstand wie bei 50 mm äußerem Rohrdurchmesser zu haben.

zahl k, besonders im Gebiete hoher Temperaturen, bei Braunkohle wesentlich größer als bei Steinkohle. Die Werte für α_B und $(\alpha_s)_{CO_2}$ sind in ihren absoluten Größen einander ziemlich gleich. Der Unterschied wird durch den Betrag von $(\alpha_s)_{H_2O}$ hervor-

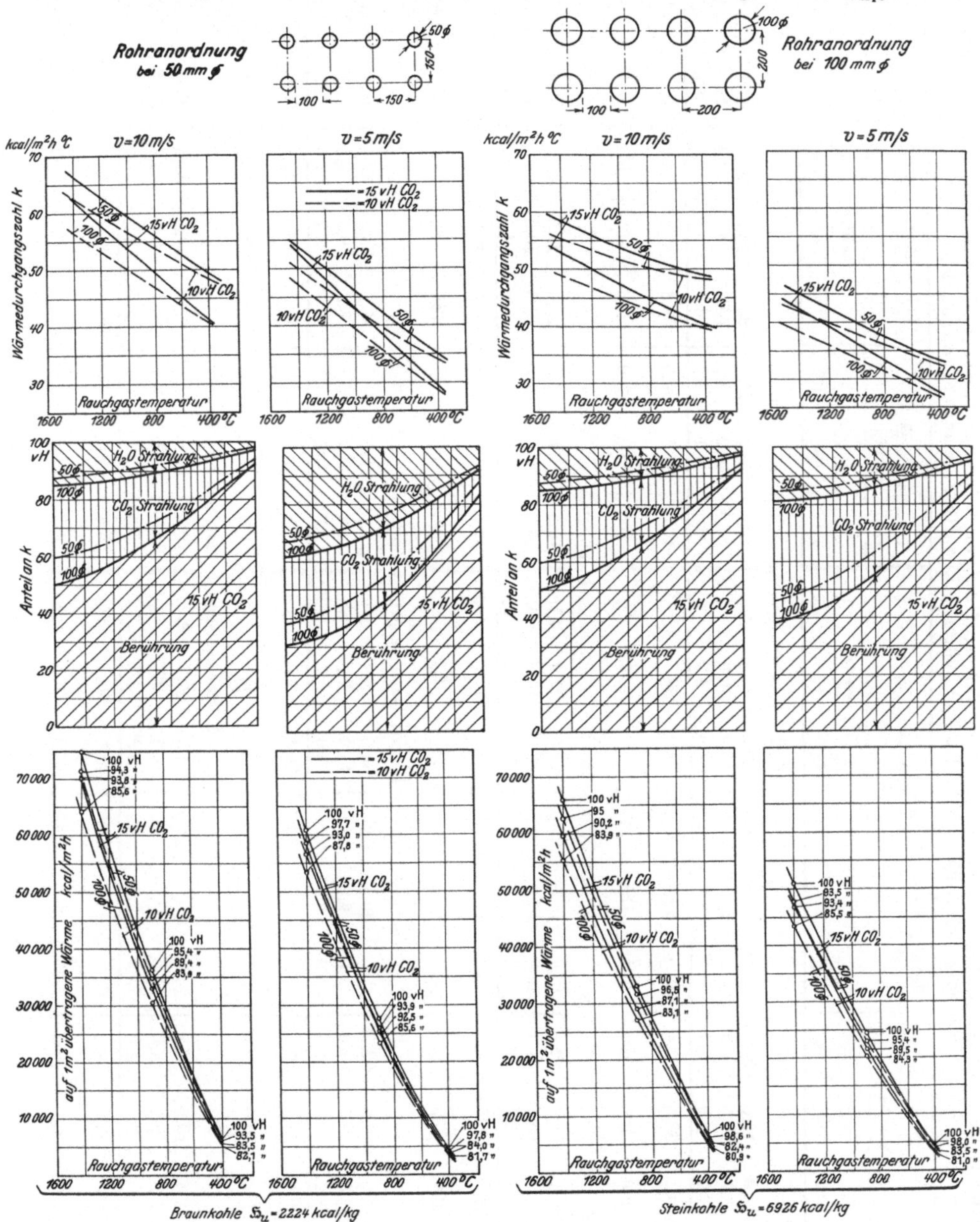

Abb. 53 bis 56. Einfluß des Rohrdurchmessers, der Rauchgasgeschwindigkeit, des Heizwertes der Kohle und des CO_2-Gehaltes der Rauchgase auf die Wärmedurchgangszahl k.

gerufen, der bei Braunkohle natürlich erheblich größer ist. Dies ist einer der beiden Gründe, weshalb Leistung und Wirkungsgrad von Braunkohlenkesseln trotz des kleineren Heizwertes der Braunkohle verglichen mit

Zahlentafel 3. Vergleichende Zusammenstellung über den Einfluß von Rohrdurchmesser, Gastemperatur, CO_2-Gehalt, Gasgeschwindigkeit und Rohranordnung auf die Wärmeübergangszahl[1].

	Rohrdurchmesser 100 mm									Rohrdurchmesser 50 mm								
	parallel			senkrecht						parallel			senkrecht					
				fluchtend			versetzt						fluchtend			versetzt		
Gasströmung																		
Rohranordnung																		
Temperatur °C	1400	900	400	1400	900	400	1400	900	400	1400	900	400	1400	900	400	1400	900	400
CO_2-Gehalt = 15 vH, Rauchgasgeschwindigkeit $v = 10$ m/s																		
α_B	15,6	18,0	22,0	28,0	30,5	34,0	38,5	43,8	51,5	17,4	20,2	24,3	35,7	38,5	43,0	48,0	55,0	63,0
$(\alpha_S)_{CO_2}$	16,9	10,6	4,3	16,9	10,6	4,3	16,9	10,6	4,3	16,0	10,2	4,1	16,0	10,2	4,1	16,0	10,2	4,1
$(\alpha_S)_{H_2O}$	7,6	4,9	2,1	7,6	4,9	2,1	7,6	4,9	2,1	6,6	4,1	1,9	6,6	4,1	1,9	6,6	4,1	1,9
α_1	40,1	33,5	28,4	52,5	46,0	40,4	63,0	59,3	57,9	40,0	34,5	30,3	58,3	52,8	49,0	70,6	69,3	69,0
vH	100	100	100	131	138	143	157	177	204	100	100	100	146	153	162	177	201	228
CO_2-Gehalt = 15 vH, Rauchgasgeschwindigkeit $v = 5$ m/s																		
α_B	9,4	10,5	12,8	17,7	19,3	21,5	24,5	27,2	31,8	10,2	11,1	14,3	22,5	24,5	27,5	30,0	33,8	39,0
$(\alpha_S)_{CO_2}$	16,9	10,6	4,3	16,9	10,6	4,3	16,9	10,6	4,3	16,0	10,2	4,1	16,0	10,2	4,1	16,0	10,2	4,1
$(\alpha_S)_{H_2O}$	7,6	4,9	2,1	7,6	4,9	2,1	7,6	4,9	2,1	6,6	4,1	1,9	6,6	4,1	1,9	6,6	4,1	1,9
α_1	33,9	26,0	19,2	42,2	34,8	27,9	49,0	42,7	38,2	32,8	25,4	20,3	45,1	38,8	33,5	52,6	48,1	45,0
vH	100	100	100	124	134	145	145	165	199	100	100	100	138	153	165	160	190	222
CO_2-Gehalt = 10 vH, Rauchgasgeschwindigkeit $v = 10$ m/s																		
α_B	15,6	18,0	22,0	28,0	30,5	34,0	38,5	43,8	51,5	17,4	20,2	24,3	35,7	38,5	43,0	48,0	55,0	63,0
$(\alpha_S)_{CO_2}$	15,0	9,7	4,0	15,0	9,7	4,0	15,0	9,7	4,0	14,3	9,3	3,9	14,3	9,3	3,9	14,3	9,3	3,9
$(\alpha_S)_{H_2O}$	5,9	3,7	1,6	5,9	3,7	1,6	5,9	3,7	1,6	5,3	3,2	1,4	5,3	3,2	1,4	5,3	3,2	1,4
α_1	36,5	31,4	27,6	48,9	43,9	39,6	59,4	57,2	57,1	37,0	32,7	29,6	55,3	51,0	48,3	67,6	67,5	68,3
vH	100	100	100	137	140	144	163	183	207	100	100	100	150	156	163	183	206	230
CO_2-Gehalt = 10 vH, Rauchgasgeschwindigkeit $v = 5$ m/s																		
α_B	9,4	10,5	12,8	17,7	19,3	21,5	24,5	27,2	31,8	10,2	11,1	14,3	22,5	24,5	27,5	30,0	33,8	39,0
$(\alpha_S)_{CO_2}$	15,0	9,7	4,0	15,0	9,7	4,0	15,0	9,7	4,0	14,3	9,3	3,9	14,3	9,3	3,9	14,3	9,3	3,9
$(\alpha_S)_{H_2O}$	5,9	3,7	1,6	5,9	3,7	1,6	5,9	3,7	1,6	5,3	3,2	1,4	5,3	3,2	1,4	5,3	3,2	1,4
α_1	30,3	23,9	18,4	38,6	32,7	27,1	45,4	40,6	37,4	29,8	23,6	19,6	42,1	37,0	32,8	49,6	47,3	44,3
vH	100	100	100	127	137	147	150	171	203	100	100	100	141	157	172	167	200	226

[1] Unterer Heizwert der Kohle angenommen zu 6926 kcal/kg. Rohrteilung dieselbe wie in Abb. 53 bis 56.

Steinkohlenkesseln so günstig sind. Nicht nur mit Rücksicht auf das Verschmutzen der äußeren Kesselheizfläche ist daher im Gebiet hoher Rauchgastemperaturen reichliche Rohrteilung bei Rauchgasen mit hohem Gehalt an Kohlensäure und Wasserdampf vorteilhaft, sondern auch deshalb, weil sie infolge der dickeren strahlenden Gasschicht die übertragene Wärme erhöht. Mit Rücksicht auf gute Ausnutzung der teueren Kesseltrommeln, und um auch den Kern der Gasströme an die Wasserrohre heranzubekommen, sind aber der Rohrteilung verhältnismäßig enge Grenzen gesetzt. Mit fallender Rauchgastemperatur nimmt auch der Wärmeübergang durch Strahlung ab, und infolgedessen ist der Abfall der k-Kurven mit der Temperatur bei Braunkohlen größer als bei Steinkohle. Unter 400 bis 500° C Gastemperatur verschwindet der Einfluß der Gasstrahlung fast ganz und die Wärmedurchgangszahlen für Braun- und Steinkohlen werden einander ziemlich gleich. In diesem Zusammenhang muß noch der andere Grund erwähnt werden, weshalb es beim selben Kessel nicht gleichgültig ist, ob eine Wärmeleistung durch Stein- oder Braunkohlen erzeugt wird. In Abb. 57 ist für ver-

schiedene Kohlenheizwerte unter der Voraussetzung, daß die Abgastemperatur (200° C) und der Verlust durch Unverbranntes, Leitung und Strahlung (4 vH) durchweg gleich sind, das bei Erzeugung von 1000 kg Normaldampf (640 kcal/kg Erzeugungswärme) bei 200° C entstehende Rauchgasvolumen aufgetragen. Es ist bei Braunkohle von 2000 kcal/kg unterem Heizwert rd. 45 vH größer als bei Steinkohle von 7500 kcal/kg. Dadurch ergeben sich bei minderwertigen Braunkohlen von hohem Wassergehalt bei gleichen Strömungsquerschnitten größere Geschwindigkeiten, die die Wärmedurchgangszahl erheblich erhöhen.

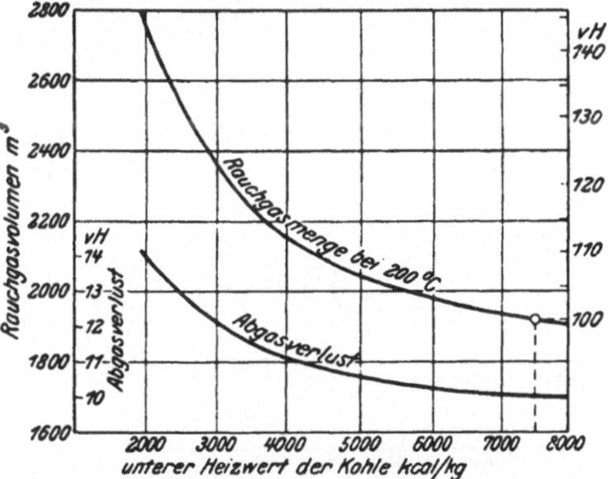

Abb. 57. Beim Erzeugen von 1000 kg Normaldampf in Abhängigkeit vom unteren Heizwert der verbrannten Kohle entstehende Rauchgasmenge in m³ bei derselben Abgastemperatur (200°).
(Verlust durch Unverbranntes, Leitung und Strahlung = 4 vH. CO_2-Gehalt = 14 vH.)

Es wurde bereits auf S. 22 darauf hingewiesen, daß die Art der Rauchgasströmung (senkrecht oder parallel zu den Rohren) bei höheren Temperaturen die Wärmedurchgangszahl nicht so sehr verändert, wie auf Grund der Tafeln 5, 6 und 7 angenommen werden könnte, weil zu der durch Berührung übertragenen Wärme noch die durch Gasstrahlung übertragene kommt. Um diese auch in praktischer Beziehung überaus wichtigen Zusammenhänge recht deutlich zu veranschaulichen, ist in Zahlentafel 3 zusammengestellt, wie hoch bei verschiedenen Rauchgastemperaturen, Rohrdurchmessern, Rohranordnungen, CO_2-Gehalten und Gasgeschwindigkeiten die Wärmeübergangszahlen α_1 werden, die man bei reiner Kesselheizfläche gleich der Wärmedurchgangszahl k setzen kann. α_1 ist unter sonst gleichen Verhältnissen bei einer zu den Rohren parallelen Gasströmung am kleinsten. Die hierbei für Rauchgastemperaturen von 1400, 900 und 400° C sich ergebenden Werte von α_1 wurden gleich 100 vH gesetzt. Bei senkrechter Gasströmung wurde unterschieden zwischen fluchtend und versetzt angeordneten Rohren. α_1 wurde unterteilt in die durch reine Berührung (α_B) und die durch Gasstrahlung der Kohlensäure $(\alpha_s)_{CO_2}$ und des Wasserdampfes $(\alpha_s)_{H_2O}$ entstehenden Beträge.

Auch Zahlentafel 3 zeigt den sehr hohen Einfluß der Gasstrahlung bei hohen Temperaturen. Die wichtigste Lehre von Zahlentafel 3 ist aber der die Wärmeübergangszahl α_1 sehr stark vergrößernde Einfluß versetzt angeordneter Rohre bei einer senkrecht zu ihnen gerichteten Gasströmung, durch den besonders bei tiefen Rauchgastemperaturen mehr als doppelt so hohe Wärmedurchgangszahlen erzielt werden können als bei paralleler Gasströmung (wo es natürlich gleichgültig ist, ob die Rohre versetzt sind oder nicht). Die andere wichtige Erkenntnis ist, daß bei senkrechter Gasströmung und besonders bei versetzten Rohren α_1 im Gebiete tiefer Temperaturen bei 50 mm Rohrdurchmesser bis zu rd. 20 vH größer ist als bei 100 mm Durchmesser. **Vor allem bei Abhitzekesseln für verhältnismäßig reine Gase und reines Speisewasser empfehlen sich daher enge, versetzt angeordnete, von den Gasen senkrecht bespülte Rohre.**

Dadurch, daß bei gewissen Sonderkesseln, wie z. B. dem Loeffler- und Bensonkessel, der Rohrdurchmesser nur rd. halb so groß ist wie bei Kesseln normaler Bauart, wird die Wärmeübertragung immerhin fühlbar verbessert.

Was die Frage betrifft, ob bei Berechnung von Dampfkesseln α_1 mit Hilfe von Tafel 5, 6 oder 7 ermittelt werden soll, kann in Ergänzung der Ausführungen von S. 4 folgendes gesagt werden: Rein senkrechte bzw. rein parallele Gasströmung liegt in Wasserrohrkesseln selten vor. Man tut daher gut daran, zunächst an Hand der Zeichnung zu überlegen, ob sich die Gasströmung im Kessel mehr der senkrechten oder der parallelen nähert und danach den für die weiteren Berechnungen gewählten Wert von α_1 mehr dem aus Tafel 5 bzw. 6 oder dem aus Tafel 7 sich ergebenden annähern. Bei Schrägrohrkesseln überwiegt fast stets senkrechte Gasströmung, bei Steilrohrkesseln können die Verhältnisse sehr verschieden liegen, man wird aber der Wirklichkeit in vielen Fällen genügend nahe kommen, wenn man für α_1 den Mittelwert aus senkrechter und paralleler Gasströmung einsetzt. Lediglich im letzten Zug mancher Steilrohrkessel mit sehr langen Rohren herrscht ausgesprochene Parallelströmung vor, weshalb dort hohe Gasgeschwindigkeiten besonders vorteilhaft sind.

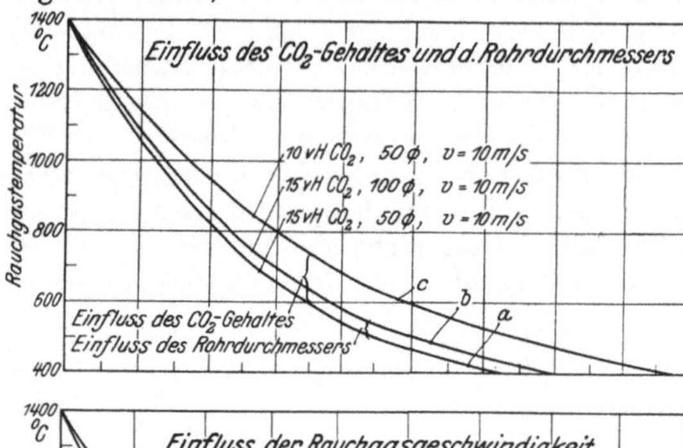

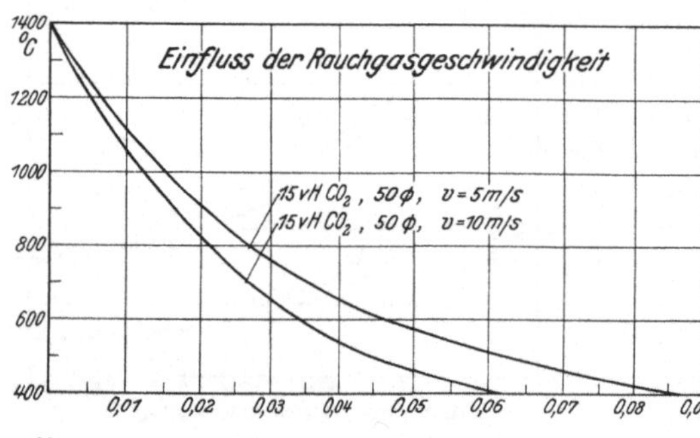

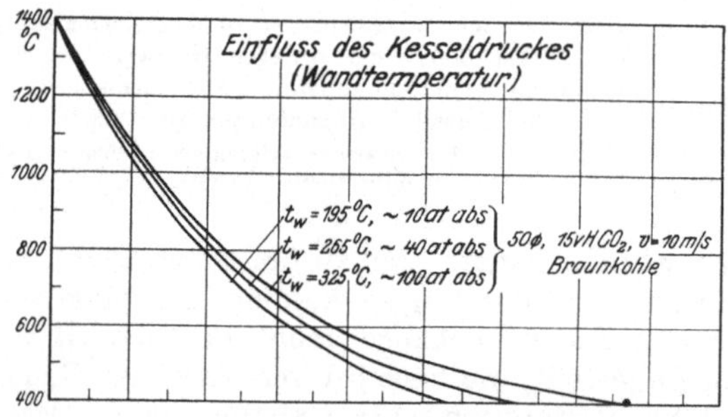

Abb. 58 bis 60. Einfluß von CO_2-Gehalt, Rohrdurchmesser, Rauchgasgeschwindigkeit und Kesseldruck auf die zur gleichen Gasabkühlung benötigte Kesselheizfläche. (Voraussetzung ist, daß kein Überhitzer eingebaut ist.)

In Abb. 58 bis 60 sind die untersuchten Einflüsse in ihrer Auswirkung auf die „Berührungsheizfläche" eines ganzen Kessels dargestellt. Als Brennstoff wurde Braunkohle von 2224 kcal/kg unterem Heizwert, als Anfangstemperatur 1400° C angenommen und die zur Abkühlung auf eine bestimmte Endtemperatur benötigte Heizfläche je 1 kg stündlich verbrannte Kohle ermittelt.

4. Einfluß der Rauchgasgeschwindigkeit und des CO_2-Gehaltes auf die Berührungsheizfläche. Nach Abb. 53 bis 56 liegen die k-Kurven bei hoher Geschwindigkeit um einen gewissen Betrag ziemlich annähernd parallel höher als bei kleiner. Die Rauchgasgeschwindigkeit ist nur von Einfluß auf α_B, während α_s unabhängig davon ist. Nach Abb. 60 ist unter sonst gleichen Verhältnissen bei 5 m/s Rauchgasgeschwindigkeit eine um 40 vH größere Heizfläche nötig als bei 10 m/s, wenn die auf dieselbe verbrannte Kohlenmenge entstehenden Rauchgase von 1400 auf 400°C abgekühlt werden sollen. Bei einer Abkühlung auf 800°C beträgt der Unterschied noch 30 vH. Der Einfluß der Rauchgasgeschwindigkeit auf die Wärmeaufnahme ist also sehr stark, ihm gegenüber tritt der Einfluß des Rohrdurchmessers zurück. Doch wäre bei Abkühlung von 1400 auf 400°C bei den in Abb. 59 gewählten Verhältnissen bei 100 mm äußerem Rohrdurchmesser immerhin eine um rd. 12 vH größere Heizfläche nötig als bei 50 mm, Kurven a und b in Abb. 59. Dieselbe Abbildung zeigt auch den Einfluß des CO_2-Gehaltes der Rauchgase unter der Voraussetzung gleicher Rauchgasgeschwindigkeit, Kurven a und c. Er ist sehr beträchtlich, denn bei Abkühlung von 1400 auf 400°C braucht man unter sonst gleichen Verhältnissen bei 10 vH CO_2-Gehalt eine um rd. 40 vH größere Heizfläche als bei 15 vH. Dabei ist allerdings zu beachten, daß auch eine rd. 35 vH größere Wärmemenge übertragen wird. In Wirklichkeit macht sich verschiedener CO_2-Gehalt etwas anders geltend, weil bei höherem CO_2-Gehalt die Rauchgasmengen, also auch die Geschwindigkeiten kleiner, dafür aber die Anfangstemperaturen höher werden.

5. Einfluß des Kesseldruckes auf die Berührungsheizfläche. Mit zunehmendem Druck geht im Bereiche tiefer Rauchgastemperaturen die mittlere Temperaturdifferenz zwischen Rauchgasen und Heizfläche merklich zurück. Daher ist z. B. bei 100 at Dampfspannung und Abkühlung der Rauchgase von 1400 auf 400°C eine um rd. 40 vH größere Kesselheizfläche nötig als bei 10 at, Abb. 58. In der Praxis mildert der Überhitzer den Unterschied. Außerdem würde man bei 100 at Druck die Abgastemperatur am Kesselende zweckmäßigerweise höher wählen. Abb. 61 zeigt, um wieviel vH unter den

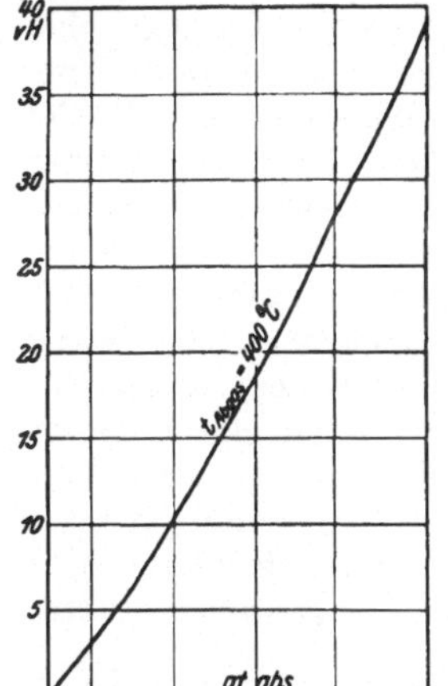

Abb. 61. Verhältnismäßige Vergrößerung der Kesselheizfläche bei höherem Kesseldruck zum Erreichen desselben Kesselwirkungsgrades bei 1400° C Eintrittstemperatur und 400° C Austrittstemperatur der Rauchgase. (Voraussetzung ist, daß kein Überhitzer eingebaut ist.)

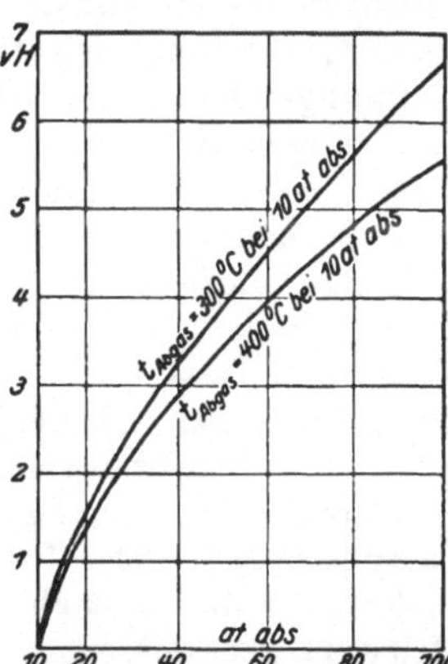

Abb. 62. Einbuße an Wirkungsgrad infolge höheren Kesseldruckes bei derselben Kesselheizfläche und 1400°C Eintrittstemperatur und 400° C bzw. 300° C Austrittstemperatur der Rauchgase bei 10 at abs. (Voraussetzung ist, daß kein Überhitzer eingebaut ist.)

vorausgesetzten Verhältnissen die sogenannte „Berührungsheizfläche" vergrößert werden muß, um bei höheren Drücken als 10 at dieselbe Abgastemperatur (400° C) zu erzielen. Abb. 62 gibt an, um wieviel der Wirkungsgrad von Kesseln ohne Überhitzer bei konstanter Kesselheizfläche fällt, wenn der Druck über 10 at abs. steigt, und wenn bei 10at abs. die Abgastemperatur 300 bzw. 400° C betrug.

Für die „Berührungsheizfläche" von Kesseln können demnach folgende Schlüsse gezogen werden:

1. Die übertragene Wärme wächst infolge der Gasstrahlung mit zunehmender Rauchgastemperatur unter sonst gleichen Verhältnissen stark an. Hohe Gasgeschwindigkeit hat daher im Gebiet hoher Gastemperaturen weniger Bedeutung als bei Temperaturen unter rd. 500° C.

2. Bei demselben Gasdurchgangsquerschnitt zwischen den Wasserrohren ist die übertragene Wärmemenge bei kleinem äußeren Durchmesser größer als bei großem.

3. Versetzt angeordnete Rohre sind bei senkrechter Gasströmung für den Wärmeübergang vorteilhaft.

4. Die Rauchgase von heizwertarmen Braunkohlen haben bei höheren Temperaturen

günstigere Eigenschaften für den Wärmeübergang an die Heizfläche als die von hochwertigen Steinkohlen.

5. Rauchgase von hohem CO_2-Gehalt geben im Gebiet hoher Temperaturen unter sonst gleichen Verhältnissen eine merklich höhere Wärmedurchgangszahl als solche von niederem.

6. Bei Abkühlung der Rauchgase durch Verdampfungsheizflächen unter etwa 600° C macht sich hoher Dampfdruck auf die benötigte „Berührungsheizfläche" bereits stark bemerkbar.

d) Das Verhalten ganzer Kessel.

1. Unterer und oberer Heizwert (Verbrennungswärme). Wenn 1 kg Brennstoff unter konstantem Druck oder konstantem Volumen (der Unterschied ist bei Kohlen sehr klein) mit trockener Luft restlos verbrannt wird, und wenn die Verbrennungsprodukte wieder auf die Ausgangstemperatur (Raumtemperatur oder 0° C) abgekühlt werden, entsteht eine für ihn charakteristische Wärmemenge, seine sogenannte **Verbrennungswärme.** Bei Brennstoffen, die frei von Wasserstoff und Wasser sind, z. B. CO oder reinem Kohlenstoff, ist dieser Wert ganz eindeutig bestimmt. Ist dagegen einer dieser beiden Bestandteile in dem Brennstoff enthalten, so fällt die entwickelte Wärme z. B. je nach der zugeführten Luftmenge etwas verschieden aus, weil bei viel überschüssiger Luft ein gewisser Teil des bei der Verbrennung gebildeten Wassers dampfförmig bleibt und daher den seiner Verdampfungswärme entsprechenden Betrag absorbiert, was je kg dampfförmiges Verbrennungswasser rd. 600 kcal ausmacht. Die größte, bei vollkommen verlustloser Verbrennung mögliche Wärmemenge entsteht also, wenn die Verbrennungsprodukte so tief abgekühlt werden, daß das gesamte Verbrennungswasser flüssig ausfällt, die kleinste, wenn das gesamte Verbrennungswasser dampfförmig bleibt. Die diesen beiden Fällen entsprechende Verbrennungswärme wird in der Technik meist **oberer Heizwert** bzw. nach Abzug der Verdampfungswärme **unterer Heizwert** genannt.

Zweifellos ist der obere Heizwert physikalisch der einwandfreiere Begriff. Schon der Umstand, daß trotzdem in Deutschland und auch in einigen anderen Ländern beide Größen nebeneinander verwendet werden, zeigt aber, daß jeder von ihnen Vorzüge und Nachteile hat, die besonders bei Dampfkesselfeuerungen in Erscheinung treten. Um Korrosionen und unwirtschaftlich große Heizflächen zu vermeiden, werden nämlich die Abgase von Dampfkesselfeuerungen nicht unter die Temperatur abgekühlt, bei der das Verbrennungswasser ausfällt, man bleibt von ihr vielmehr erheblich entfernt. Infolgedessen würde derselbe Dampfkessel bei Abkühlung der Rauchgase auf dieselbe Austrittstemperatur, z. B. 200° C, einen ganz verschiedenen Wirkungsgrad geben, wenn er einmal mit einem an Wasser und Wasserstoff armen Brennstoff, das andere Mal mit dem Gegenteil davon beheizt werden würde. Die Unterschiede werden besonders groß bei deutschen heizwertarmen Rohbraunkohlen, die 50 bis 60 vH Wasser enthalten. Rechnete man bei ihnen den Wirkungsgrad mit dem oberen Heizwert, so könnte leicht ein falsches Bild von der Güte des Kessels entstehen, besonders wenn keine näheren Angaben über den Brennstoff gemacht wurden. Selbst beim Rechnen mit dem unteren Heizwert schneidet ein mit stark wasserhaltigen Brennstoffen befeuerter Kessel noch immer ungünstiger ab, da, wie in Abb. 57 gezeigt wurde, vor allem Menge und auch spezifische Wärme der Rauchgase bei gleicher Wärmeleistung, beim selben Luftüberschuß und derselben Temperatur größer sind. Auf der anderen Seite wird bei Benutzung des unteren Heizwertes aber stillschweigend ein ziemlich willkürlicher und je nach der Kohle wechselnder Abzug von der aus ihr herausholbaren Wärmemenge gemacht, wodurch in anderer Beziehung Fehlschlüsse möglich sind, und wodurch man sich verleiten lassen könnte, einen Zustand als unabänderlich und selbstverständlich anzusehen, der es schließlich nicht zu sein braucht. Man stelle sich z. B. einmal vor, welche Folgen es für die Dampferzeugung hätte, wenn es gelänge, den Wassergehalt feuchter Brennstoffe auf eine neuartige, sehr billige Weise stark zu erniedrigen. Derartige sehr erwünschte Bestrebungen werden aber zweifellos begünstigt, wenn einem der durch das Verbrennungswasser entstehende Verlust immer wieder vor Augen geführt wird. In Deutschland wird auch bei Wärmebilanzen noch vorwiegend vom unteren Heizwert ausgegangen im Gegensatz zu Amerika, wo allerdings Braunkohle bisher lange nicht die Bedeutung

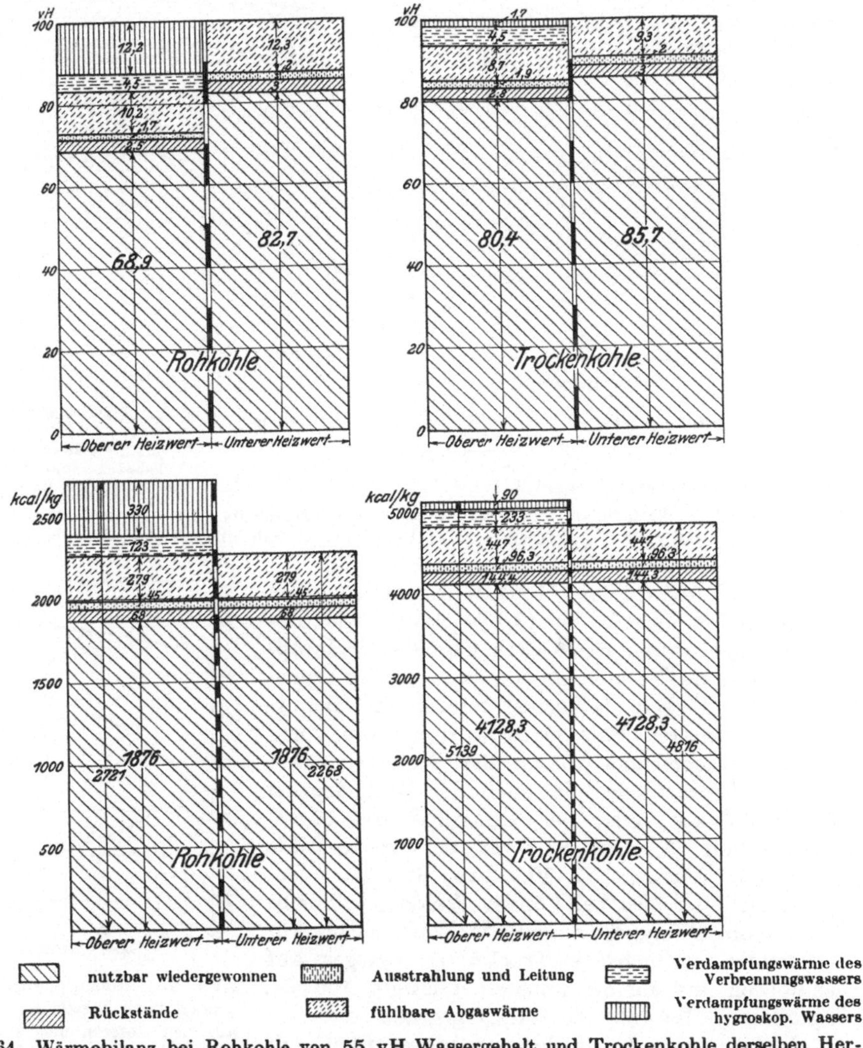

Abb. 63 und 64. Wärmebilanz bei Rohkohle von 55 vH Wassergehalt und Trockenkohle derselben Herkunft von 15 vH Wassergehalt bei gleicher Temperatur (210° C) und gleichem CO_2-Gehalt der Abgase (15 vH), sowie bei gleichem Restglied.

wie bei uns hat. Die diesem Buche beigehefteten Rechentafeln dagegen mußten aus den auf S. 14 angegebenen Gründen auf den unteren Heizwert aufgebaut werden.

Abb. 63 bis 67 sollen für dasselbe Ausgangsprodukt, nämlich mitteldeutsche Braunkohle, recht sinnfällig die Unterschiede zeigen, die entstehen, je nachdem mit welchem Heizwert gerechnet wird.

In Abb. 63 und 64 ist für Rohbraunkohle von 55 vH Wassergehalt und aus ihr hergestellter Trockenkohle von 15 vH Wassergehalt die Wärmebilanz unter Benutzung des oberen und des unteren Heizwertes dargestellt unter der Voraussetzung, daß die Abgase den Kessel mit derselben Temperatur (210° C) und demselben CO_2-Gehalt (15 vH) verlassen und daß der prozentuale Anteil der Verluste in den Rückständen

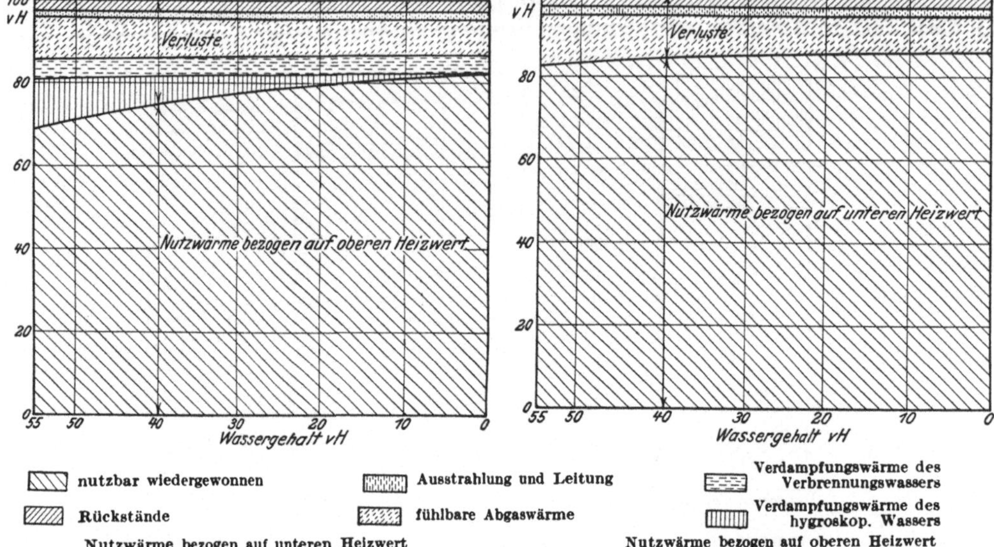

nutzbar wiedergewonnen	Ausstrahlung und Leitung	Verdampfungswärme des Verbrennungswassers
Rückstände	fühlbare Abgaswärme	Verdampfungswärme des hygroskop. Wassers
Nutzwärme bezogen auf unteren Heizwert		Nutzwärme bezogen auf oberen Heizwert

Abb. 65 und 66. Wärmebilanz bei Braunkohle derselben Herkunft aber von verschiedenem Wassergehalt bei 210° C Abgastemperatur, 15 vH CO_2-Gehalt und gleichem Restglied.

und durch Ausstrahlung und Wärmeableitung in beiden Fällen derselbe ist (3 bzw. 2 vH). Bei Benutzung des oberen Heizwertes wird die Verdampfungswärme des Verbrennungswassers und des hygroskopischen Wassers als Verlust gebucht, bei Benutzung des unteren Heizwertes wird sie von vornherein abgezogen und tritt in der Rechnung daher nicht in Erscheinung. Je nach der Rechnungsart ist der Wirkungsgrad bei Rohkohle von 55 vH Wassergehalt 68,9 bzw. 82,7 vH, bei Trockenkohle von 15 vH Wassergehalt 80,4 bzw. 85,7 vH. Der Unterschied ist also bei hohem Wassergehalt sehr groß. Abb. 65 und 66 zeigen die Wärmebilanz für verschieden weitgehende Trocknung, bezogen auf den oberen und auf den unteren Heizwert, Abb. 67, in größerem Maßstabe die Wirkungsgrade.

Insbesondere bei Kohlenstaubfeuerungen mit Vortrocknung der Kohle vor der Mahlung werden oft der Heizwert und die übrigen Konstanten bei einem anderen Wassergehalt benötigt. Bezeichnen:

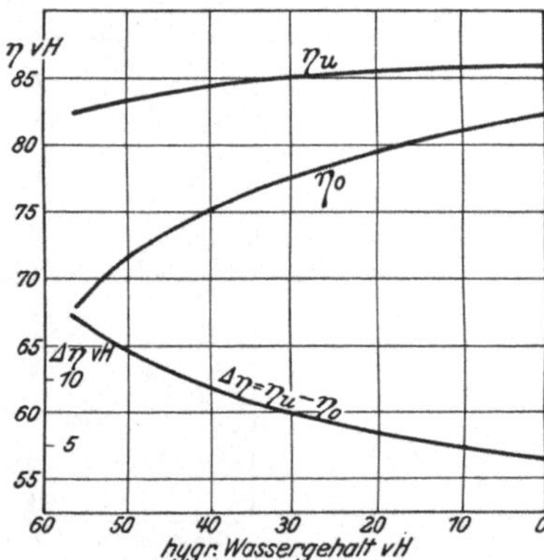

Abb. 67. Abhängigkeit des Wirkungsgrades eines Kessels η_u und η_o bezogen auf den unteren und oberen Heizwert und der Differenz beider vom Wassergehalt einer Kohle bei gleicher Abgastemperatur (210° C).

$\mathfrak{H}_{u_1}$ = unterer Heizwert der Kohle vor der Trocknung in kcal/kg,

$\mathfrak{H}_{u_2}$ = unterer Heizwert der Kohle nach der Trocknung in kcal/kg,

C_1, H_1, S_1, O_1, N_1 = Gehalt an Kohlenstoff usw. vor der Trocknung in vH,

C_2, H_2, S_2, O_2, N_2 = Gehalt an Kohlenstoff usw. nach der Trocknung in vH,

w_{H1} = Wassergehalt der Kohle vor der Trocknung in vH,

w_{H2} = Wassergehalt der Kohle nach der Trocknung in vH,

Zahlentafel 4. Umrechnung von Kohlen-Heizwerten und -Analysen einer mitteldeutschen Braunkohle.

					a	b	c auf 55 vH Wassergehalt umgerechnet	d auf 15 vH Wassergehalt umgerechnet	e Wasserfreie Kohle	f Reinkohle
1	Fall									
2	Zustand der Kohle				Rohkohle	Probe in Bombe				
3	Gehalt an: C . . . . vH				28,38	48,72	27,56	52,07	61,28	69,42
4	„ H . . . . vH				2,35	4,03	2,28	4,31	5,07	5,75
5	„ S . . . . vH				1,25	2,14	1,22	2,30	2,70	3,06
6	„ O . . . . vH				8,62	14,77	8,38	15,83	18,61	21,09
7	„ N . . . . vH				0,28	0,48	0,27	0,51	0,61	0,68
8	„ Wasser . . . . vH	w_H			53,68	20,54	55,00	15,00	0,00	0,00
9	„ Asche . . . . vH				5,44	9,32	5,29	9,98	11,73	0,00
10	Summe . . . . vH				100,00	100,00	100,00	100,00	100,00	100,00
11	wasserfreie Substanz $(100 - w_H)$ . . . . vH	s_W			46,32	79,46	45,00	85,00	100	100
12	Reinsubstanz $(C + H + S + O + N)$ . . . . vH	s_R			40,88	70,14	39,71	75,02	88,27	100
13	Wärmeentwicklung i. d. Bombe . . . . kcal/kg					4853				
14	„ auf jeweiligen Wassergehalt umgerechnet = $\dfrac{4853}{79,46} \cdot s_W$ . . . . kcal/kg				2829	4853	2748	5190	6107	$\left(6107 \cdot \dfrac{100}{88,27}\right) = 6919$
15	Wasser auf 1 kg Kohle: hygroskopisch . . . . . . kg	w_H			0,537	0,205	0,550	0,150	0,000	0,000
16	„ Verbrennungsw. $w_v = 9 \cdot \dfrac{H}{100}$ kg	w_v			0,211	0,363	0,205	0,388	0,457	0,517
17	Summe $= w_H + w$ . . . . kg	w			0,748	0,568	0,755	0,538	0,457	0,517
18	Korrektur für Wasserdampf $= 600 \cdot (w_H + w_v)$. kcal/kg				449	341	453	323	274	310
19	„ „ Schwefelsäure $= 2220 \cdot \dfrac{S}{100}$ . . kcal/kg				28	48	27	51	60	68
20	Summe . . . . kcal/kg				477	389	480	374	334	378
21	unterer Heizwert (Pos. 14—20) . . . . . . kcal/kg	H_u			2352	4464	2268	4816	5773	6541
22	oberer Heizwert (Pos. 14—19) . . . . . . kcal/kg	H_o			2801	4805	2721	5139	6047	6851

so gelten für die Umrechnung folgende Formeln:

$$C_2, H_2, S_2, O_2, N_2 = C_1, H_1, S_1, O_1, N_1 \cdot \frac{100 - w_{H2}}{100 - w_{H1}}, \tag{38}$$

$$\mathfrak{H}_{u_2} = \frac{\mathfrak{H}_{u_1}(100 - w_{H2}) + 600\,(w_{H1} - w_{H2})}{100 - w_{H1}}. \tag{39}$$

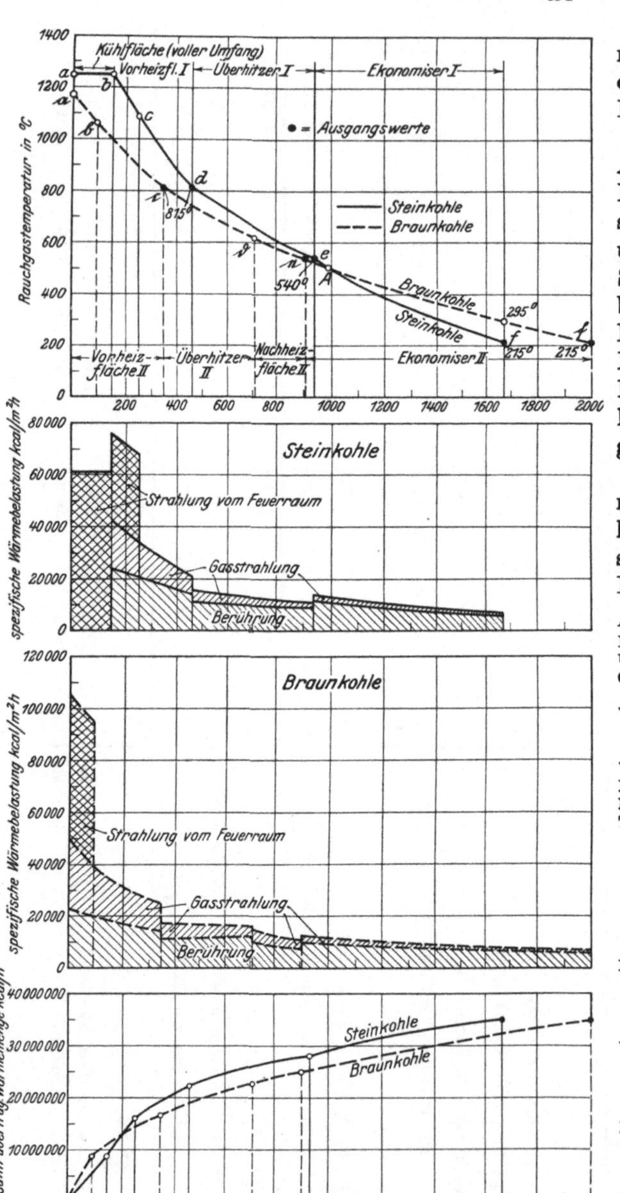

In Zahlentafel 4 ist die Umrechnung an einem Beispiel für die in Abb. 63 bis 67 behandelte Rohbraunkohle gezeigt.

2. Einfluß des Brennstoffes. Abb. 68 bis 71 zeigen, welche Heizflächen zur Erzielung derselben Dampfmenge, Überhitzung und Abgastemperatur (215°) bei Steinkohle und bei Braunkohle bei 13,5 vH CO_2-Gehalt der Rauchgase nötig sind. Beim Braunkohlenkessel wurde eine Rostfeuerung, beim Steinkohlenkessel eine Staubfeuerung angenommen.

Zur Unterbringung der Feuerungen muß der Braunkohlenkessel etwa 39 Rohrreihen breit sein gegenüber 34 bei Steinkohle. Dadurch und infolge der bei

Ausgangswerte:

Brennstoff	Steinkohle	Rohbraunkohle
Unterer Heizwert	6926	2224 kcal/kg
CO_2-Gehalt der Rauch-gase	13,5	13,5 vH
Verlust durch Strah-lung, Wärmeleituug und Unverbranntes	4,5	4,5 vH
Wirkungsgrad	85,7	82 vH
Dampferzeugung	47	47 t/h
Kesseldruck	40	40 atabs.
Temperaturen:		
Rauchgase: Feuer-raum	1250	1170° C
vor Überhitzer	815	815° C
hinter Ekonomiser	215	215° C
Speisewasser vor Ekonomiser	50	50° C
Überhitzter Dampf	450	450° C
Rohrteilung:		
Kessel	175	190 mm
Überhitzer	100	108 mm
Ekonomiser	85	85 mm
Äußerer Rohrdurch-messer:		
Kessel	75	75 mm
Überhitzer	42	42 mm
Ekonomiser	45	45 mm
Rohranordnung:		
Kessel	fluchtend	fluchtend
Überhitzer	,,	,,
Ekonomiser	,,	,,
Mittlere Rauchgas-geschwindigkeiten:		
Kessel	6,6	7,0
Überhitzer	8,0	8,6
Ekonomiser	6,8	7,2

Abb. 68 bis 71. Einfluß des Brennstoffes auf die zum Erreichen derselben Abgastemperatur benötigte Heizfläche.

Braunkohle größeren Rohrteilung (190 mm gegenüber 175 mm) sind auch die Rauchgasquerschnitte um rd. 30 vH größer. Da aber, wie auf S. 75 gezeigt wurde, auch das Rauchgasvolumen für dieselbe von den Heizflächen aufgenommene Wärmemenge bei Braunkohle um 30 bis 40 vH steigt, liegen die Rauchgasgeschwindigkeiten bei ihr durchweg um rd. 7 vH höher. Die Feuerraumtemperatur wurde bei Steinkohle zu 1250° C, bei Braunkohle zu 1170° C vorausgesetzt und danach Größe und Kühlfläche des Feuerraumes errechnet. Während bei Steinkohle außer der bestrahlten Kesselheizfläche noch besondere Kühlfläche nötig ist, ist dies bei Braunkohle nicht der Fall. Der Ekonomiser wurde bei Braunkohle so bemessen, daß gerade die Sättigungstemperatur erreicht wird (sogenannter Integralekonomiser). Da bei ihr die Rauchgase den Überhitzer mit 620° C verlassen, ist noch eine gewisse Nachheizfläche nötig im Gegensatz zum Steinkohlenkessel, wo sie unzweckmäßig wäre.

Nach Abb. 68 bis 71 würden beim selben Gesamtaufwand an Heizfläche die Rauchgase von Rohbraunkohle nur auf 295 gegenüber 215° C bei Steinkohle abgekühlt werden, bzw. zum Erreichen derselben Abgastemperatur ist eine um rd. 330 m² größere Gesamtheizfläche nötig. Aber auch bei derselben Abgastemperatur von 215° C und demselben Restglied ist der Wirkungsgrad, bezogen auf den unteren Heizwert, bei den beiden Kohlensorten nicht gleich, weil die Verbrennungsprodukte der Braunkohle bei derselben Temperatur eine erheblich größere Eigenwärme haben, wodurch ein größerer Abgasverlust entsteht. Nach 985 m² Heizfläche sind zwar die Rauchgase in beiden Fällen auf 505° C abgekühlt, Punkt A in Abb. 68, wie aber Abb. 71 zeigt, sind bei Braunkohle dabei erst rd. 74 vH der insgesamt zu übertragenden Wärmemenge an das Wasser bzw. den Dampf übergegangen gegenüber 82 vH bei Steinkohle. Die bei derselben Gastemperatur von 1 m² Heizfläche aufgenommene Wärmemenge ist aus den weiter oben angegebenen Gründen bei Braunkohle durchweg größer. Muß die Schornsteinhöhe bei Braunkohle wegen der Flugaschenbelästigung höher gemacht werden, als es zur Erzielung der erforderlichen Zugstärke nötig wäre, so ließe sich wohl zuweilen durch größere Rauchgasgeschwindigkeiten merklich an Heizfläche sparen.

Die Kühlfläche wurde in Abb. 68 bis 71 mit ihrem vollen Umfang eingesetzt, indem man von der Annahme ausging, sie bestehe aus nackten, glatten, vor der feuerfesten Ausmauerung angeordneten Rohren. Wie auf S. 93 noch gezeigt wird, ist die Wärmeleistung bestrahlter Heizflächen, wenn man sie auf den vollen Umfang der Rohre bezieht, nicht sehr groß. Die manchmal genannten hohen Werte sind nämlich meist stillschweigend auf die projizierte Fläche bezogen. Am höchsten belastet wird vor allem bei Sektionalkesseln die erste und zweite Rohrreihe des eigentlichen Kessels sein, da bei ihr zu der vom Feuer eingestrahlten noch die Wärme hinzukommt, welche die vorüberströmenden Gase abgeben. Da bei der Steinkohlenfeuerung die kalten Flächen aus der eigentlichen Kühlfläche und aus den vom Feuer bestrahlten Rohrreihen des Kessels, bei Braunkohle nur aus letzteren bestehen, erklärt sich die trotz der tieferen Temperaturen erheblich höhere (auf den vollen Rohrumfang bezogene) spezifische Wärmebelastung bei Braunkohle, Abb. 69 und 70. Letzten Endes sind natürlich die Anlagekosten bezogen auf die mit einer bestimmten Rohroberfläche erreichte Wärmeaufnahme maßgebend, und aus diesem Grunde ist es für Wirtschaftlichkeitsrechnungen vielfach richtiger, nicht die projizierte, sondern die tatsächliche Oberfläche der Kühlflächen einzusetzen, wie es auch in Abb. 68 bis 71 geschehen ist.

3. **Einfluß der Vorheizfläche.** Abb. 72 und 73 zeigen die Verhältnisse bei verschiedener Belastung und Vorheizfläche des Kessels für einen konstanten CO_2-Gehalt der Rauchgase von 15 vH. In sämtlichen Fällen wurde ein konstanter Verlust durch Unverbranntes, Leitung und Strahlung vorausgesetzt. Im Falle I ist angenommen, daß die Rauchgase mit $t_{R_a} = 800°$ C, im Fall II mit $t_{R_a} = 1000°$ C bei 47 t/h Dampferzeugung in den Überhitzer eintreten. Diese Dampferzeugung entspricht einer ungefähren Heizflächenbelastung der Kessel von 40 kg/m²h. Bei derselben stündlichen Dampferzeugung wurde in beiden Fällen die Feuerraumtemperatur zu 1300° C und die Abgas-

temperatur zu 200°C gewählt. Nach Abb. 73 ist bei einer großen Vorheizfläche eine größere Gesamtheizfläche zur Erzielung desselben Kesselwirkungsgrades nötig, weil, verursacht durch den Überhitzer, das mittlere Temperaturgefälle kleiner ist. Die in dem untersuchten Belastungsbereich auftretenden Wirkungsgradsunterschiede sind aber mit Ausnahme kleiner Kesselbelastungen nicht nennenswert. Wird daher ein Kessel vorwiegend mit schwacher Belastung gefahren, so empfiehlt sich der besseren Wärmeausnutzung wegen eine kleinere Vorheizfläche. Ein weiteres wichtiges Ergebnis ist die Tatsache, daß die Überhitzung bei schwankender Last gleichmäßiger ist, wenn die Vorheizfläche klein ist. Diese Erscheinung ist darauf zurückzuführen, daß der Überhitzer bei den hohen Rauchgastemperaturen bereits zum Strahlungsüberhitzer zu werden

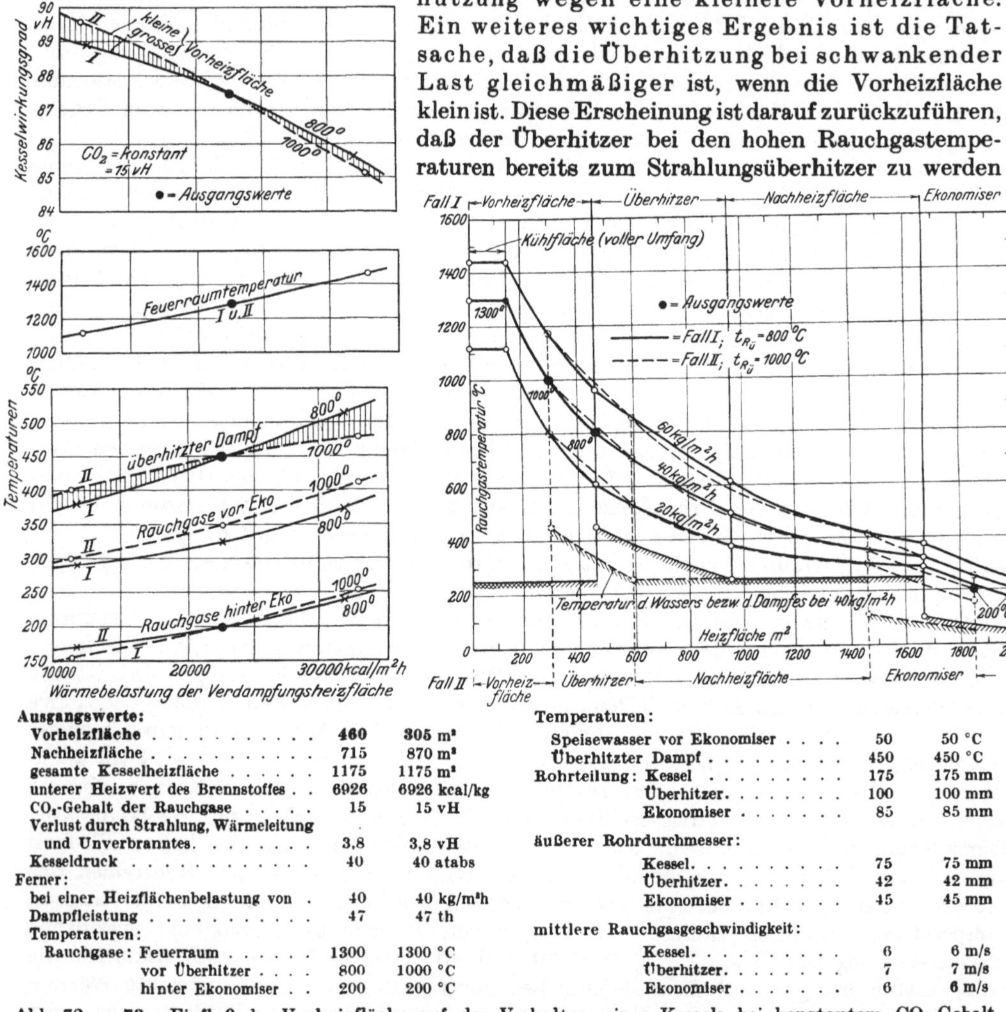

Ausgangswerte:

Vorheizfläche	460	305 m²
Nachheizfläche	715	870 m²
gesamte Kesselheizfläche	1175	1175 m²
unterer Heizwert des Brennstoffes	6926	6926 kcal/kg
CO_2-Gehalt der Rauchgase	15	15 vH
Verlust durch Strahlung, Wärmeleitung und Unverbranntes	3,8	3,8 vH
Kesseldruck	40	40 atabs

Ferner:

bei einer Heizflächenbelastung von	40	40 kg/m²h
Dampfleistung	47	47 th

Temperaturen:

Rauchgase: Feuerraum	1300	1300 °C
vor Überhitzer	800	1000 °C
hinter Ekonomiser	200	200 °C

Temperaturen:

Speisewasser vor Ekonomiser	50	50 °C
Überhitzter Dampf	450	450 °C
Rohrteilung: Kessel	175	175 mm
Überhitzer	100	100 mm
Ekonomiser	85	85 mm

äußerer Rohrdurchmesser:

Kessel	75	75 mm
Überhitzer	42	42 mm
Ekonomiser	45	45 mm

mittlere Rauchgasgeschwindigkeit:

Kessel	6	6 m/s
Überhitzer	7	7 m/s
Ekonomiser	6	6 m/s

Abb. 72 u. 73. Einfluß der Vorheizfläche auf das Verhalten eines Kessels bei konstantem CO_2-Gehalt.

beginnt (Gasstrahlung). Ein Strahlungsüberhitzer hat aber, wie noch auf S. 87 gezeigt wird, die umgekehrte Charakteristik wie ein Berührungsüberhitzer.

4. Einfluß des mit der Belastung veränderlichen CO_2-Gehaltes der Rauchgase. Im Gegensatz zu den Voraussetzungen von Abb. 72 und 73 fällt im praktischen Betrieb der Kohlensäuregehalt der Rauchgase mit abnehmender Belastung, was in den folgenden Bildern berücksichtigt ist. Auch hier wurde überall ein konstanter Verlust durch Unverbranntes, Leitung und Strahlung angenommen. In Abb. 74 ist im zweiten Abschnitt von oben angegeben, mit welchem Abfall des CO_2-Gehaltes bei fallender Belastung in Fall II gerechnet wurde. Zum Vergleich sind überall auch die Werte bei gleichbleibendem

CO_2-Gehalt eingetragen. Wie die obersten Kurven zeigen, wird der Kesselwirkungsgrad bei schwacher Belastung durch den fallenden Kohlensäuregehalt um nahezu 2 vH verschlechtert. Es wäre natürlich falsch, die Einbuße an Kesselwirkungsgrad infolge des fallenden CO_2-Gehaltes einfach dadurch zu berücksichtigen, daß man mit derselben Abgastemperatur den Abgasverlust auf Grund des niederen CO_2-Gehaltes errechnet, weil er sich außer im größeren Rauchgasgewicht auch durch geringere Anfangs- aber höhere Endtemperaturen der Rauchgase geltend macht.

Mit der Belastung zurückgehender CO_2-Gehalt hat insofern einen günstigen Einfluß, als er gleichmäßigere Überhitzung bewirkt. Die Vorwärmung des Speisewassers wird aus ähnlichen Gründen wie die Überhitzung durch den größeren CO_2-Gehalt erhöht. Unter den Verhältnissen von Abb. 74 ist dies ohne Nachteil, anders aber kann es besonders bei großen Rosten und minderwertigen Rohbraunkohlen werden, wenn der Ekonomiser schon bei gutem Feuer das Speisewasser hoch vorwärmt und wenn durch schlechte Feuerführung der CO_2-Gehalt bei hoher Kesselleistung stark sinkt, da dann im Ekonomiser unter Umständen Verdampfung eintritt.

5. Einfluß der Nachheizfläche. Besonders bei hochzubelastenden Kesseln geht man der größeren Billigkeit wegen immer mehr dazu über, die Nachheizfläche wegzulassen und durch einen entsprechenden Ekonomiser zu ersetzen. Es wurde daher angenommen, daß bei dem vorhin durchgerechneten Kessel mit absinkendem CO_2-Gehalt, Abb. 74, Fall II, Nachheizfläche und Ekonomiser durch einen so großen Ekonomiser ersetzt seien, daß sich bei mittlerer Last (rd. 47 t/h entsprechend rd. 40 kg/m³h beim Kessel mit Nachheizfläche) dieselbe Abgastemperatur und damit derselbe Wirkungsgrad ergeben, Abb. 75 und 76. Ohne Nachheizfläche braucht man erheblich weniger Gesamtheizfläche (rd. 24 vH). Es muß aber immer überlegt werden, ob bei Ersatz der Nachheizfläche durch Ekonomiserheizfläche keine

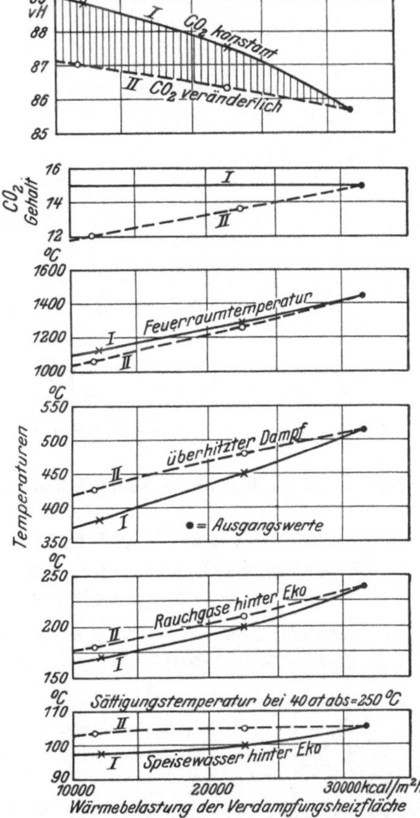

Abb. 74. Einfluß des mit der Belastung veränderlichen CO_2-Gehaltes auf das Verhalten eines Kessels[*] mit großer Vorheizfläche.

gefährliche Dampfbildung im Ekonomiser auftreten kann. Wie Abb. 76 zeigt, ist unter den Annahmen des Beispieles auch bei hoher Belastung die Wasseraustrittstemperatur von der Sättigungstemperatur noch reichlich entfernt, der Wegfall der Nachheizfläche also unbedenklich. In beiden Fällen ist die Temperatur des überhitzten Dampfes bei derselben stündlichen Dampfleistung dieselbe und auch der Verlauf des Kesselwirkungsgrades weist nur ganz unwesentliche Unterschiede auf.

6. Einfluß von Nachverbrennungen. Sofern Nachverbrennungen dazu führen, daß mit den Abgasen unverbrannte Gase in den Fuchs ziehen, können sie mit einer erheblichen Einbuße an Wirkungsgrad verbunden sein. Es gibt aber zahlreiche Kessel, besonders solche mit Braunkohlenfeuerungen, bei welchen die Kesselanlage mit gutem Wirkungsgrad arbeitet, obgleich sich die Verbrennung der Gase noch ziemlich weit in die Kesselzüge hinein erstreckt. Aber auch dann kann der Überhitzer unter Umständen sehr nachhaltig dadurch beeinflußt werden, daß die Verbrennung der Rauchgase bei Eintritt in die Kesselzüge noch nicht abgeschlossen ist.

---

[*] Fall I in Abb. 72 u. 73 und Fall I in Abb. 74 sind identisch.

In Abb. 77 wurde untersucht, wie sich die Verhältnisse ändern, wenn ein Teil der aus der Kohle ausgetriebenen brennbaren Gase, deren Wärmewert gleich 10 vH des Kohlenheizwertes ist, erst in der Vorheizfläche des Kessels verlustlos ausbrennt. Nach Abb. 77 wird der Kesselwirkungsgrad kaum verschlechtert, dagegen steigt die Dampf-

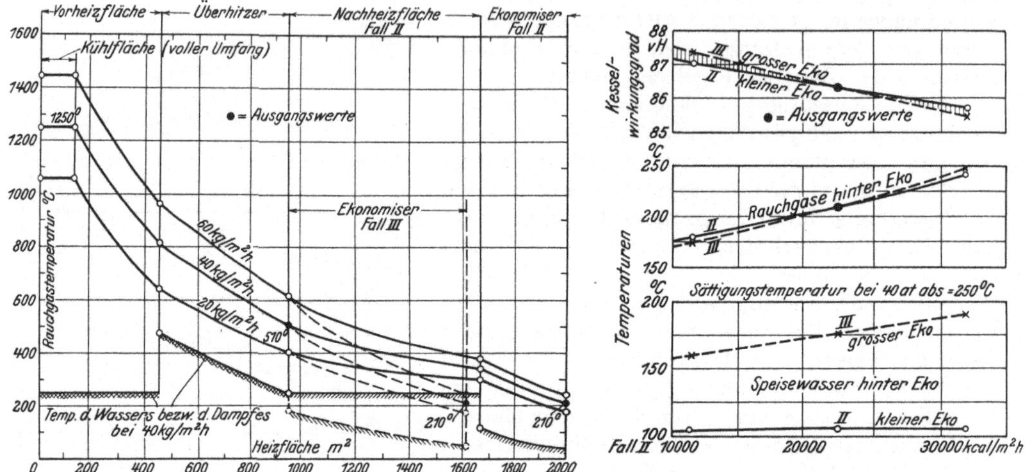

Abb. 75 und 76. Einfluß der Nachheizfläche auf das Verhalten eines Kessels bei veränderlichem CO_2-Gehalt[a].

temperatur von 450° C auf 522° C, also sehr stark an. Beide Erscheinungen werden durch praktische Erfahrungen bestätigt. Anders gestalten sich die Verhältnisse natürlich, wenn die in die Kesselzüge gelangten brennbaren Gase nicht mehr restlos ausbrennen können, da dann außer zu hoher Überhitzung noch entsprechende Wärmeverluste auftreten.

In letzter Zeit häufen sich die Fälle, in welchen Überhitzer zu klein bemessen wurden. Die Firmen berufen sich dabei manchmal darauf, daß in bereits ausgeführten ähnlichen Anlagen die gewählte Größe richtig war. Soweit nicht grundsätzliche Fehler vorliegen, ist die Ursache der ungenügenden Überhitzung wohl öfter die, daß bei den älteren Anlagen Nachverbrennungen in der Heizfläche stattfanden, die bei der neuen Anlage infolge verbesserter Roste, größerer Feuerräume usw., sich nicht mehr einstellten.

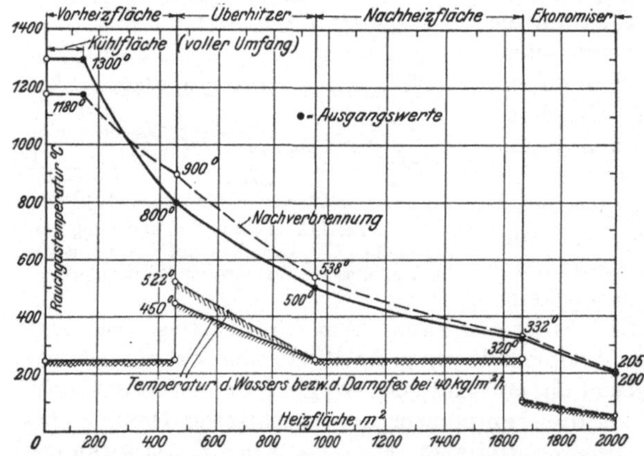

Abb. 77. Einfluß von verlustloser Nachverbrennung auf Überhitzung und Wirkungsgrad eines Kessels.

7. Berührungsüberhitzer und Strahlungsüberhitzer. Nach Abb. 74 steigt bei Berührungsüberhitzern die Überhitzung mit wachsender Kesselbelastung in Bestätigung praktischer Erfahrungen ziemlich stark an. Dies wird besonders von Elektrizitätswerken überaus unangenehm empfunden, weil sie mit so hohen Frischdampftemperaturen arbeiten, daß eine wesentliche Steigerung über die gewünschte Dampftemperatur hinaus vermieden werden muß, wenn die Turbine nicht gefährdet werden soll. Es bleibt dann

---

[a] Fall II in Abb. 74 und **Fall II** in Abb. 75 u. 76 sind identisch.

nichts übrig, als den Überhitzer so auszulegen, daß er bei der Spitzenleistung des Kessels
die eben noch zulässige Überhitzung gibt. Bei fallender Kesselbelastung muß man sich
mit einem Rückgang der Dampftemperatur abfinden. Da aber die Kessel verhältnismäßig selten mit ihrer Spitze fahren, bedeutet die fallende Überhitzung eine fühlbare
Einbuße an Wirtschaftlichkeit, weil der Wärme-
verbrauch von 1 kWh mit fallender Überhitzung
schnell wächst. Außerdem kann die Dampffeuchtigkeit in den Niederdruckstufen der Turbinen
so groß werden, daß die Beschaufelung vorzeitig
schadhaft wird, ganz abgesehen davon, daß Tem-
peraturschwankungen infolge wechselnder Überhitzung bei dem heutigen engen Spiel zwischen
Rotor und Gehäuse sehr unerwünscht sind. Da
die Regelung der Überhitzung durch Rauchgasklappen bisher befriedigend nicht geglückt ist,
werden zuweilen Heißdampfregler verwendet, die
durch Wärmeabgabe des überhitzten Dampfes an
das Kesselwasser oder durch Einspritzen von
Wasser in den überhitzten Dampf eine gewisse
Beeinflussung der Dampftemperatur gestatten.
Sie sind aber ziemlich teuer, verwickeln die Anlage und haben, soweit es sich um Einspritzregler
handelt, den Nachteil, daß bei nicht ganz reinem
Wasser die Turbinen verschmutzen.

Die Amerikaner haben deshalb schon seit
mehreren Jahren den ganzen Überhitzer oder
einen Teil davon in den Feuerraum gelegt und
so ausgebildet, daß er der vollen Hitze der
Flamme widerstehen kann. Dies bringt auch eine

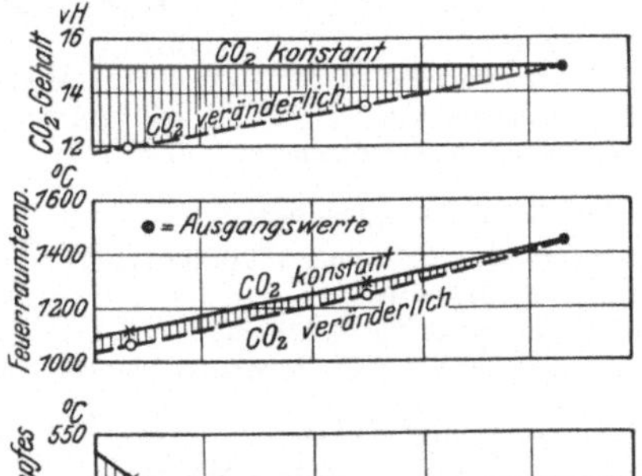
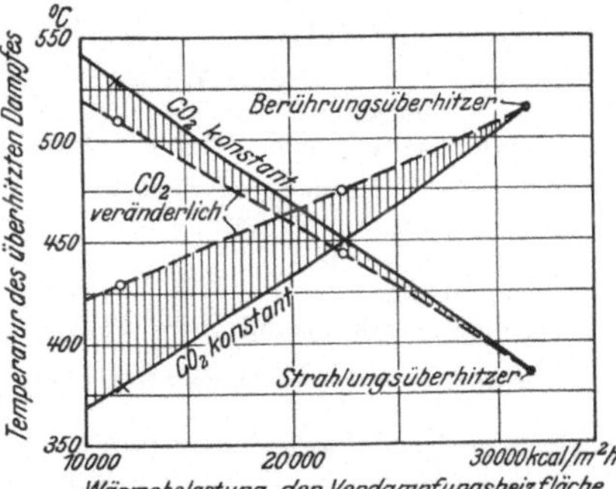
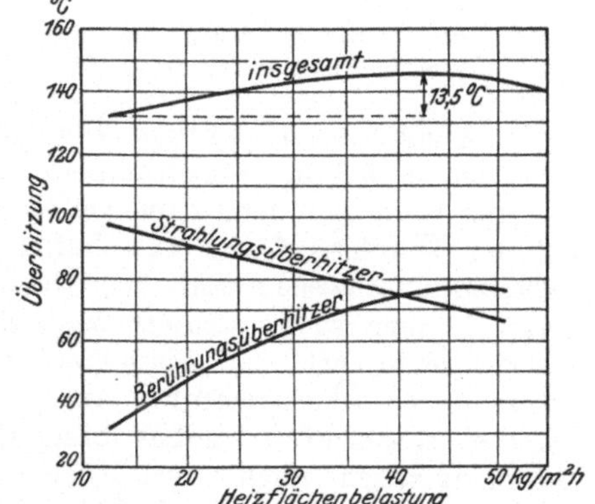

Abb. 78. Verhalten von Strahlungs- und von
Berührungsüberhitzern bei verschiedener Kesselbelastung und konstanten und veränderlichem CO_2-Gehalt der Rauchgase.

Vereinfachung im Aufbau des Kessels. Abb. 78 zeigt, wie sich bei wechselnder Belastung
die Dampftemperatur bei Strahlungsüberhitzern ändert, je nachdem, ob gleichbleibender
oder mit der Belastung abnehmender CO_2-Ge-
halt der Rauchgase vorausgesetzt ist. Ein Vergleich mit den für dieselben Verhältnisse Abb. 74
entnommenen Kurven eines Berührungsüber-
hitzers zeigt die sehr bemerkenswerte Tatsache,
daß die Überhitzung bei Strahlungsüberhitzern im Gegensatz zu Berührungsüberhitzern mit steigender Kesselbelastung abnimmt. Auch dies wird nach
Abb. 79 durch die Praxis voll bestätigt. Der
Grund ist darin zu suchen, daß die Feuerraumtemperatur lange nicht in dem Maße mit der
Belastung wächst, als es nötig wäre, um die der
Belastung proportionale Dampfmenge um einen
konstanten Betrag überhitzen zu können. Eine
zweite wichtige Lehre von Abb. 78 ist,
daß bei Strahlungsüberhitzern die
Überhitzung viel weniger davon beein-
flußt wird, ob mit gutem CO_2-Gehalt gearbeitet wird oder nicht. Durch
Hintereinanderschalten von Berührungsüberhitzer und Strahlungsüberhitzer ist es möglich, über einen weiten Bereich eine nahezu gleichbleibende Überhitzung zu erzielen,
Abb. 79, wenigstens solange der Strahlungsüberhitzer frei von Aschenansätzen bleibt.

Abb. 79. Überhitzung bei einem amerikanischen Kessel mit hintereinander geschalteten
Berührungs- und Strahlungsüberhitzern.

Beispiel 29: Gesucht ist die Heizfläche eines Strahlungsüberhitzers für eine Kohlenstaubfeuerung mit folgenden Verhältnissen:

Ausgangswerte:

Feuerraum: Kantenlänge . . . . 6 m	Dampfdruck . . . . 40 at abs.
Belastung . . . . . 160000 kcal/m³h	Temperatur: Sattdampf . . . . 250° C
Kühlziffer ψ 0,3	Heißdampf . . . . . . 450° C
Unterer Heizwert der Kohle $\mathfrak{H}_u$. 6926 kcal/kg	Luft . . . . 20° C
Stündl. Kohlenmenge . . . . . . 5770 kg/h	Verdampfungsziffer . . . . 8,15 kcal/kg
Wassergehalt des Sattdampfes . . 0 vH.	CO_2-Gehalt . . . . 15 vH.

Aus Tafel 18 ergibt sich:

Flammenvolumenbelastung 160000 · 1,166 . . . . rd. 185000 kcal/m³h

Feuerraumtemperatur . . . . 1300° C

Rauchgasmenge je kg Kohle aus Tafel 1 ($\lambda = 1,25$) . . . . 9,65 Nm³/kg

Wärmeinhalt von 1 Nm³ Rauchgas bei 1300° C aus Tafel 2 . . . . 468 kcal/Nm³

Je 1 kg verbrannte Kohle:

Dem Feuerraum zugeführte Wärme . . . . 6926 kcal/kg

Aus dem Feuerraum in den Rauchgasen weggeführte Wärme = 9,65 · 468 . . . 4520 kcal/kg

Im Feuerraum an „kalte Flächen" durch Strahlung übertragene Wärme . . . . 2406 kcal/kg

Projizierte „kalte Flächen" im Feuerraum = 6 · 6² · 0,3 . . . . 65 m²

Wärmeinhalt: Überhitzter Dampf . . . . 795 kcal/kg

Sattdampf . . . . 667 kcal/kg

Überhitzungswärme . . . . 128 kcal/kg

Wärmeaufnahme des Überhitzers = 5770 · 8,15 · 128 . . . . 6030000 kcal/h

Wärmebelastung von 1 m² projizierter „kalter Fläche" = $\dfrac{2406 \cdot 5770}{65}$ . . . . 214000 kcal/m²h

Erforderliche Überhitzerheizfläche (projiziert gerechnet) = $\dfrac{6030000}{214000}$ · . . . . 28,2 m².

Diese Rechnung ist insofern nicht ganz richtig, als Tafel 18 mit einer Temperatur der kalten Flächen von 230° C gerechnet ist, während die Temperatur des Strahlungsüberhitzers im Mittel $\dfrac{450 + 250}{2}$ + rd. 30° = rd. 380° C ist. Da die durch Strahlung übertragene Wärme proportional der Differenz der vierten Potenzen der absoluten Temperaturen zweier Flächen ist, wäre die Umrechnungszahl ungefähr:

$$\frac{(1300 + 273)^4 - (230 + 273)^4}{(1300 + 273)^4 - (380 + 273)^4} = 1,02 \, .$$

Die Korrektur ist so klein, daß sie um so mehr vernachlässigt werden kann, als man mit Rücksicht auf allmähliche Verschmutzung die Heizfläche des Überhitzers ohnehin etwas größer als die errechnete machen wird.

8. Abhilfe bei unrichtiger Überhitzung. Häufig werden Überhitzer zu reichlich bemessen, so daß die Dampftemperatur unter Umständen erheblich höher als gewünscht ist. Man sollte sich dann zunächst so zu helfen suchen, daß man durch Abdecken einen Teil der Überhitzerfläche ausschaltet oder einen Teil der Rauchgase am Überhitzer vorbeileitet. Zuweilen kann aber die Überhitzung so hoch steigen oder Überhitzer und Kessel können so konstruiert sein, daß nichts übrig bleibt, als eine Anzahl Überhitzerrohre zu entfernen. Manchmal wird zwar dadurch, daß man einen Teil des Überhitzers durch Überströmrohre kurz schließt und nicht allen Dampf durch die Überhitzerrohre schickt, scheinbar billig der gewünschte Erfolg erreicht. Doch geschieht dies nicht selten lediglich auf Kosten der Lebensdauer der Überhitzerrohre, da der sie durchströmende Dampf noch höher als vorher überhitzt wird, und da hierdurch und infolge der verringerten Dampfgeschwindigkeit die Rohre eine unzulässig hohe Temperatur annehmen können.

Bei einer Verkleinerung der Überhitzerheizfläche muß die Dampfströmung durch den Überhitzer unter Umständen etwas geändert werden, damit nicht infolge zu hoher Dampfgeschwindigkeit ein unzulässiger Spannungsabfall eintritt. Das folgende Beispiel zeigt, wie die erforderliche Verkleinerung der Überhitzerheizfläche errechnet werden kann.

Beispiel 80: Berechnung der Verkleinerung eines Überhitzers bei zu hoher Dampftemperatur.

Bei einem Kessel war auf Grund folgender Verhältnisse die Heizfläche des Überhitzers zu 830 m² gewählt worden:

Stündl. Dampfmenge	40 t/h	CO_2-Gehalt im Überhitzer	14,5 vH
Dampfdruck	22,5 at abs.	Rohrdurchmesser im Überhitzer	32/38 mm
Dampftemperatur	425° C	Wirkungsgrad des Kessels	82 vH
Speisewassertemperatur	145° C	Unterer Heizwert der Kohle $\mathfrak{H}_u$	6800 kcal/kg.

Es zeigte sich, daß statt der gewünschten 425° C die Temperatur 470° C betrug und es fragt sich, um wieviel der Überhitzer etwa verkleinert werden muß, um die vorgeschriebene Temperatur zu erzielen. Die Rauchgastemperatur vor Überhitzer konnte nicht genau bestimmt werden, muß aber auf Grund vorgenommener Messungen zwischen 800° C und 900° C liegen. Infolgedessen wird die Berechnung für diese beiden Grenzfälle durchgeführt, wobei der Einfachheit wegen angenommen wird, daß sich der Kesselwirkungsgrad durch die Verkleinerung des Überhitzers nicht fühlbar verschlechtern soll.

Dampftemperatur	425	470 °C	Speisewassertemperatur	145	145° C
Wärmeinhalt des: Frischdampfes	787	810 kcal/kg	Erzeugungswärme des Dampfes	642	665 kcal/kg
Sattdampfes			Stündl. Kohlenmenge	4600	4760 kg/h
(2 vH Wasser)	660	660 kcal/kg	Verdampfungsziffer	8,7	8,4
Überhitzungswärme	127	150 kcal/kg	Rauchgasmenge pro kg Kohle	9,8	9,8 Nm³/kg

a) Rauchgastemperatur vor Überhitzer angenommen zu 800   800° C.

Dann ist nach Tafel 13, Beispiel 17, S. 30:

Rauchgastemperatur hinter Überhitzer 480   433° C

Δt_m im Überhitzer 315   270° C.

Wenn Index 1 die Verhältnisse bei zu hoher, Index 2 bei richtiger Überhitzung bezeichnet, so ist, da k als konstant vorausgesetzt wird:

$$\frac{F_2}{F_1} = \frac{\Delta t_{m1} \cdot Q_2}{\Delta t_{m2} \cdot Q_1}$$

richtige Überhitzerfläche $F_2 = F_1 \dfrac{\Delta t_{m1} \cdot Q_2}{\Delta t_{m2} \cdot Q_1} = 830 \dfrac{270 \cdot 127}{315 \cdot 150}$ . . . . 604 m².

b) Rauchgastemperatur vor Überhitzer angenommen zu 900   900° C.

Dann ist nach Tafel 13, Beispiel 17, S. 30:

Rauchgastemperatur hinter Überhitzer 580   533° C

Δt_m im Überhitzer 419   371° C

richtige Überhitzerheizfläche $F_2 = F_1 \dfrac{\Delta t_{m1} \cdot Q_2}{\Delta t_{m2} \cdot Q_1} = 830 \dfrac{371 \cdot 127}{419 \cdot 150}$ . . . . 624 m².

Man sieht also, daß es für die Entscheidung, um wieviel der Überhitzer etwa verkleinert werden muß, von keinem wesentlichen Einfluß ist, ob die Temperatur vor Rauchgasüberhitzer um 50° C zu tief oder zu hoch angenommen wird. Innerhalb dieses Bereiches wird man aber in vielen Fällen die tatsächliche Rauchgastemperatur mit einer einfachen Messung festlegen können. Von großer Wichtigkeit ist es dagegen, daß die tatsächliche Überhitzungstemperatur (470° C) einwandfrei gemessen wurde. Nach der Rechnung müßte also der Überhitzer um etwa 830 — 614 = 216 m² verkleinert werden. Tatsächlich wird eine Verkleinerung um rd. 180 m² schon ausreichen, weil durch Entfernen der Rohrschlangen die Rauchgasgeschwindigkeit erniedrigt wird und auch die Menge und die Temperatur der Rauchgase etwas abnimmt, so daß die Voraussetzung eines gleichbleibenden k also nicht ganz richtig war. Immerhin genügt die einfache Berechnung vollkommen zur Bestimmung der erforderlichen Verkleinerung der Überhitzerheizfläche.

Wurde die Überhitzerheizfläche zu klein bemessen (siehe auch S. 86), so kann zunächst versucht werden, durch Erhöhung der Rauchgasgeschwindigkeit im Überhitzer oder durch intensivere Bespülung der Überhitzerschlangen eine Steigerung der Überhitzung zu erzielen. Auch durch geeignete Abdeckung oder Verkleinerung der Vorheizfläche kann Besserung geschaffen werden. Im allgemeinen lassen sich aber dadurch nur verhältnismäßig geringe Temperatursteigerungen erreichen. Liegt die Überhitzung beträchtlich unter dem vorgeschriebenen Wert, so kann nur eine Vergrößerung des Überhitzers Abhilfe bringen.

Folgender ziemlich verwickelter Fall, der wegen der Konstruktion des Überhitzers und des Mangels an vollständigen Versuchsergebnissen der Berechnung zunächst große Schwierigkeiten entgegenzustellen schien, zeigt, wie sich die Ursache ungenügender Überhitzung und die zu ihrer Abhilfe erforderlichen Maßnahmen feststellen lassen. Der Kessel in Abb. 80 ist durch die nachstehenden Werte gekennzeichnet:

Dampfdruck . . . .   31 at abs.
Dampferzeugung: normal . . . .   31,5 t/h
            dauernd maximal . . . .   38,7 t/h
            vorübergehend maximal . . . .   45,0 t/h
Eintrittstemperatur des Speisewassers . . . .   110° C
Vorgeschriebene Dampftemperatur . . . .   410° C
Unterer Heizwert der Kohle . . . .   rd. 7100 kcal/kg
Rostfläche . . . .   36 m²
Heizflächen: Gesamte Kesselheizfläche . . . .   900 m²
            Vorheizfläche . . . .   407 m²
            Überhitzer . . . .   500 m² .
            Ekonomiser . . . .   1620 m²

     Eine Untersuchung hatte folgende Ergebnisse:

Dampferzeugung . . . .   41,2 t/h
Heißdampftemperatur . . . .   382° C
CO₂-Gehalt hinter Ekonomiser . . . .   11,8 vH
       im Feuerraum (geschätzt) . . . .   12,5 vH
Temperatur der Rauchgase:
    Vor der ersten Wasserrohrreihe bei Normallast mit dem optischen
      Pyrometer gemessen (mittlere Feuerraumtemperatur) . . . . .   1120° C
    Hinter Kessel bei 41,2 t/h Belastung . . . .   333° C
    Hinter Kessel bei 31,5 t/h (geschätzt) . . . .   310° C.

Die Kesselfirma hoffte durch Abmauern der beiden untersten Rohrreihen des Kessels unterhalb der Zugscheidewand die Temperatur der in den Kessel bzw. den Überhitzer eintretenden Rauchgase um den zum Erreichen von 410° C Dampftemperatur erforderlichen Betrag erhöhen zu können. Da es sich um die Änderung von 4 Kesseln, also um recht bedeutende Kosten handelte, mußte sorgfältig geprüft werden, ob diese Änderung Aussicht auf Erfolg verspricht und man ohne Vergrößerung des Überhitzers auskommen kann. Schließlich konnte auch der Sattdampf unzulässig feucht sein, was gleichfalls geklärt werden mußte, weil dann die Überhitzer und auch die Dampfturbinen schnell verschlammen können.

Die zahlenmäßige Durchführung der Berechnung kann, da sie in früheren Beispielen eingehend behandelt wurde, hier übergangen werden. Grundlegender Gedanke

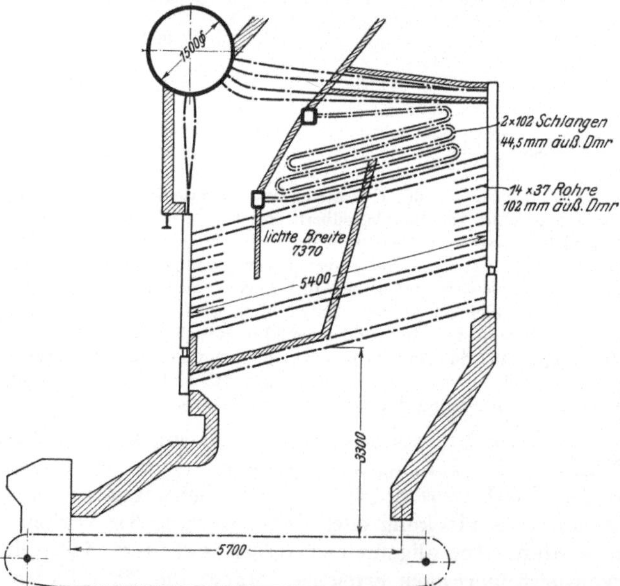

Abb. 80. Schema eines Kessels mit ungenügender Überhitzung.

der Untersuchung war, für den in Frage kommenden Bereich der Rauchgastemperatur am Eintritt in die Kesselheizfläche (mittlere Feuerraumtemperatur) die Rauchgastemperaturen vor und hinter Überhitzer zu ermitteln. Mit ihrer Hilfe ließ sich dann die auf Grund der Größe und konstruktiven Ausbildung des Überhitzers erreichbare Wärmedurchgangszahl k errechnen und mit dem Wert vergleichen, der vorhanden sein muß, wenn bei einer bestimmten Dampffeuchtigkeit eine Überhitzung auf 410° C erreicht werden soll. Abb. 81 zeigt die dampfseitige Schaltung des Überhitzers, der weder in reinem Gleichstrom, noch in reinem Gegenstrom arbeitet. Die Schwierigkeiten der rechnerischen Erfassung werden noch dadurch erhöht, daß die vorgeschriebene Dampftemperatur von 410° C zum Teil etwas höher liegt als die mittlere Rauchgastemperatur hinter Überhitzer. Es wurde daher in Abb. 82 bis 84 mit dem Mittelwert von k bei Gleichstrom- und bei Gegenstromschaltung gerechnet. In Abb. 82 ist für 2 vH Dampffeuchtigkeit das erforderliche k auch bei Gleichstrom und Gegenstrom eingezeichnet, in Abb. 83 und 84 ist nur noch der Mittelwert aus Gleich- und Gegenstrom aufgenommen. Abb. 82 zeigt, daß innerhalb des in Frage kommenden Bereiches der Rauchgastemperatur vor 1. Rohrreihe (1110 bis 1150°) die tatsächlich erreichbare Wärmedurchgangszahl k weit kleiner ist als sie zum Erzielen der vorgeschriebenen Überhitzung

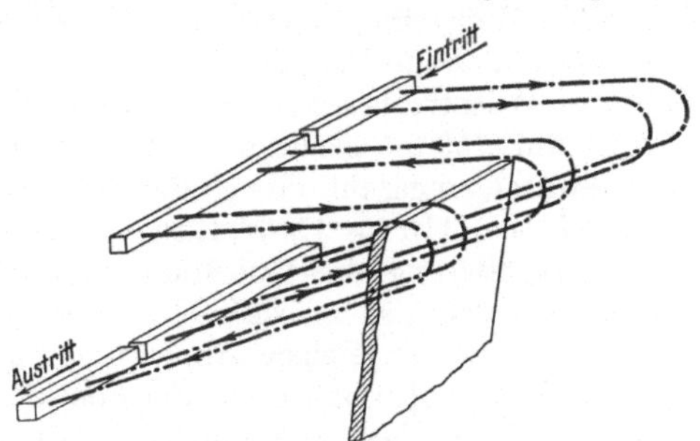

Abb. 81. Dampfseitige Schaltung des Überhitzers zu dem in Abb. 80 dargestellten Kessel.

sein müßte. Um zu kontrollieren, ob die gemessene Temperatur der Rauchgase am Eintritt in den Kessel von 1120° C kein Zufallswert ist, wurde sie aus der Temperatur am Kesselende rückwärts errechnet. Sie ergab sich unter Annahme einer Dampf-

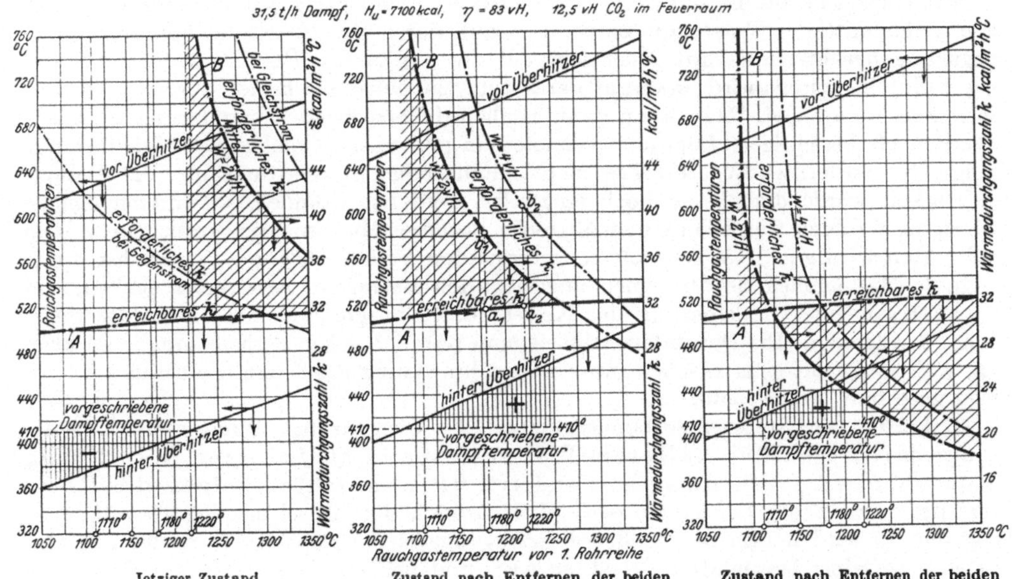

Abb. 82 bis 84. Untersuchung des in Abb. 80 und 81 dargestellten Überhitzers.

feuchtigkeit von 2 vH zu 1110° C, von 4 vH zu 1150° C, stimmt also mit dem gemessenen Werte gut überein. Durch Abdecken der beiden untersten Rohrreihen unterhalb der Zugscheidewand würde die mittlere Feuerraumtemperatur um rd. 70° C erhöht, also bei 2 vH Dampffeuchtigkeit 1180° C, bei 4 vH Dampffeuchtigkeit 1220° C betragen. Nach Abb. 82 ist auch in diesem Temperaturbereich, wie der Abstand zwischen den Kurven A und B zeigt, die erreichbare Wärmedurchgangszahl viel zu klein.

Das Abdecken der untersten beiden Wasserrohrreihen kann daher nicht die erforderliche Wirkung erzielen. Herausnehmen der 2 Wasserrohrreihen vor Überhitzer erhöht die Rauchgastemperaturen vor und hinter ihm auf die in Abb. 83 angegebenen Werte. Aber auch dann bleibt noch ein beträchtlicher Abstand zwischen Kurve A und B, so daß auch dieses Mittel allein nicht zum Ziele führt. Selbst gleichzeitiges Abdecken der beiden untersten Rohrreihen reicht, wie die Strecken $a_1 b_1$, $a_2 b_2$ zeigen, nicht aus. In Abb. 84 sind schließlich die Verhältnisse für den Fall untersucht, daß nach Entfernen der beiden obersten Wasserrohrreihen der gewonnene Raum zum Vergrößern des Überhitzers von 500 m² auf 750 m² benutzt wird. Man sieht, daß dann erforderliche und erreichbare Wärmedurchgangzahl unter der Voraussetzung einer Dampfnässe von nicht mehr als 2 vH bei 1110 bis 1140° Rauchgastemperatur vor 1. Rohrreihe nahezu gleich sind. Eine Vergrößerung des Überhitzers und gleichzeitige Verkleinerung der Vorheizfläche des Kessels ist also unerläßlich. Wie Abb. 82 deutlich zeigt, besteht die grundsätzliche Schwäche der jetzigen Anordnung darin, daß die Rauchgase hinter Überhitzer fast dieselbe Temperatur haben wie der überhitzte Dampf. Ein wesentlicher Teil seiner Heizfläche ist daher fast wirkungslos. **Man kann daraus für den Einbau von Überhitzern die allgemeine Lehre ziehen, daß die Rauchgastemperatur überall womöglich höher als die Dampftemperatur sein sollte.** Andernfalls wird der Überhitzer unwirtschaftlich groß und es besteht die Gefahr, daß bei kleinen Abweichungen der tatsächlichen Betriebsverhältnisse von den der Überhitzerberechnung zugrunde gelegten die vorgeschriebene Überhitzung unter Umständen wesentlich unterschritten wird.

Mit Rücksicht auf die schwierige, zuverlässige, rechnerische und experimentelle Erfassung der mittleren Feuerraumtemperatur, auf deren Richtigkeit der benutzte Rechnungsgang beruht, sowie mit Rücksicht auf die eigenartige Überhitzerschaltung und andere Zufälligkeiten, wird man gut daran tun, zunächst die beiden obersten Wasserrohrreihen auszubauen. Man kann dann nämlich die errechnete Vergrößerung des Überhitzers noch berichtigen, falls je errechnete und gemessene Erhöhung der Überhitzung infolge der entfernten Wasserrohre nicht miteinander übereinstimmen. Die Dampffeuchtigkeit wurde deshalb so hoch eingesetzt, weil aus Gründen, auf die einzugehen hier zu weit führen würde, mit dem Mitreißen größerer Massermengen gerechnet werden muß. Man wird aber, wie es auch im vorliegenden Fall geschehen ist, zunächst durch geeignete Maßnahmen sie auf einen angemessenen Betrag zu verkleinern suchen, und erst dann an eine Verkleinerung der Kessel-, bzw. Vergrößerung der Überhitzerheizfläche herangehen. Die Dampffeuchtigkeit muß nämlich schon deshalb möglichst klein sein, weil sonst mit einer raschen inneren Verschmutzung des Überhitzers und der Turbinen gerechnet werden müßte.

9. Einfluß der Speisewassertemperatur auf die Überhitzung. Wird eine Kesselanlage mit wesentlich kälterem Wasser gespeist als bei ihrer Berechnung vorgesehen war, so kann neben anderen unerwünschten Folgen die Überhitzung unzulässig hoch steigen. Muß nämlich der Kessel dieselbe Dampfmenge hergeben, so wird infolge der größeren Erzeugungswärme mehr Kohle verbrannt, und es treten bei einer bestimmten Belastung mehr und heißere Gase in den Überhitzer ein als seiner Berechnung zugrunde gelegt wurde, wodurch die gleichbleibende Dampfmenge höher überhitzt wird. Abb. 85 zeigt, daß unter den Rechnungsannahmen eine Erniedrigung der Speisewassertemperatur um rd. 100° C bei gleichbleibender Dampferzeugung die Überhitzung um rd. 35° C erhöht. Insbesondere bei Kraftwerken mit Vorwärmung des Speisewassers durch Anzapfdampf der Turbinen kann es in der ersten Zeit nach Inbetriebsetzung vorkommen, daß nicht die endgültige Speisewassertemperatur erzielt wird, weil die Vorwärmeanlage noch nicht ganz in Ordnung oder das Personal noch nicht genügend eingearbeitet ist. Aber während dieser Periode ist zu hohe Überhitzung besonders unerwünscht, weil meist noch nicht erprobt werden konnte, welche Überhitzung die Turbinen ertragen. Man tut daher gut daran, bereits beim Entwurf eines Kessels Vorsorge zu treffen, daß durch Wegnahme einiger Zuglenkplatten oder durch andere einfache Mittel ein Teil der Rauchgase am Überhitzer vorbeigeleitet werden kann.

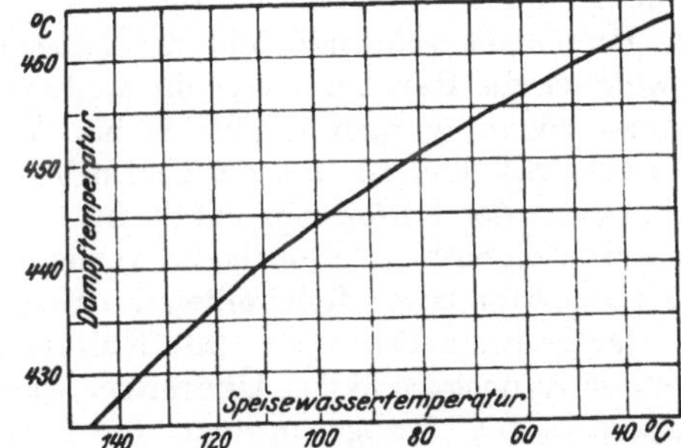

Feuerung:	Kohlenstaubfeuerung
Heizflächen:	
Kessel	1450 m²
Überhitzer	830 m²
Luftvorwärmer	3000 m²
Dampfdruck	23,5 at abs
CO_2-Gehalt der Rauchgase	13 vH
Unterer Heizwert der Kohle	6800 kcal/kg
Normale Speisewassertemperatur . .	145° C
Entsprechende Dampftemperatur . .	425° C
Dampferzeugung	50 t/h
Kesselwirkungsgrad	82 vH

Abb. 85. Abhängigkeit der Temperatur des überhitzten Dampfes von der Speisewassertemperatur bei konstanter Dampferzeugung und konstantem CO_2-Gehalt der Rauchgase.

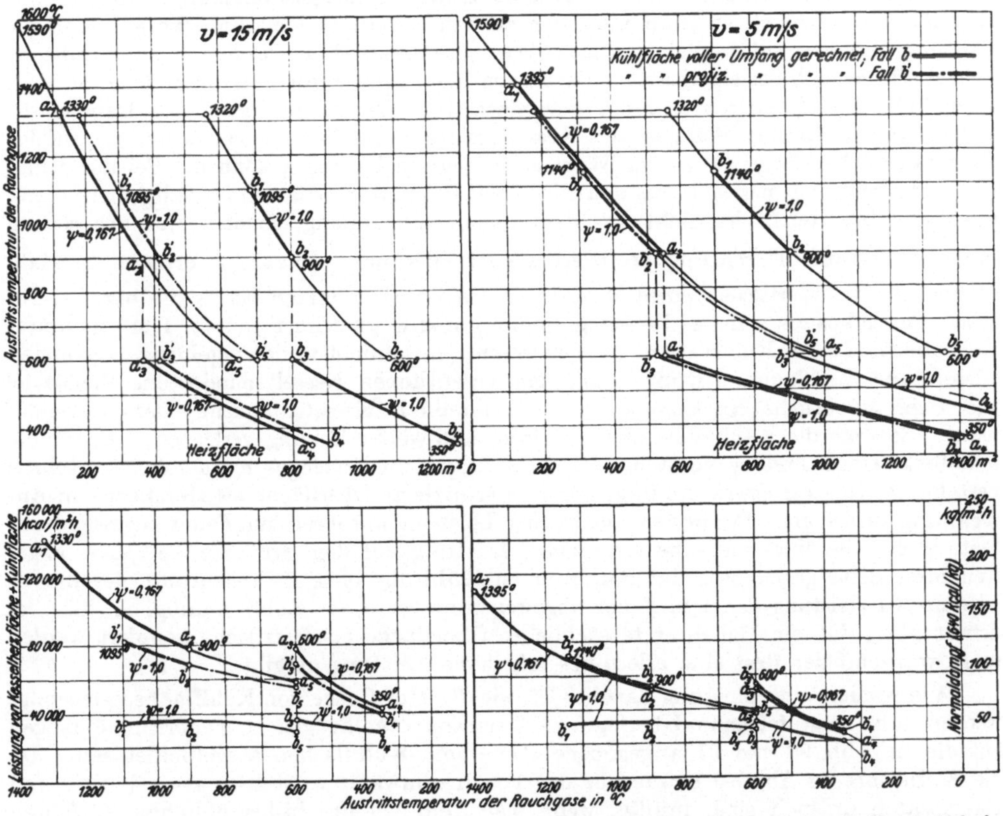

Abb. 86 bis 89. Heizflächenaufwand in m² und spezifische Heizflächenleistung in kcal/m²h bei Abkühlung der Rauchgase auf eine bestimmte Austrittstemperatur. Zugrunde gelegt ist eine Kohlenstaubfeuerung von 6 m Kantenlänge und 260 000 kcal/m³h Belastung mit einer Kühlziffer $\psi = 0,167$ und $\psi = 1,00$ (eine Seite und alle Seiten mit Kühlflächen belegt).

10. Höchstleistung ganzer Dampfkesselheizflächen.

Die weitgehende Auskleidung der Feuerräume mit Kühlflächen hat dazu geführt, daß die durch Ausnutzung der Flammenstrahlung erzielbare spezifische Leistungssteigerung der Kesselheizfläche, von der die Kühlflächen einen Bestandteil bilden, vielfach sehr überschätzt wird. Es werden nicht selten phantastische, angeblich erreichte Werte genannt, die einer kritischen Betrachtung nicht standhalten und viel Verwirrung anrichten. In Wirklichkeit liegen, wenn man von verfehlten Konstruktionen absieht, die Verhältnisse so, daß bei einer bestimmten Kühlziffer und einer bestimmten Rauchgasgeschwindigkeit die Leistung der Kesselheizfläche und die Temperatur, mit welcher die Rauchgase aus ihr austreten, verhältnismäßig eng zusammenhängen. Um dies zu zeigen, wurden in Abb. 86 bis 89 die Verhältnisse für einen Feuerraum von 6 m Kantenlänge und rd. 260000 kcal/m³h Belastung bei 5 und 15 m/s Geschwindigkeit der Gase in der Berührungsheizfläche untersucht. Es wurde angenommen, daß in Fall a keine eigentliche Kühlfläche vorhanden ist, die Strahlung des Feuers sich also nur auf die vordersten (zwei) Rohrreihen des Kessels auswirken kann ($\psi = 0,167$), und daß in Fall b der gesamte Feuerraum mit Kühlfläche ausgelegt ist ($\psi = 1,0$). Die Eintrittstemperatur der Rauchgase in den Überhitzer wurde zu 900° C, die Temperatur des überhitzten Dampfes zu 450° C angenommen. Die Feuerraumtemperatur beträgt dann in Fall a 1590° C, in Fall b 1320° C und die Rauchgastemperatur nach der zweiten Kesselrohrreihe bei $v = 15$ m/s 1330° C bzw. 1095° C. Wenn man nun die Leistung der für eine bestimmte Rauchgasabkühlung erforderlichen Heizfläche untersucht, so muß man sich zunächst darüber klar sein, worauf man die Leistung beziehen will, weil sich danach die einzusetzende Größe der Feuerraumkühlfläche richtet. Innerhalb der eigentlichen Berührungsheizfläche werden als Heizfläche die volle Oberfläche der Wasserrohre und alle übrigen von Wasser einerseits und Rauchgasen andererseits bespülten Flächen des Kesselkörpers betrachtet, selbst wenn sie infolge ihrer räumlichen Lage kaum zur Wärmeübertragung beitragen können. Bei der Kühlfläche dagegen hat man sich aus den wiederholt erörterten Gründen fast allgemein daran gewöhnt, ihre Heizfläche nicht aus dem vollen Rohrumfang, sondern nur aus seinem in die Feuerraumumgrenzung projizierten Wert, also nur $\frac{1}{\pi}$ davon, zu errechnen. Maßgebend für die Wertigkeit eines Maschinenteiles ist aber letzten Endes die bezogen auf seine Anlagekosten erzielte Leistung. Sehr günstig gerechnet kostet 1 m² gesamter Rohroberfläche des Kühlsystems im Feuerraum (einschließlich der zugehörigen Sammelkästen und Verbindungsleitungen mit dem eigentlichen Kessel) mindestens ebensoviel wie 1 m² eigentliche Kesselheizfläche (einschließlich Kesseltrommeln, Dampfsammler usw.). Solange die Kühlfläche aus einzelnen, mit weiter Teilung verlegten, frei vor die feuerfeste Ummantelung vorstehenden, also rings von Rauchgasen umgebenen Rohren besteht, ist es zwar etwas unbillig, nur ihre projizierte Oberfläche als Heizfläche in Anrechnung zu bringen. Der hohen spezifischen Leistung auf ihrer dem Feuer zugewendeten Seite steht allerdings nur eine sehr kleine Leistung auf dem größeren Teil ihrer abgewendeten Seite gegenüber. Ist Kühlrohr an Kühlrohr ohne Zwischenraum gereiht, so ist eine Nutzleistung der dem Feuer abgewendeten Seite der Rohre unmöglich, dies bedeutet aber, daß ein Teil ihrer tatsächlichen Oberfläche als Heizfläche geopfert werden muß, während der Rest eine allerdings sehr hohe Leistung hergibt.

Wie wichtig eine Einigung darüber ist, wie die Heizfläche von Kühlflächen errechnet werden soll, zeigt folgende Überlegung. Zwei sonst völlig gleiche Feuerräume mögen auf die in Abb. 90 und 91 angegebene Weise mit Kühlflächen ausgekleidet sein. Da die Kühlrohre in Abb. 90 etwas vor der Feuerraumwand vorstehen, also allseitig von Rauchgasen umspült sind, müßte, wenn man dem bei uns bisher üblichen Verfahren folgen wollte, ihre Heizfläche aus dem vollen Rohrumfang ermittelt werden. In Abb. 91 dagegen kommt natürlich nur die dem Feuer zugewendete Seite als Heizfläche in Betracht, weil auf der anderen ja keine Rauchgase sind. Nun ist, um die Schwierigkeiten sinnfällig zu zeigen, der Rohrabstand in Abb. 90 gleich dem Rohrumfang gewählt. Ständen Abb. 90, 91 und eine glatte, aus Metall bestehende Baileywand in Wettbewerb, so würde, wenn man als Heizfläche die tatsächliche von den Rauchgasen umgebene Rohroberfläche einsetzen würde, in Angeboten oder Veröffentlichungen in allen drei Fällen die Heizfläche der Kühlflächen als fast völlig gleich erscheinen. Insbesondere dann, wenn keine Zeichnung beiliegt, müßte bei dem Leser dadurch ein ganz falscher Eindruck von der Wertigkeit der drei Konstruktionen entstehen, und zwar sehr zugunsten der billigsten und unvollkommensten, nämlich der in Abb. 90 dargestellten.

Wie früher gezeigt wurde, S. 65, ist es richtig, für die Berechnung der Feuerraumstrahlung und -temperatur die Projektion der Feuerraumkühlflächen in die Seiten des Feuerraumquaders zu verwenden. Handelt es sich aber nur darum, die Größe einer Heizfläche anzugeben, so ist es an sich gleichgültig, wie die Angabe gemacht wird, sofern man eindeutig ersehen kann, ob sie projiziert oder mit dem vollen Umfang gerechnet ist. Beim Rechnen mit der projizierten Fläche muß man sich dann nur immer vor Augen halten, daß die hohe spezifische, durch die Flammenstrahlung bedingte Wärmemenge auch nur von diesem Teil und nicht von der vollen Rohrfläche aufgenommen wird. Es ist aber natürlich besser, immer möglichst einheitlich vorzugehen und daher im Hinblick auf die

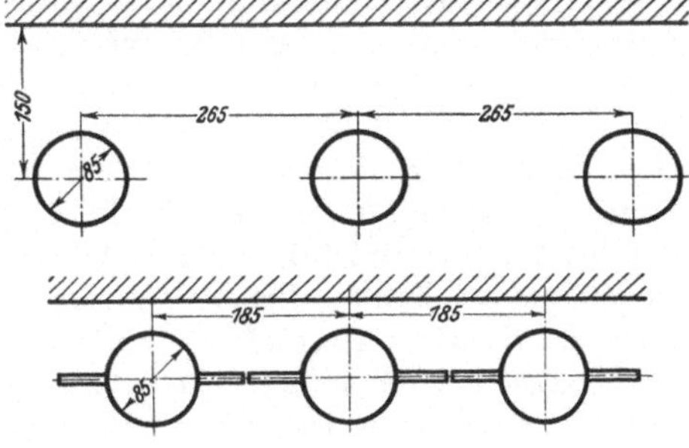

Abb. 90 und 91. Zweierlei Arten der Seitenwandkühlung von Feuerräumen.

wärmetechnische Berechnung von Feuerräumen zweckmäßig immer die projizierte Fläche von Kühlflächen anzugeben. Aus diesem Grunde dürfte sich folgender Vorschlag empfehlen:

Die Berührungsheizfläche von Kesseln wird stets nach dem vollen Umfang angegeben. Die eigentliche Strahlungsheizfläche, auch wenn sie aus einzelnen, mit Abstand voneinander angeordneten und vor den Feuerraumwänden vorstehenden Rohren besteht, soll projiziert angegeben werden, d. h. glatte runde Rohre haben eine Fläche gleich dem Produkt aus Durchmesser und tatsächlicher im Feuerraum liegender Länge; bei Flügelrohren ist an Stelle des Durchmessers die Breite von Außenkante bis Außenkante Flügel in Rechnung zu setzen. Wenn Kühlrohre mit Blöcken armiert sind (Bailey-Platten), so ist die ebene, der Flamme zugekehrte Fläche als Heizfläche einzusetzen.

Wie diese Heizflächen und der vom Feuerraum her bestrahlte Teil der Berührungsheizfläche zur Berechnung der Strahlung in die Seiten des Feuerraumquaders zu projizieren sind, ist auf S. 35 gesagt bzw. in Zahlentafel 1, S. 65, gezeigt und nur an Hand ausführlicher Zeichnungen des Feuerraumes möglich.

Bei dem Kessel bzw. Feuerraum in Abb. 20 und 21 wäre z. B.:

Rohrzahl von Kühlrost und Rückwandkühlung . . . . je 17
Äußerer Rohrdurchmesser von Kühlrost und Rückwandkühlung. . . . . 102 mm
Bestrahlte Länge der Kühlrostrohre . . . . 6100 mm
Bestrahlte Länge der Rückwandrohre. . . . . 4200 mm
Bestrahlte projizierte Fläche des Kühlrostes = rd. 6,1 · 17 · 0,102 . . . . 10,6 m²
Bestrahlte projizierte Fläche der Rückwandkühlung = rd. 4,2 · 17 · 0,102 . 7,3 m²
Bestrahlte projizierte Fläche des Kesselbündels = rd. 6,55 · 5,2 . . . . . rd. 34,0 m²
Gesamte „kalte Flächen" im Feuerraum . . . . 51,9 m²
Berührungsheizfläche des Kessels . . . . 1675 m²
Eigentliche Kühlflächen (Kühlrost und Rückwandkühlung) = 10,6 + 7,3 m² 17,9 m²
Gesamte Heizfläche von Kessel und Kühlflächen . . . . 1692,9 m²

Es kann aber trotzdem gelegentlich der Fall eintreten, daß es, wie z. B. bei Wirtschaftlichkeitsrechnungen, auf die tatsächliche gesamte Fläche ohne Rücksicht auf deren Leistung ankommt, dann kann es vorteilhafter sein, mit der aus dem vollen Umfang sich ergebenden Heizfläche zu rechnen. Dringend notwendig ist es jedenfalls, stets anzugeben, wie die Kühlfläche errechnet wurde.

In dieser Abhandlung ist, um Unklarheiten zu vermeiden, überall ausdrücklich gesagt, ob mit dem projizierten oder dem vollen Umfang der Kühlflächen gerechnet wurde. Daß dieser Punkt hier so stark betont wird, geschieht, um immer wieder auf seine Bedeutung hinzuweisen und Fehler zu vermeiden, die durch Unkenntnis dieser Zusammenhänge oder aus Unachtsamkeit nicht selten gemacht werden.

In Abb. 86 bis 89 sind die ausgezogenen Kurven mit dem ganzen, die strichpunktierten mit dem projizierten Umfang der Kühlfläche errechnet worden unter der Annahme, daß sie aus glatten Rohren besteht. Will man sich ein Bild von der Ausnutzung der Anlagekosten machen, so geht man am besten vom vollen Umfang der Kühlrohre aus. Dann wären also bei $v = 15$ m/s zur Abkühlung der Gase in Fall a bei einer Kühlziffer von $\psi = 0,167$ auf 1330° C, 120 m², Punkt a_1, in Fall b bei $\psi = 1,0$ auf 1095° C, 685 m² Heizfläche nötig, Punkt b_1. Für eine Abkühlung auf 900° C würden in Fall a, 366 m², Punkt a_2, in Fall b, 800 m², Punkt b_2, gebraucht. Auch bei tieferer Abkühlung ist der Heizflächenaufwand bei völliger Auskleidung des Feuerraumes mit Kühlflächen immer größer als in Fall a. Bei $v = 5$ m/s Rauchgasgeschwindigkeit liegen die Verhältnisse ähnlich. Kostet also 1 m² volle Rohroberfläche der Kühlflächen etwa ebensoviel wie 1 m² Kesselheizfläche und wird eine Seite des Feuerraumes von der Kesselheizfläche gebildet, so sind die Kosten der für eine bestimmte Abkühlung der Rauchgase erforderlichen Heizflächen bei völlig von Kühlflächen ummantelten Feuerräumen immer größer, als wenn lediglich eine Seite des Feuerraumes von „kalten Flächen" in Gestalt der vordersten Kesselheizfläche gebildet wird.

Das Bild ändert sich aber, wenn man lediglich die projizierte Oberfläche der Kühlrohre (Kühlfläche) als Heizfläche einsetzt. Bei sehr großer Gasgeschwindigkeit ($v = 15$ m/s) ist auch dann noch zur selben Gasabkühlung bei $\psi = 1$ etwas mehr Heizfläche als bei $\psi = 0,167$ nötig, z. B. bei Abkühlung auf 900° C in Fall a rd. 366 m², Punkt a_2, in Fall b' rd. 415 m², Punkt b_2'. Dagegen gilt bei 5 m/s Gasgeschwindigkeit das Umgekehrte, z. B. braucht man bei Abkühlung auf 900° C bei $\psi = 0,167$, Fall a, rd. 545 m², Punkt a_2, bei $\psi = 1,0$, Fall b', nur rd. 525 m², Punkt b_2'.

Abb. 86 bis 89 stellen, was die Auskleidung mit Kühlfläche betrifft, zwei Grenzwerte dar. Wie ich an anderer Stelle nachgewiesen habe[a], gibt es aber je nach der Größe und Belastung eines Feuerraumes, der Gasgeschwindigkeit in der Berührungsheizfläche und der Temperatur, mit der die Gase letztere verlassen, ein ganz bestimmtes Verhältnis $\dfrac{\text{kalte Flächen}}{\text{gesamte Kesselheizfläche}}$, bei dem die gesamte Kesselheizfläche (einschließlich der projizierten Kühlfläche) ein Mindestwert wird und das von Fall zu Fall errechnet werden kann. Je kleiner die Rauchgasgeschwindigkeit in der Berührungsheizfläche ist, um so stärker kommt der rein wärmetechnische Vorteil von Kühlflächen zur Geltung.

Die Annahme, weitgehende Verwendung von Kühlflächen sei vom finanziellen Standpunkt aus betrachtet verfehlt, wäre aber, wie bereits erwähnt wurde, falsch. Einmal läßt sich durch Sonderkonstruktionen, wie z. B. Flügelrohre, eine geschlossene Kühlfläche erheblich billiger als durch unmittelbar nebeneinander gereihte glatte Rohre herstellen. Zweitens fällt die teure und hohe Unterhaltungskosten verursachende feuerfeste Einmauerung durch die Kühlflächen ganz oder größtenteils weg. Drittens kann der Feuerraum erheblich höher belastet und dadurch der ganze Kessel besser ausgenutzt werden. Eine Feuerraumtemperatur von 1590° C, wie sie sich z. B. in Abb. 86 und 88 bei einer Kühlziffer von $\psi = 0,167$ ergab, wäre im praktischen Betrieb viel zu hoch. Schließlich, und dies ist mit der wichtigste Grund, ist infolge der kurzen Entwicklungszeit der Zusammenbau von Kessel und Kühlflächen noch sehr unorganisch, was u. a. gerade in den hohen Kosten der Kühlflächen zum Ausdruck kommt. Sehr beachtliche Versuche, durch geschicktere Konstruktion und neuartige Bauformen die bisherigen Mängel zu vermeiden, liegen bereits vor: bei Kesseln mit natürlichem Wasserumlauf z. B. im Dampfgenerator von Wood, bei Kesseln mit künstlichem Umlauf im Löffler- und Bensonkessel.

---

[a] *16*. S. 139.

Je nachdem, ob mit der vollen oder der projizierten Kühlfläche gerechnet wird, hängt die spezifische Leistung der Kesselheizfläche (einschließlich der Kühlfläche) etwa in der in Abb. 87 und 89 dargestellten Weise von der Austrittstemperatur der Rauchgase ab. Abb. 87 und 89 ermöglichen ein rasches Urteil darüber, welche höchsten Heizflächenbelastungen bei einer gegebenen Abgastemperatur etwa erreicht werden können. Daß bei $\psi = 1{,}0$ die spezifische Heizflächenleistung über einen weiten Temperaturbereich nahezu konstant ist, wenn der volle Umfang der Kühlrohre als Heizfläche eingesetzt wird, ist nach den vorangehenden Ausführungen leicht erklärlich. Abb. 86 bis 89 geben auch ein eindrucksvolles Bild von dem starken Einfluß hoher Rauchgasgeschwindigkeit auf die spezifische Leistung von Kesselheizflächen.

Bailey[a] strebt in seinen neuesten Konstruktionen möglichst hohe Feuerraumtemperaturen an, um im Verein mit sehr heißer Verbrennungsluft und starker Wirbelung der Flammen recht hohe spezifische Feuerraumleistungen zu erzielen und die Schlacke flüssig abziehen zu können. Diese Bestrebungen sind, wie vorstehende Untersuchungen zeigen, auch in Hinsicht auf den Aufwand an Heizfläche durchaus berechtigt, und die oft gehörte Meinung, die Anlagekosten seien bei hoher Eintrittstemperatur der Rauchgase in die Berührungsheizfläche des Kessels größer als bei tieferer, ist, falls Kessel und Feuerraum nur richtig bemessen und konstruiert sind, falsch.

11. Die Einmauerung. Die Einmauerung des Feuerraumes verlangt größte Sorgfalt, weil sie sehr hoch beansprucht und für Betriebssicherheit und Wirtschaftlichkeit eines Kessels von hervorragender Bedeutung ist. Die Lebensdauer feuerfester Steine hängt außer von der Güte ihrer Herstellung und der Eignung ihrer Zusammensetzung für eine bestimmte Asche vor allem von der höchsten Temperatur ab, die sie annehmen und die in engem Zusammenhang mit Form, Größe und spezifischer Belastung des Feuerraumes und der Wärmedurchlässigkeit der Wand steht. Kohlenstaubfeuerungen stellen an die Verbrennungskammer besonders hohe Anforderungen, weil fast die ganze Asche des Brennstoffes in sehr fein verteilter, häufig geschmolzener Form in der Flamme schwebt. Es ergaben sich daher schon bei den ersten Ausführungen so große Schwierigkeiten, daß man zunächst die am höchsten beanspruchten Mauerwerkspartien mittels Luft kühlte, und als dieses Mittel nicht mehr ausreichte, sie durch wassergekühlte, in den Kreislauf des Kessels eingeschaltete „kalte Fläche" schützte bzw. ersetzte. Die Not hat sich auch hier als vorüglicher Lehrmeister erwiesen und sehr zur Verbesserung der Leistung und Betriebssicherheit von Dampfkesseln beigetragen.

Die Innentemperatur von Feuerraumwandungen hängt von so vielen Einflüssen ab, daß kein einfacher und eindeutiger Zusammenhang zwischen ihr und der mittleren Feuerraumtemperatur besteht. Dies geht u. a. deutlich aus Abb. 42 und 49 hervor. Allgemein läßt sich nur soviel sagen, daß der Unterschied zwischen der mittleren Flammentemperatur und der mittleren Wandungstemperatur um so größer wird, je größer die Kühlziffer und die spezifische Feuerraumbelastung ist. Die Verhältnisse liegen aber vor allem deshalb so verwickelt, weil nicht die mittlere, sondern die höchste Wandtemperatur über die Lebensdauer eines feuerfesten Steines entscheidet, und weil je nach der Form des Feuerraumes und der Anordnung der Kühlflächen große Unterschiede zwischen mittlerer und höchster Wandungstemperatur herrschen können.

Abb. 92 zeigt mittels Thermoelementen gemessene Temperaturen in den Feuerraumwänden der in Abb. 20 dargestellten Kohlenstaubfeuerung in Cahokia[b]. Die Meßstellen waren in verschiedener Entfernung von der heißen Außenseite im Innern der Schamottesteine an den in Abb. 20 angegebenen Stellen angebracht. Vor diesen Steinen wurden auch bei nahezu derselben Belastung die in Abb. 18 und 19 aufgezeichneten Flammentemperaturen in 150 und 1200 mm Abstand von der Wand gemessen. Ein Vergleich zwischen der Außentemperatur der Steine und der Flammentemperatur in 1200 mm Abstand von ihnen hat nun das überraschende Ergebnis, daß die Wandtem-

---

[a] *1.*   [b] *32*, S. 125 ff.

peratur etwas höher als letztere und fühlbar höher als die Flammentemperatur in 150 mm Abstand von der Wand ist. Dieselbe Erscheinung wurde auch an einer anderen, ähn-

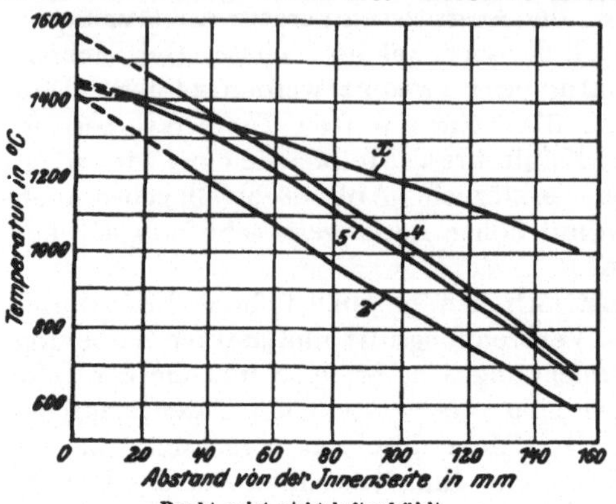

Abb. 92. Temperaturverlauf in der Wand der in Abb. 20 dargestellten Kohlenstaubfeuerung in den entsprechend bezeichneten Punkten bei 103000 kcal/m³h Feuerraumbelastung.

lichen, in der gleichen Arbeit untersuchten Feuerkammer festgestellt, aber keine Erklärung dafür gegeben. Insbesondere ist nichts darüber gesagt, ob etwa eine Fehlanzeige der Thermoelemente infolge von Strahlung schuld gewesen sein kann. Mit Rücksicht auf die großen Fehlermöglichkeiten bei derartigen Messungen kann also noch kein allgemein gültiger Schluß gezogen werden. Es soll daher rechnerisch versucht werden, sich ein Bild von dem unter verschiedenen Verhältnissen möglichen Unterschied zwischen Feuer- und Wandtemperatur und dem Einfluß der letzteren auf Bemessung und Ausführung der Einmauerung zu machen.

Zunächst wird eine einfache, massive Wand aus Schamottesteinen behandelt.

Nach S. 27 und Abb. 13 und 14 nehmen die Wärmeleitzahlen feuerfester Baustoffe zum Teil beträchtlich mit der Temperatur zu. Innerhalb eines bestimmten Temperaturintervalles wird man aber schon der Einfachheit wegen mit dem Mittelwert aus den beiden zu der höchsten und tiefsten Temperatur gehörenden Wärmeleitzahlen rechnen. Im Falle von Abb. 93 entsteht dadurch in der Mitte der Wand ein Fehler von rd. 100° C. Auf die Temperatur t_3 der kalten Außenseite ist die Stärke des Wärmeüberganges zwischen Feuergasen und Wand nur von sehr kleinem Einfluß. Beträgt z. B. die Rauchgastemperatur $t_1 = 1500°$ C, so steigt die Außenwandtemperatur nur um rd. 3°C, wenn die Wärmeübergangszahl α_1 von 20 auf 40 kcal/m²h °C erhöht wird.

Abb. 94 zeigt den Temperaturverlauf bei verschiedener Wandstärke und 2 Wärmeübergangszahlen zwischen Rauchgasen und Wand($\alpha_1 = 20$ und 40 kcal/m²h °C) bei einer konstanten Temperatur der Rauchgase (1500°). Je dünner eine Wand ist, um so schmaler ist das Gebiet gefährlicher Temperaturen. Würde z. B. für einen gewissen Schamottestein eine Temperatur von 1300° C bereits kritisch sein, so würde sie bei einer 1200 mm starken Wand 140 bis 160 mm, bei einer 400 mm starken Wand nur 30 bis 50 mm tief eindringen (Strecken $A_1 A_1$ und $A_2 A_2$). Man müßte eine Mauer aber schon unzulässig dünn machen, wenn hierdurch ihre heißeste Temperatur erheblich abgesenkt werden soll.

In Abb. 95 sind schließlich noch die Innen-

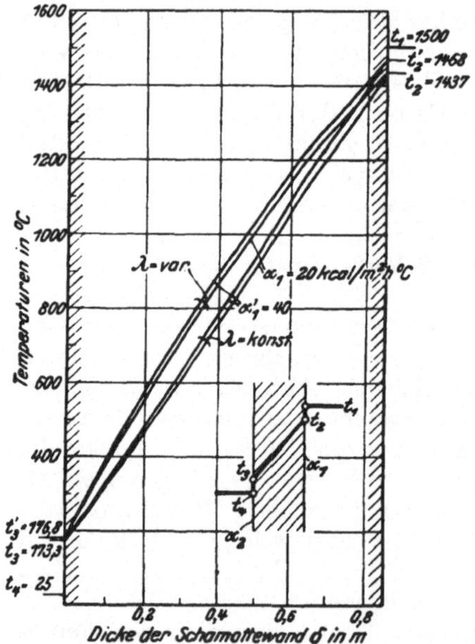

Abb. 93. Temperaturverlauf in einer massiven Schamottewand bei Rechnen mit konstanter und mit von der Temperatur abhängiger Wärmeleitzahl der Schamotte für 20 und 40 kcal/m² h °C Wärmeübergangszahl zwischen Rauchgas und Wand und 8,5 kcal/m²h °C Wärmeübergangszahl zwischen Wand- und Außenluft.

und Außentemperatur einer Schamottewand und die von 1 m² Wandfläche ins Kesselhaus abgegebene Wärmemenge für 1300, 1400 und 1500° C Gastemperatur dargestellt.

Nach Abb. 93 bis 95 würden reine hochwertige Schamottewandungen außerordentlich dick und sehr teuer werden, wenn die Temperatur ihrer Außenseite eine erträgliche Höhe nicht überschreiten soll. Als oberste Grenze kann man eine Wandaußentemperatur von 60 bis 80 °C annehmen, die, wenn sie auf einer größeren Fläche auftritt, bereits sehr lästig für die Bedienung werden kann. Um an teuerem Material zu sparen, wird daher nur die innerste Wandschicht von 250 bis 380 mm Stärke aus Schamottesteinen erster Qualität, der Rest aus niederer Qualität und aus Ziegelsteinen ausgeführt. Ziegelsteine sollen tunlichst nicht heißer als 400 ° C werden, andernfalls werden sie brüchig.

Abb. 96 zeigt für Temperaturen der Innenwand von 1200 und 1500° C und für eine aus einem 250 mm starken Schamottefutter und einer darauf folgenden Ziegelsteinschicht verschiedener Stärke bestehende Wand die für eine bestimmte Außentemperatur erforderliche Mauerwerksdicke. Die Lufttemperatur ist dabei sehr hoch zu 40° C angenommen. In die Wärmeübergangszahl α_2 zwischen Außenwand und Kesselhausatmosphäre wurde auch die an benachbartes Mauerwerk von Lufttemperatur abgestrahlte Wärme eingeschlossen. Es ist also vorausgesetzt, daß der betrachtete Kessel von lauter kalten Kesseln umgeben ist, weshalb α_2 in der in Abb. 96 angegebenen Weise mit der Übertemperatur der Außenwand wächst. Die Mauerstärke hängt viel mehr von der verlangten Übertemperatur der Außenwand, als von der Innenwandtemperatur ab. Z. B. wird sie bei 100° C Übertemperatur nur um 120 mm größer (590 statt 470 mm), wenn die Innenseite 1500 statt 1200° C heiß ist. Punkte B_1 und B_2. Man sieht aber weiter, daß, wenn man mit mäßigen Übertemperaturen auskommen will (20 bis 40 °C), die Isolierwirkung von gewöhnlichem Ziegelmauerwerk im Bereiche hoher Feuerraumtemperaturen nicht mehr ausreicht. Außerdem würde das Ziegelmauerwerk großenteils unzulässige Temperaturen annehmen.

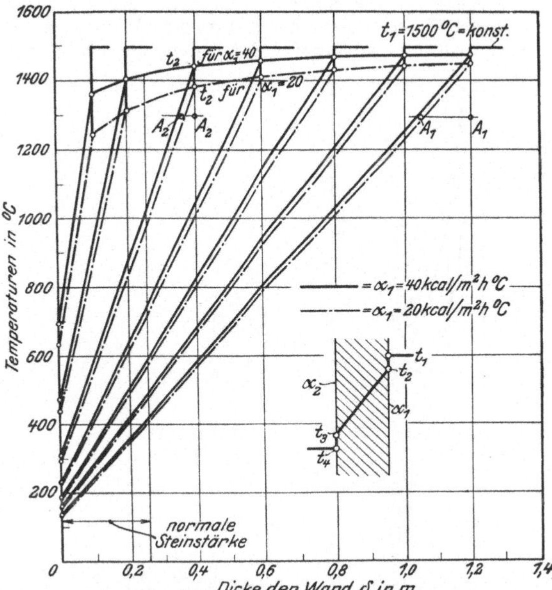

Abb. 94. Temperaturverlauf in einer massiven Wand aus Schamottesteinen für verschiedene Wandstärke bei 1500° C Rauchgastemperatur, 20 und 40 kcal/m²h° C Wärmeübergangszahl zwischen Rauchgasen und Wand, 8,5 kcal/m²h° C Wärmeübergangszahl zwischen Wand und Außenluft und 25° C Außenlufttemperatur.

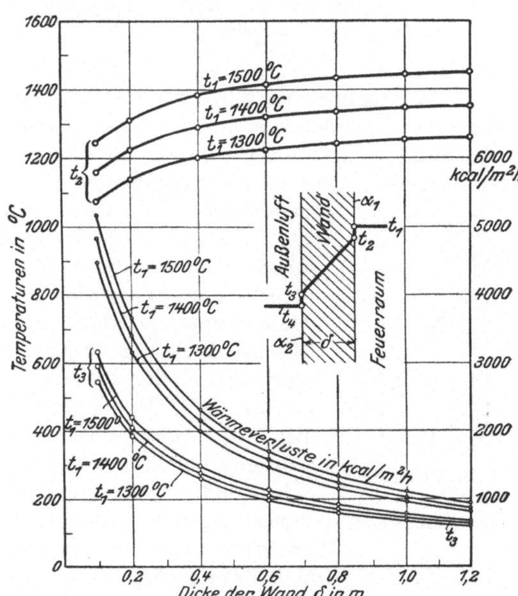

Abb. 95. Innen- und Außenwandtemperatur und Wärmeverlust je m² Wandfläche einer massiven Schamottewand verschiedener Stärke bei drei verschiedenen Rauchgastemperaturen, $\alpha_1 = 20$ kcal/m²h°C, $\alpha_2 = 8{,}5$ kcal/m²h°C, einer Wärmeleitzahl der Wand von $\lambda = 0{,}85$ kcal/mh°C und einer Außenlufttemperatur $t_4 = 25$°C.

7*

Beispiel 31: Die Berechnung zusammengesetzter Wände erfolgt ganz ähnlich wie die auf S. 7 und im Beispiel 27 beschriebene Berechnung von Wasserrohren mit Kesselsteinansatz. Mit den in Abb. 97 benutzten und unter sinngemäßer Anwendung der auf S. 7 erklärten Bezeichnungen ist

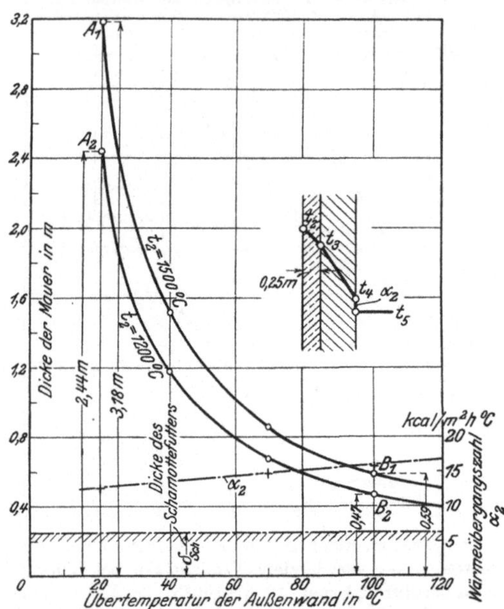

$$Q = k\,(t_1 - t_5)\ \text{kcal/m}^2\text{h}\,,$$

$$Q = \alpha_1\,(t_1 - t_2)\ \text{kcal/m}^2\text{h}\,,$$

$$Q = \frac{\lambda_{Sch}}{\delta_{Sch}} \cdot (t_2 - t_3)\ \text{kcal/m}^2\text{h}\,,$$

$$Q = \frac{\lambda_z}{\delta_z} \cdot (t_3 - t_4)\ \text{kcal/m}^2\text{h}\,,$$

$$Q = \alpha_2 \cdot (t_4 - t_5)\ \text{kcal/m}^2\text{h}\,^\circ\text{C}\,.$$

Daraus läßt sich ableiten:

$$k = \frac{1}{\dfrac{1}{\alpha_1} + \dfrac{\delta_{Sch}}{\lambda_{Sch}} + \dfrac{\delta_z}{\lambda_z} + \dfrac{1}{\alpha_2}}\ \text{kcal/m}^2\text{h}\,^\circ\text{C}\,.$$

Im allgemeinen werden als bekannt anzusehen sein α_1, α_2, λ_{Sch}, λ_z, δ_{Sch}, t_1, t_4 und t_5. Für die Bestimmung der Temperaturen gelten folgende Gleichungen:

$$t_2 = t_1 - \frac{k}{\alpha_1}(t_1 - t_5)\ ^\circ\text{C}\,.$$

$$t_3 = t_2 - \frac{k \cdot \delta_{Sch}}{\lambda_{Sch}}(t_1 - t_5)\ ^\circ\text{C}\,.$$

$$t_4 = t_3 - \frac{k \cdot \delta_z}{\lambda_z}(t_1 - t_5)\ ^\circ\text{C}\,,$$

$$t_4 = t_5 + \frac{k}{\alpha_2}(t_1 - t_5)\ ^\circ\text{C}\,.$$

Wenn man ein bestimmtes t_4 einhalten will, kann man sich aus der letzten Gleichung das k errechnen und damit die erforderliche Wandstärke δ_z bestimmen.

Abb. 96. Übertemperatur der Außenseite einer massiven, mit einem 250 mm starken Futter aus Schamottesteinen versehenen Mauer aus Ziegelsteinen verschiedener Dicke bei 1200 und 1500° C Temperatur der Innenseite.

In Wirklichkeit ist nun aber die Temperatur an verschiedenen Stellen der Innenwand einer Feuerkammer um so verschiedener, je ungleichmäßiger verteilt die Wärmeentbindung erfolgt, je verwickelter die Form des Feuerraumes ist und je stärker gewisse Wandungsteile dem wärmeentziehenden Einfluß benachbarter „kalter Flächen" ausgesetzt sind. Ein weiterer Umstand, der die Temperatur der Feuerraumwand beeinflussen kann, ist der Druck im Feuerraum. Herrscht Unterdruck, so kann, wenn keine Blechverkleidung vorhanden ist, infolge von Undichtheiten des Mauerwerkes diese Temperatur beträchtlich unter den sonst auftretenden Werten liegen. Umgekehrt kann Überdruck erhebliche Temperatursteigerungen bewirken. Überdruck in gemauerten Feuerräumen

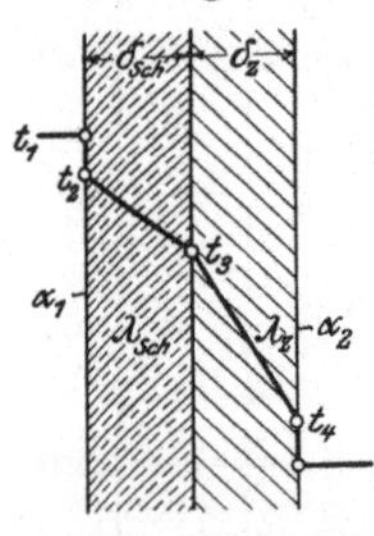

Abb. 97. Schema einer zusammengesetzten Feuerraumwand.

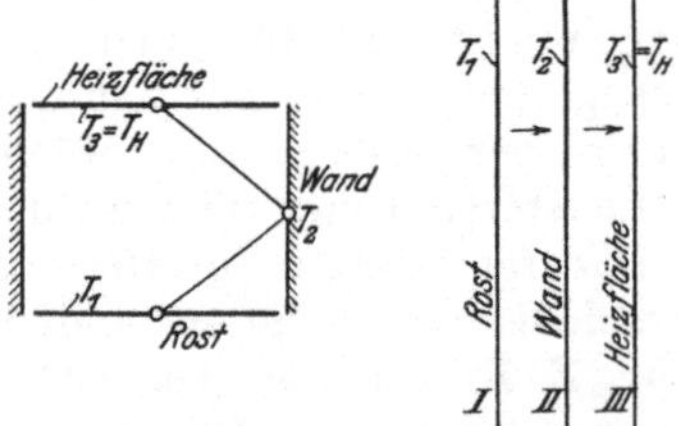

Abb. 98 und 99. Schema bei einmaligem Reflektieren eines Wärmestrahles durch die Feuerraumwand.

sollte unter allen Umständen vermieden werden, da er, von anderen Übelständen abgesehen, das Mauerwerk sehr schnell zerstören kann. Alle diese Einflüsse machen es erklärlich, daß die tatsächliche von der errechneten mittleren Innenwandtemperatur nach oben oder nach unten unter Umständen beträchtlich abweicht.

Die Verhältnisse lassen sich bildmäßig einigermaßen klar überblicken, wenn man von der (in Wirklichkeit natürlich nicht zutreffenden) Annahme ausgeht, daß lediglich die Rostfläche Wärme ausstrahlt und daß auf ihr eine gleichmäßige, und zwar die höchste Temperatur im Feuerraum herrscht. Die vom Rost ausgehenden Wärmestrahlen können dann, wie dies in Abb. 98 und 99 symbolisch dargestellt ist, nach ihrem Auftreffen auf eine bestimmte Wandstelle unmittelbar oder wie in Abb. 100 und 101 erst nach wiederholtem Reflektieren die Heizfläche erreichen.

Vernachlässigt man zunächst die Wärmeübertragung durch Berührung zwischen Rauchgasen und Wand und nimmt man ferner die Wand als vollkommen wärmedicht an, so lassen sich die Tem

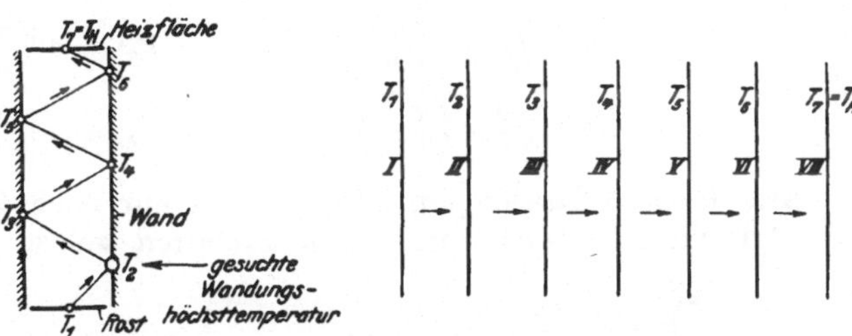

Abb. 100 und 101. Schema bei fünfmaligem Reflektieren eines Wärmestrahles durch die Feuerraumwand.

peraturen der Feuerraumwand wie folgt berechnen. Für mehrfache Rückstrahlung kann man mit den in Abb. 100 und 101 eingetragenen Bezeichnungen schreiben:

$$4\left[\left(\frac{T_1}{100}\right)^4 - \left(\frac{T_2}{100}\right)^4\right] = 4\left[\left(\frac{T_2}{100}\right)^4 - \left(\frac{T_3}{100}\right)^4\right] = \cdots = 4\left[\left(\frac{T_{n-1}}{100}\right)^4 - \left(\frac{T_n}{100}\right)^4\right].$$

Dabei ist $T_n = T_H$ gleich der abs. Temperatur der Heizfläche.

n ist gleich 3, wenn der Strahl auf seinem Wege vom Rost zur kalten Fläche einmal, und 7, wenn er wie in dem auf Abb. 101 dargestellten Beispiel 5 mal auf Feuerraumwände auftraf. Die allgemeine Lösung für die interessierende Wandtemperatur T_2 lautet:

$$\left(\frac{T_2}{100}\right)^4 = \frac{1}{n-1}\left[(n-2)\left(\frac{T_1}{100}\right)^4 + \left(\frac{T_n}{100}\right)^4\right].$$

Bei einer Rohrwandtemperatur T_n von $250 + 273°$ C wird

$$\left(\frac{T_2}{100}\right)^4 = \frac{1}{n-1}\left[(n-2)\left(\frac{T_1}{100}\right)^4 + 750\right]. \quad (40)$$

In Abb. 102 ist für Feuerraum-(Rost-)Temperaturen von 1000 bis 1600° C der Unterschied zwischen ihnen und den Wandtemperaturen T_2 (erstes Auftreffen des vom Rost kommenden Strahles) für verschieden häufige Rückstrahlung dargestellt. Bereits bei vierfacher Rückstrahlung ist diese Wandtemperatur nur noch rd. 60 bis 120° C von der Rosttemperatur entfernt, d. h. in der Nähe des Rostes ist die Schamottetemperatur nahe an der Temperatur des Brennstoffbettes. Bedenkt man nun, daß bei hochbelasteten Feuerungen und besonders bei Staubfeuerungen oft nahezu der ganze Feuerraum mit einer leuchtenden

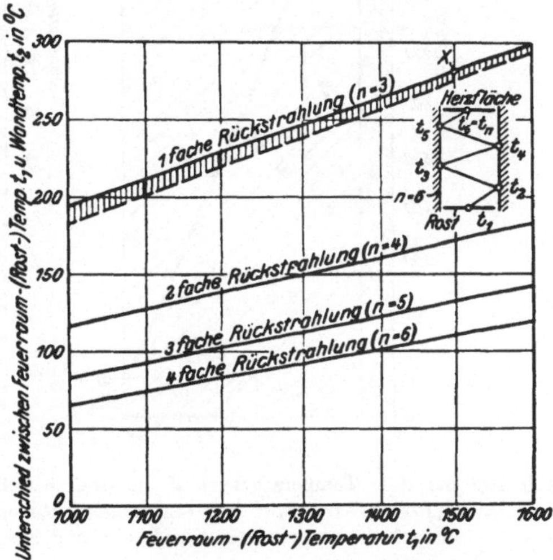

— — — ohne } Berücksichtigung der durch Berührung von den
– – – – mit } Rauchgasen an die Wand übertragenen Wärme.

Abb. 102. Unterschied zwischen Rosttemperatur und heißester Feuerraumwandtemperatur je nachdem, wie oft der Wärmestrahl vor Erreichen der Heizfläche von der Feuerraumwand reflektiert wurde.

Flamme von starker Eigenstrahlung erfüllt ist, so erscheint die von Sherman und Taylor[a] festgestellte Temperatur der Innenseite der feuerfesten Ausmauerung, die höher liegt als diejenige der Rauchgase, wenigstens bezüglich der Gase in der unmittelbaren Nähe der Feuerraumwand schon möglich, Abb. 18, 19 und 92.

Unter Berücksichtigung der durch Berührung von den heißen Rauchgasen an die Wand übergehenden Wärme, und wenn man die Wand als wärmedicht betrachtet,

---

[a] 32, S. 125ff.

gilt z. B. für den Fall dreifacher Rückstrahlung annähernd:

$$4\left[\left(\frac{T_1}{100}\right)^4 - \left(\frac{T_2}{100}\right)^4\right] + \alpha_{1B}(T_1 - T_2) = 4\left[\left(\frac{T_2}{100}\right)^4 - \left(\frac{T_3}{100}\right)^4\right],$$

$$4\left[\left(\frac{T_2}{100}\right)^4 - \left(\frac{T_3}{100}\right)^4\right] + \alpha_{1B}(T_1 - T_3) = 4\left[\left(\frac{T_3}{100}\right)^4 - \left(\frac{T_4}{100}\right)^4\right],$$

$$4\left[\left(\frac{T_3}{100}\right)^4 - \left(\frac{T_4}{100}\right)^4\right] + \alpha_{1B}(T_1 - T_4) = 4\left[\left(\frac{T_4}{100}\right)^4 - 750\right].$$

Aus diesen 3 Gleichungen läßt sich eine nur noch T_2 als Unbekannte enthaltende Schlußgleichung ableiten, die durch Probieren gelöst werden kann. Die Annahme,

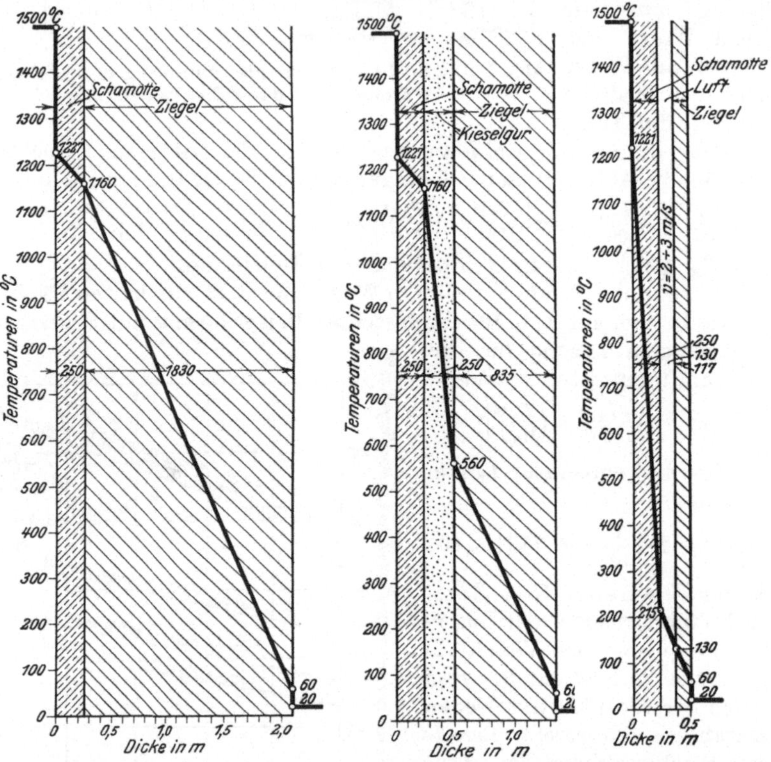

Abb. 103 bis 105. Temperaturverlauf in drei verschieden ausgeführten Feuerraumwänden bei 1500° C Feuerraum-(Rost-)Temperatur bei einmaligem Reflektieren der vom Rost ausgesandten Wärmestrahlen durch die untersuchte Wandstelle und gleicher Außentemperatur der Wand (60° C).

daß die Temperatur der Rauchgase, die an den Feuerraumwänden entlang streichen, durchweg gleich der Rosttemperatur sei, stimmt natürlich nicht. Die auf diese Weise ermittelten Temperaturen liegen also zu hoch. Für den Fall einfacher Rückstrahlung kann T_2 aus der ersten Gleichung gefunden werden, indem man $T_3 = T_H$ setzt. Mit den so erhaltenen Werten wurde die gestrichelte Linie in Abb. 102 ermittelt. Wie man sieht, ist der Einfluß der durch Berührung übertragenen Wärme auf die Wandtemperatur ein recht geringer. Der Unterschied zwischen Wand- und Feuerraum-(Rost-)Temperatur wird dadurch nur um rd. 10° C geändert. Da aus den obengenannten Gründen der Einfluß der Berührung in der Rechnung noch zu hoch erscheint, so kann aus dem Ergebnis geschlossen werden, daß die Wärmeübertragung durch Berührung zwischen Rauchgasen und Schamottewänden fast ohne Bedeutung auf die Wandtemperatur ist. Der Umstand, daß Stellen, an denen heiße Gase mit großer Geschwindigkeit entlang strömen, oft schnell zerstört werden, hat daher seine Ursache hauptsächlich im mechanischen und chemischen Angriff der Gase und der in ihnen schwebenden Asche und nicht in einer besonders starken Erwärmung der betreffenden Teile infolge der hohen Gasgeschwindigkeit.

Es wurden schließlich noch die in Abb. 103 bis 105 näher gekennzeichneten Ausführungsmöglichkeiten einer Feuerraumauskleidung untersucht. Hierbei wurden sowohl die durch Berührung von den heißen Rauchgasen übertragenen als auch die von der Wand ins Kesselhaus bzw. die Kühlluft abgegebenen Wärmemengen berücksichtigt. Durchwegs wurde angenommen, daß die vom Rost ausgehenden Wärmestrahlen von der untersuchten Wandstelle unmittelbar nach der Heizfläche zurückgestrahlt werden. Die Feuerraum-(Rost-)Temperatur wurde zu 1500° C, die der Heizfläche zu 250° C und die der Außenluft zu 20° C vorausgesetzt. In allen Fällen wurde die Außentemperatur der Einmauerung zu 60° C angenommen und errechnet, wie stark die Ziegelschicht der Feuerraumwand sein muß, um diese Temperatur zu erreichen. Die Schamotteschicht wurde stets zu 250 mm, ihre Wärmeleitzahl $\lambda_{\text{Sch}} = 0{,}9$ kcal/mh°C angenommen. Die Kieselgurschicht in Fall 2 (Abb. 104) sei 250 mm stark und habe eine Wärmeleitzahl $\lambda = 0{,}1$ kcal/mh°C.

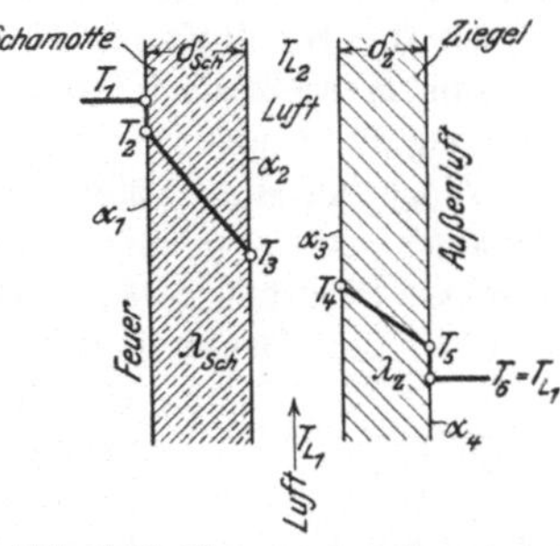

Abb. 106. Temperaturschema zum Berechnen einer hohlen, von der Verbrennungsluft gekühlten Feuerraumwand.

Für Fall 3, Abb. 105, einer luftgekühlten Feuerraumwand gelten also nachstehende Voraussetzungen, und es wurden die folgenden Ansätze gemacht.

Beispiel 32: Wie stark wird die Ziegelschicht einer luftgekühlten Feuerraumwand unter der Voraussetzung einer einfachen Rückstrahlung für folgende Verhältnisse (Bedeutung der Buchstaben siehe Abb. 106)?

Temperaturen:

Feuerraum (Rost) t_1 . . . . 1500° C	α_{1B} } Anteil durch Berührung an der Wärmeübergangszahl	20 kcal/m²h°C
Heizfläche t_H . . . . 250° C	α_{2B}	16 kcal/m²h°C
Außenseite der Wand t_5 . . . . 60° C	α_{3B}	16 kcal/m²h°C
Luft t_4, t_{L1} . . . . 20° C	α_4 . . . . 6 kcal/m²h°C
Kühlluftmenge G_L je m² Wandfläche a) 150 kg/m²h	λ_{Sch} . . . . 0,9 kcal/mh°C
b) 300 kg/m²h	δ_{Sch} . . . . 0,25 m
	λ_z . . . . 0,4 kcal/mh°C

Es lassen sich folgende Gleichungen aufstellen:

I.
$$4\left[\left(\frac{T_1}{100}\right)^4 - \left(\frac{T_2}{100}\right)^4\right] + \alpha_{1B}(T_1 - T_2) = 4\left[\left(\frac{T_2}{100}\right)^4 - \left(\frac{T_H}{100}\right)^4\right] + \frac{\lambda_{Sch}}{\delta_{Sch}}(T_2 - T_3),$$

II.
$$G_L(c_p^m)_L \cdot (T_{L2} - T_{L1}) + \alpha_4(T_5 - T_6) = \frac{\lambda_{Sch}}{\delta_{Sch}}(T_2 - T_3),$$

III.
$$G_L(c_p^m)_L \cdot (T_{L2} - T_{L1}) = \alpha_{2B}(T_3 - T_{Lm}) + \alpha_{3B}(T_4 - T_{Lm}),$$

IV.
$$4\left[\left(\frac{T_3}{100}\right)^4 - \left(\frac{T_4}{100}\right)^4\right] = \alpha_{3B}(T_4 - T_{Lm}) + \alpha_4(T_5 - T_6),$$

V.
$$T_{Lm} = \frac{T_{L1} + T_{L2}}{2},$$

VI.
$$\frac{\lambda_z}{\delta_z}(T_4 - T_5) = \alpha_4(T_5 - T_6).$$

Aus diesen Gleichungen wird angenähert ermittelt:

<table>
<tr><td>Fall a)</td><td>Fall b)</td></tr>
<tr><td>$G_L = 150$ kg/m²h</td><td>$G_L = 300$ kg/m²h</td></tr>
<tr><td>$t_2 = 1221°$ C</td><td>$t_2 = 1220°$ C</td></tr>
<tr><td>$t_3 = 215°$ C</td><td>$t_3 = 200°$ C</td></tr>
<tr><td>$t_4 = 130°$ C</td><td>$t_4 = 103°$ C</td></tr>
<tr><td>$t_{L2} = 114°$ C</td><td>$t_{L2} = 68°$ C</td></tr>
<tr><td>$t_5 = 60°$ C</td><td>$t_5 = 60°$ C</td></tr>
<tr><td>$\delta_z = 0{,}117$ m</td><td>$\delta_z = 0{,}072$ m</td></tr>
</table>

Für die Luftmenge von 150 kg/m²h wurden die Verhältnisse in Abb. 105 dargestellt.

Abb. 103 bis 105 zeigen folgendes:

α) Auf die Temperatur der dem Feuer zugekehrten Seite einer Schamottehohlwand ist es im Bereich der heute üblichen Flammentemperaturen (1300 bis 1500° C) fast ohne Einfluß, ob viel oder wenig Kühlluft benutzt wird.

Der Grund hierfür ist durch eine einfache Überlegung leicht einzusehen. Unter den Voraussetzungen von Abb. 105 werden von 1 m² Wandfläche nach außen abgegeben:

an die Kühlluft rd. 150 bis 300 · 0,24 · 94 bzw. 48 = 3380 bis 3445 kcal/m²h,

ans Kesselhaus 6 · (60 — 20) = 240 kcal/m²h,

insgesamt also rd. 3620 bis 3685 kcal/m²h.

Wäre bei einer völlig wärmedichten Wand und einfacher Rückstrahlung an „kalte Flächen" bei $t_1 = 1500°$ C Feuerraum-(Rost-)Temperatur die Wandtemperatur $t_2 = 1218°$ C, Punkt X in Abb. 102, so würde schon eine Temperatursenkung der Wand um rd. 5° C zur Deckung des Wärmeverlustes von 3380 bzw. 3445 kcal/m²h ausreichen.

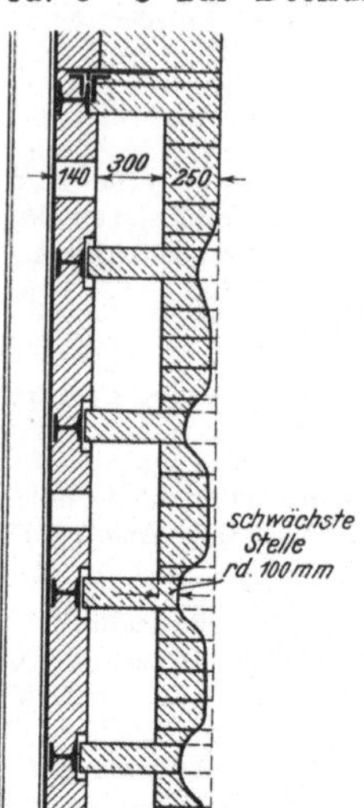

Abb. 107. Luftgekühlte hohle Feuerraumwand einer Kohlenstaubfeuerung nach 2800 Betriebsstunden.

Die durch Strahlung an die Wand übertragene Wärme ist eben, verglichen mit der bei normaler Wandstärke möglichen Wärmeabgabe nach außen so gewaltig, daß die Innentemperatur sich kaum ändert, wenn die Wand durch Luft mehr oder weniger stark gekühlt wird. Die auf S. 62 festgestellte Unwirksamkeit von wasserdurchströmten Kühlrohren auf vorgesetzte Schamottewände von mehr als 100 mm Dicke wird hierdurch vollkommen bestätigt.

β) Kühlung durch Verbrennungsluft ist aber trotzdem vorteilhaft, weil, wie ein Vergleich von Fall 1 und 2 mit Fall 3 lehrt, nur eine dünne Schamotteschicht im Gebiete gefährlicher Temperaturen bleibt und man mit dem kleinsten Aufwand an Baustoffen und mit der geringsten Stärke der Ummantelung auskommt, besonders wenn man das Ziegelfutter durch eine mit Isoliersteinen bedeckte Blechhaut ersetzt. Der Kessel wird daher schmal und billig und braucht wenig Platz.

Abb. 107 zeigt den Zustand der luftgekühlten Feuerraumwand einer Kohlenstaubfeuerung nach etwa 2800 Betriebsstunden. Das Schamottefutter ist etwa alle 600 mm durch Bindersteine unterbrochen. Der vorher errechnete geringfügige Temperaturunterschied zwischen den Stellen der Wand, an die die Kühlluft heran kann, und den Bindersteinen, wo dies nicht der Fall ist, mag zu der erheblich stärkeren Abnutzung der Bindersteine zwar beigetragen haben, doch sind so krasse Unterschiede im Steinangriff wie in Abb. 107 schon Ausnahmen und haben wohl auch noch andere Ursachen gehabt. Offenbar waren z. B. die Binder- und normalen Steine nicht ganz gleich gebrannt oder zusammengesetzt. Die Widerstandsfähigkeit feuerfester Steine in der Nähe ihres Erweichungspunktes ist zwar, wenn sie gleichzeitig starkem mechanischem (strömende staubhaltige Gase), thermischem (hohe Temperaturen) und chemischem (Flugasche) Angriff ausgesetzt sind, wahrscheinlich recht labil und von geringfügigen Unterschieden abhängig. Dazu kommt voraussichtlich, daß sich beim Anheizen und in Schwachlastperioden ein dünner Schlackenüberzug auf der ganzen Wand bilden kann, solange sie noch verhältnismäßig kalt ist. Mit zunehmender Last und wachsenden Temperaturen wird er aber bei den Bindern rascher wegschmelzen als an den luftgekühlten Stellen. Nimmt man nämlich an, daß er etwa ein Fünftel (0,18 kcal/m²h °C) der Wärmeleitfähigkeit der Schamottesteine habe und 2 mm stark sei, so wird unter den für Abb. 103 bis 105 gültigen Voraussetzungen die Temperatur an der Haftstelle des Schlackenüberzuges auf den Bindersteinen rd. 40° C höher als auf der übrigen Schamottewand liegen. Er bleibt daher an letzterer unter Umständen noch fest oder doch zähe, wenn er an den Köpfen der Bindersteine bereits wegfließt und sie dem Angriff der Hitze und neuer flüssiger Asche aussetzt. Dicke Bindersteine sind jedenfalls weger ihrer großen ungekühlten Kopfflächen unzweckmäßig. Die bescheidene Kühlwirkung von Luft auf die Innenseite hohler Feuerräume verursacht das Versagen der Luftkühlung bei vielen hochbelasteten Feuerkammern, wie u. a. die Erfahrungen in Cahokia zeigen, wenn auch der Zeitpunkt, an dem eine Wand erneuert werden muß, hinausgezögert werden kann.

Die Betrachtungen haben ferner ergeben, daß die Innenseite der feuerfesten Wand einer Verbrennungskammer unter Umständen etwas heißer sein als kann die in ihrer unmittelbaren Nähe sich befindlichen Gasschichten. Dies kann z. B. zutreffen, wenn man bei Kohlenstaubfeuerungen in Ebene der Kohlenstaubbrenner dicht an der Wand etwas Falschluft einströmen läßt, wie es zur Schonung der feuerfesten Ausmauerung zuweilen geschieht.

Die Messungen in Abb. 92 bestätigen die Richtigkeit des in Abb. 103 bis 105 berechneten Einflusses der Luftkühlung auf den Temperaturverlauf in Schamottesteinen.

12. Zugverluste und Kraftbedarf der Hilfsmaschinen. Thoma hat m. W. als erster klar auf den innigen Zusammenhang zwischen Zugwiderstand und Wärmeübergang von Heizflächen hingewiesen und sehr interessante Versuche in dieser Richtung ausgeführt[a]. Da, wie auf S. 76 gezeigt wurde, der Wärmeübergang an eine Heizfläche mit zunehmender Rauchgasgeschwindigkeit stark wächst, und da ein Teil des Zugverlustes, nämlich die Reibungsverluste, angenähert quadratisch mit der Gasgeschwindigkeit zunehmen, erklärt sich die Abhängigkeit des Wärmeüberganges vom Zugverlust ohne weiteres. Die Rauchgasgeschwindigkeit läßt sich aber nicht beliebig erhöhen, weil sonst die Schornsteinhöhe bzw. der Kraftbedarf der Saugzuganlagen Beträge erreichen würden, die es unwirtschaftlich machen, hohe spezifische Heizflächenleistungen auf Kosten hohen Zugverlustes zu erzielen. Im Feuerraum kann über eine mäßige Gasgeschwindigkeit (3 bis 4 m/s) oft nicht hinausgegangen werden, weil sonst zu große Verluste an Flugkoks entstehen oder die Verbrennung leidet. Dagegen ist es möglich und in vielen Fällen wirtschaftlich, mit der Geschwindigkeit der Rauchgase in den Heizflächen bei hohen Belastungen beträchtlich höher zu gehen, als dies in Deutschland im allgemeinen üblich ist, S. 71, so daß die Kessel wenigstens kurzzeitig mit sehr großer Leistung gefahren werden können. Werke mit hoher Spitze werden durch solche Kessel verhältnismäßig klein, billig und wirtschaftlich. Im Interesse kleinen Eigenbedarfes müssen aber peinlich alle solchen Zugverluste vermieden werden, die den Wärmeübergang nicht oder nicht wesentlich verbessern. Sie entstehen durch scharfe Umlenkungen, Einschnürungen, schroffe Querschnittsänderungen, überflüssige Rauchgasklappen und Stellen in den Zügen, wo sich Asche ansammeln und den Rauchgasweg verengern kann. Aus diesem Grunde sind mechanische Rußbläser und weite Teilung der von den heißesten Rauchgasen bespülten Wasserrohre des Kessels so wichtig, da sich sonst zwischen ihnen durch geschmolzene und angebackene Asche Brücken bilden, die den Zugverlust vergrößern und den Kesselwirkungsgrad erniedrigen.

Je größer der Unterdruck ist, um so mehr falsche Luft wird angesaugt, die den Kesselwirkungsgrad gleichfalls verschlechtert und den Kraftbedarf der Saugzuganlagen erhöht. Dies ist einer der Gründe für die gleichzeitige Anwendung von Unterwind und Saugzug und der Ummantelung von Kesseln mit einer Blechhaut.

Drei neuzeitliche amerikanische Anlagen, Calumet[b], Cahokia (Erweiterung)[c] und Huntley-Buffalo[d] mit spezifisch hochbelasteten Kesseln ermöglichen es, diese Zusammenhänge deutlich zu zeigen, weil die Kessel dieselbe Bauart (Sektionalkessel) und ähnliche Feuerungen (Kohlenstaubfeuerung) haben, Abb. 108 bis 111 und Zahlentafel 5. Da die spezifische Heizflächenbelastung der Kessel und die stündlich erzeugte Dampfmenge in den drei Werken sehr verschieden sind, bieten sie keinen geeigneten Vergleichsmaßstab, wie denn das Aufstellen eines solchen ganz von den besonderen, damit beabsichtigten Zwecken abhängt. In Abb. 112 bis 116 wurde daher von dem Werte $\frac{G}{F}$

---

[a] 36.   [b] 26.   [c] 34.   [d] 4.

in Nm³/m²s ausgegangen, der angibt, wieviel Nm³/s Rauchgase durch 1 m² des freien Querschnittes des Feuerungsmaules strömen. Dieser Maßstab schien für den vorliegenden Fall besonders geeignet zu sein, weil er sich auf den Teil der Kessel bezieht, in dem alle drei Kessel am meisten miteinander übereinstimmen. Nach Abb. 114 ist der Zugverlust im Kessel beim selben Werte $\frac{G}{F}$ außerordentlich verschieden und z. B. bei $\frac{G}{F} = 1{,}0$ in Huntley beinahe dreimal so groß wie in Calumet, weil in Calumet die Gase in einem einzigen, rd. 4300 mm tiefen Zug, in Huntley in drei Zügen, von denen der schmalste nur rd. 1430 mm tief ist, durch den Kessel strömen. Daß die Zugverluste in Cahokia und Huntley so verschieden sind, erscheint zunächst merkwürdig. Der Grund liegt aber sehr wahrscheinlich in der Konstruktion und Anordnung der beiden Überhitzer. Bei Huntley ist nämlich der Überhitzer fast doppelt so groß wie in Cahokia, und seine Rohre sind mit enger Teilung versetzt angeordnet. Bei Cahokia scheint die Bauart des Überhitzers in bezug auf Zugverlust günstiger zu sein, wenngleich mangels geeigneter Kessel-

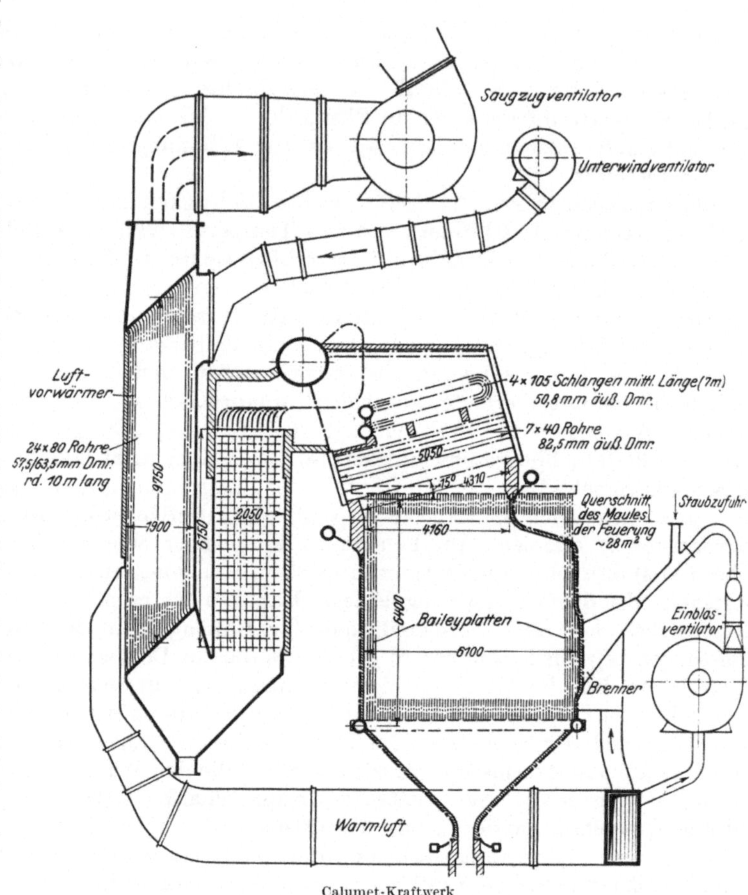

Abb. 108 bis 111.   Drei neuzeitliche amerikanische Sektional-

zeichnungen nichts Bestimmtes über Teilung und Rohranordnung festgestellt werden konnte. Ein Vergleich von Abb. 109 u. 110 zeigt aber deutlich, daß der Überhitzer in Cahokia in einem einzigen Zuge durchströmt wird, während die Rauchgase in Huntley das Überhitzerbündel auf etwa derselben Tiefe in zwei Zügen durchströmen, so daß auf alle Fälle wesentlich höhere Geschwindigkeiten herrschen. Überhaupt ist die Ausbildung des ganzen Kessels bis Ende Überhitzer in Cahokia offenbar günstiger als in Huntley.

Die je 1 m² Gesamtheizfläche (Heizfläche des Kessels einschließlich projizierter Kühlfläche + Überhitzerheizfläche) aufgenommene Wärme ist bei $\frac{G}{F} = 1$ in Huntley

35000 kcal/m²h, in Calumet 41000 kcal/m²h und in dem gleichfalls mit drei Zügen ausgestatteten Kessel in Cahokia nur 30000 kcal/m²h, Punkte *2*, *b*, *a*. Ein ganz anderes Bild bekommt man, wenn man von derselben Wärmebelastung von Kesselheizfläche + Überhitzerheizfläche von z. B. 35000 kcal/m²h ausgeht, Punkte *1*, *2*, *3* in Abb. 112. Hierbei werden die Gase abgekühlt in Calumet auf nur 640°, in Huntley auf 385° und in Cahokia auf 305°, Punkte *1'*, *2'*, *3'*. Obgleich die 1 m² Querschnitt des Feuerungsmaules durchströmende Gasmenge in Nm³/s in Cahokia um rd. 20 vH größer war als

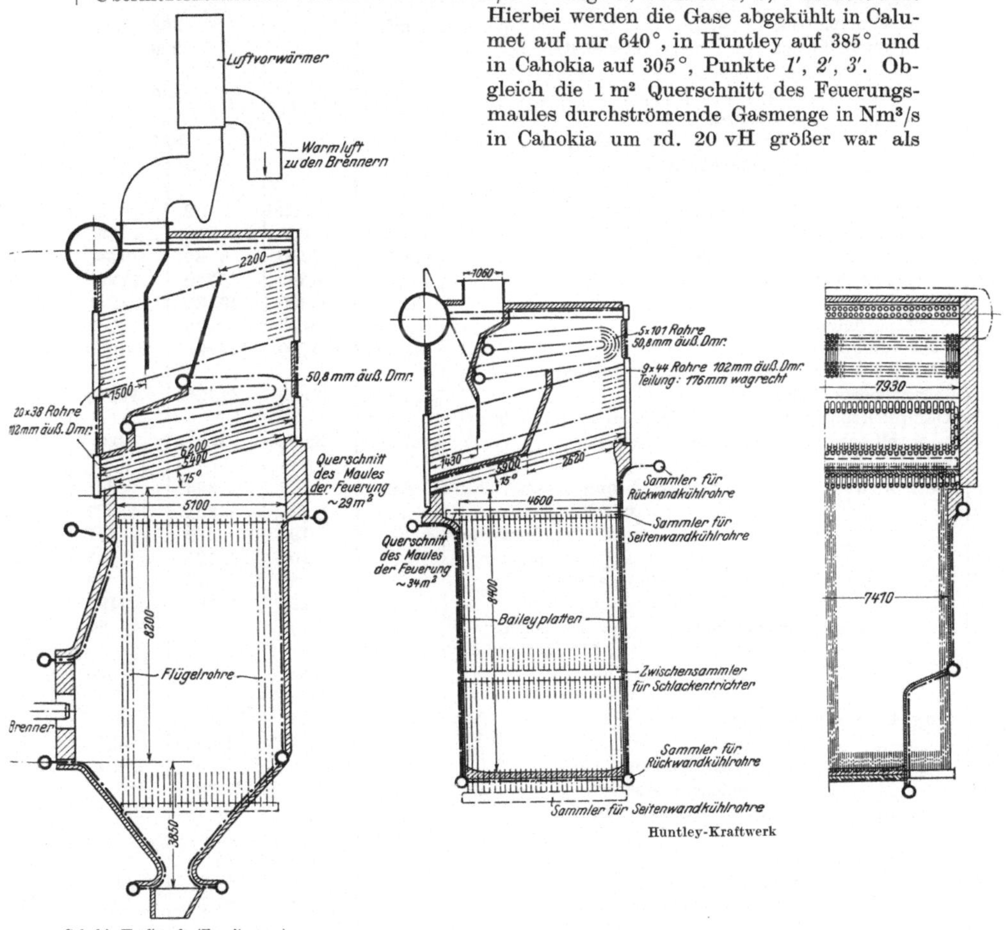

Cahokia-Kraftwerk (Erweiterung)

Huntley-Kraftwerk

kessel mit Kohlenstaubfeuerungen (Kesseldaten siehe Zahlentafel 5, S. 108).

in Huntley, ist der Zugverlust infolge der vorhin erwähnten Umstände in Huntley um rd. 60 vH höher, trotzdem Cahokia 20, Huntley nur 11 übereinanderliegende Rohrreihen hat.

In Abb. 115 und 116 sind für Calumet wieder in Abhängigkeit von $\frac{G}{F}$ in Nm³/m²s die Zugverluste sämtlicher Heizflächen in mm W.-S. und in mm W.-S. pro 10⁶ bzw. 10 · 10⁶ kcal/h übertragene Wärme aufgetragen. Auffallend ist der sehr hohe Zugverlust des Ekonomisers, der das Wasser bis zur Sättigungstemperatur erhitzt und z. T. noch etwas als Verdampfer arbeitet.

Zahlentafel 5. Versuchsergebnisse von

Pos.	Versuch Nr:	Dim.	Calumet Kraftwerk, Chicago Kessel Nr. 22 nach: Serial Report of the Prime Movers Committee N.E.L.A. August 1928			
			16	10	17	19
1	Datum		27. 10. 27	6. 10. 27	28. 10. 27	4. 11. 27
2	Dauer, Stunden		7	7	7	4
3	Feuerraumvolumen	m³		356		
4	Feuerraumkühlfläche (projiziert gerechnet)	m²		229		
5	Heizflächen: Kessel	m²		540		
6	„ Überhitzer	„		467		
7	„ Ekonomiser	„		821		
8	„ Luftvorwärmer	„		3690		
9	Dampfdruck (rd.)	at. abs.	22	22	22	22
10	Dampftemperatur	° C	358	378	390	383
11	unterer Heizwert der Kohle	kcal/kg	6450	6480	6490	6460
12	verfeuerte Kohlenmenge	kg/h	6300	8700	11290	15600
13	Dampfmenge	kg/h	56400	76100	97211	131600
14	Verdampfungsziffer	kg/kg	8,95	8,75	8,62	8,92
15	Feuerraumbelastung	kcal/m³h	115000	159000	206000	284000
16	Wärmebelastung von 1 m² Kesselheizfläche (Kessel + projizierte Kühlfläche)	kcal/m²h	33600	42700	51200	72000
17	Dampfleistung von 1 m² Kesselheizfläche + projizierte Kühlfläche (Normaldampf 640 kcal/kg)	kcal/m²h	52,5	66,6	80,0	112,5
18	Temperaturen: Rauchgase: hinter Kessel . . .	° C	522	624	687	739
19	„ „ vor Ekonomiser .	„	522	624	687	739
20	„ „ vor Luftvorwärmer	„	196	239	277	297
21	„ „ Abgastemperatur .	„	103	125	143	145
22	„ Luft: vor Luftvorwärmer	„	43	42	39	37
23	„ „ hinter Luftvorwärmer . . .	„	151	181	197	204
24	„ Speisewasser: vor Ekonomiser .	„	80	85	86	80
25	„ „ hinter Ekonomiser	„	—	—	—	—
26	„ Heißdampf:	„	358	378	390	383
27	Zugstärken: Feuerung	mmWS	2,5	2,5	2,3	3,8
28	„ Kesselende	„	11,7	19,3	42,7	59,2
29	„ Ekonomiser Austritt	„	51,6	92,5	166,4	261,6
30	„ Luftvorwärmer Austritt	„	56,9	102,4	197,4	313,4
31	„ Saugzug-Ventilator Eintritt	„	63,0	109,2	211,1	341,4
32	CO₂-Gehalt: Kesselende	vH	14,9	15,7	15,4	16,7
33	„ Ekonomiseraustritt	„	14,2	14,5	14,7	15,1
34	„ Luftvorwärmer-Austritt	„	13,3	13,9	13,5	14,6
35	Wärmebilanz bezogen auf $\mathfrak{H}_u$: nutzbar gemacht . .	vH	92,50	91,60	90,80	89,98
36	„ „ „ „ Abgasverlust	„	3,30	4,39	5,22	5,28
37	„ „ „ „ Unverbranntes . . .	„	0,43	0,86	0,53	1,18
38	„ „ „ „ Warmluft für Trockner	„	2,02	1,59	1,18	1,00
39	„ „ „ „ Restverlust	„	1,75	1,56	2,27	2,56
40	Leistungsbedarf d. Hilfsmaschinen: Luftventilatoren (Primär u. Sek. Luft) . . .	kW	64	85	99	109
41	„ „ „ Saugzugventilator . . .	„	94	185	273	440
42	„ „ „ Mühlen u. Exhaustoren	„	200	230	253	296
43	„ „ „ Gesamtbedarf	„	358	500	625	845

amerikanischen Kesselanlagen.

Cahokia Kraftwerk, St. Louis Kessel: Nr. 17 nach: Power, 31 Januar 28			Charles R. Huntley Kraftwerk, Buffalo, N. Y. Kessel: Nr. 15 nach: „Direct-Fired Powdered-Fuel Boilers with Well Type Furnaces at Ch. R. Huntley Station" von H. M. Cushing & R. P. Moore, Buffalo, N. Y.			
1	2	3	21	19	17	7
12. 3. 27	1. 3. 28	1. 10. 28	12.—13. 5. 27	25.—26. 5. 27	17.—18. 5. 27	18. 5. 27
24	24	24	∿ 23	∾ 11	∾ 24	∿ 14
	350			290		
	118			190		
	1675			1165		
	352			660		
	—			664		
	927					
23	23,5	24	19,5	19,5	19,5	19,5
362	378	388	325	360	395	410
6627	6561	6474	6820	6474	6626	6728
4330	7700	11450	6260	7500	9700	11650
37700	63100	86200	60000	68500	88500	103500
8,70	8,20	7,57	9,57	9,13	9,13	8,9
82200	144000	212000	147500	167000	222000	270000
12350	21950	31200	17300	26100	32600	39500
19,3	34,3	48,8	27,1	40,7	50,9	61,7
240	266	294	280	308	350	362
—	—	—	260	290	320	346
240	266	294	—	—	—	—
140	190	236	135	155	177	188
—	—	—	—	—	—	—
96	128	128	—	—	—	—
—	—	—	96	94	97	97
—	—	—	140	145	155	155
362	378	388	325	360	395	410
0,96	1,14	1,57	1,27	3,04	2,80	2,04
7,1	22,8	50,0	19,87	38,04	70,80	100,8
—	—	—	42,0	75,2	146,0	205,0
11,0	41,5	136,0	—	—	—	—
16,0	46,5	141,0	42,0	75,2	146,0	205,0
16,1	15,5	14,6	15,3	14,6	14,1	15,0
—	—	—	13,5	13,0	12,4	12,8
—	—	—	—	—	—	—
92,52	89,56	83,58	91,32	92,09	90,91	88,46
4,47	6,70	8,43	5,25	6,48	7,72	8,07
2,53	2,86	3,03	1,48	0,58	0,58	1,10
—	—	—	—	—	—	—
0,48	0,88	4,96	1,95	0,85	0,79	2,37
34	42	76	17	15	39	57
21	77	196	65	120	209	264
157	190	224	178	185	205	227
212	309	496	260	320	453	548

Es soll daher untersucht werden, ob es mit Rücksicht auf den hohen, großenteils durch den Zugverlust im Ekonomiser entstehenden Kraftbedarf des Saugzuges nicht wirtschaftlicher gewesen wäre, die Gasgeschwindigkeit herabzusetzen und geringere Abkühlung der Rauchgase, d. h. kleineren Kesselwirkungsgrad in Kauf zu nehmen.

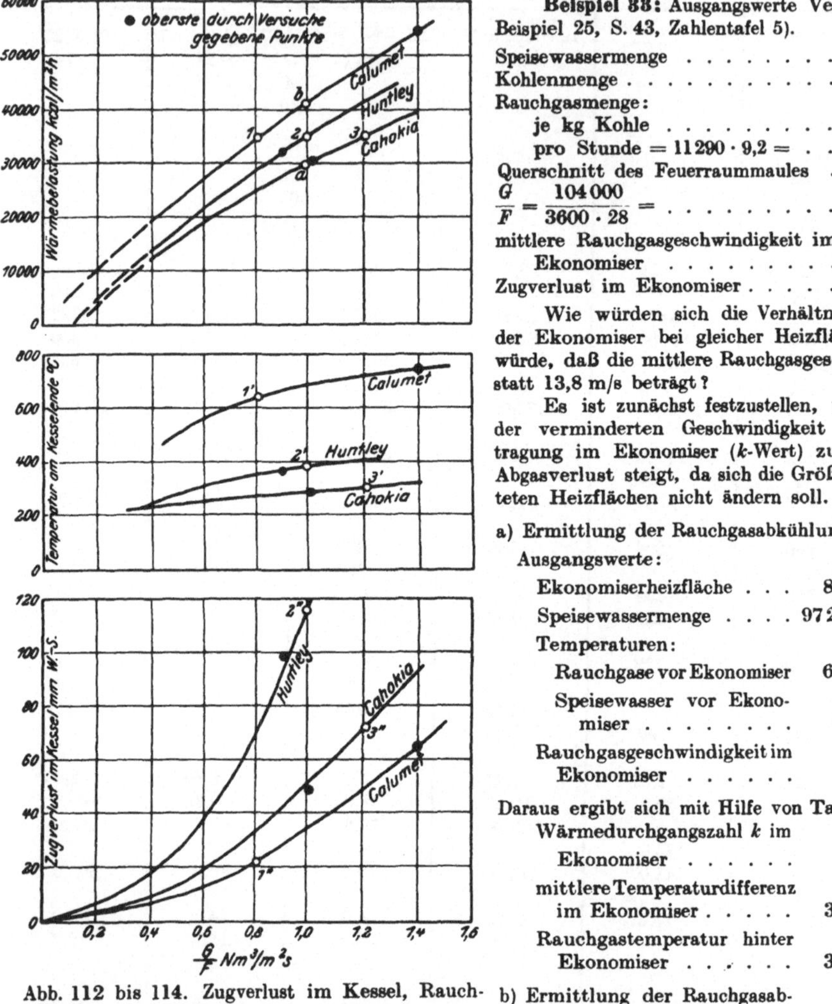

Abb. 112 bis 114. Zugverlust im Kessel, Rauchgastemperatur am Kesselende und Wärmebelastung von 1 m² Gesamtheizfläche (Heizfläche des Kessels einschl. projizierter Kühlfläche und Überhitzerheizfläche) in Abhängigkeit von der durch 1 m² Feuerungsmaulquerschnitt in 1 s strömendem Rauchgasmenge in Nm³ bei den drei in Abb. 108 bis 111 dargestellten Kesseln.

Beispiel 88: Ausgangswerte Versuch 17* (s. auch Beispiel 25, S. 43, Zahlentafel 5).

Speisewassermenge . . . . 97 211 kg/h
Kohlenmenge . . . . 11 290 kg/h
Rauchgasmenge:
   je kg Kohle . . . . 9,2 Nm³/kg
   pro Stunde = 11 290 · 9,2 = . . 104 000 Nm³/h
Querschnitt des Feuerraummaules . rd. 28 m²
$$\frac{G}{F} = \frac{104\,000}{3600 \cdot 28} = \dots \dots \quad 1,03 \text{ Nm}^3/\text{m}^2\text{s}$$
mittlere Rauchgasgeschwindigkeit im
   Ekonomiser . . . . 13,8 m/s
Zugverlust im Ekonomiser . . . . . 120 mm W.-S.

Wie würden sich die Verhältnisse ändern, wenn der Ekonomiser bei gleicher Heizfläche so umgebaut würde, daß die mittlere Rauchgasgeschwindigkeit 6 m/s statt 13,8 m/s beträgt?

Es ist zunächst festzustellen, um wieviel infolge der verminderten Geschwindigkeit die Wärmeübertragung im Ekonomiser (k-Wert) zurückgeht und der Abgasverlust steigt, da sich die Größe der nachgeschalteten Heizflächen nicht ändern soll.

a) Ermittlung der Rauchgasabkühlung im Ekonomiser.

   Ausgangswerte:

      Ekonomiserheizfläche . . . 821 m²
      Speisewassermenge . . . . 97 211 kg/h
      Temperaturen:
         Rauchgase vor Ekonomiser   687° C
         Speisewasser vor Ekono-
           miser . . . . 86° C
         Rauchgasgeschwindigkeit im
           Ekonomiser . . . . . . 6 m/s

Daraus ergibt sich mit Hilfe von Tafeln 2, 4, 5 und 8:
   Wärmedurchgangszahl k im
      Ekonomiser . . . . . . 39 kcal/m²h°C
   mittlere Temperaturdifferenz
      im Ekonomiser . . . . . 370° C
   Rauchgastemperatur hinter
      Ekonomiser . . . . . . 361° C

b) Ermittlung der Rauchgasabkühlung im Luftvorwärmer.

   Ausgangswerte:

      Luftvorwärmerheizfläche . 3690 m²
      Temperaturen:
         Rauchgase vor Luftvor-
           wärmer . . . . 361° C
         Luft vor Luftvorwärmer   39° C

Aus diesen Werten wird mit Hilfe von Tafel 2, 4 und 15 gefunden:
   Mittlere Temperaturdifferenz im Luftvorwärmer . . . . . 130° C
   Abgastemperatur bei einer Rauchgasgeschwindigkeit . . .
      im Ekonomiser von   6,0 m/s . . . . 180° C
                  13,8 m/s . . . . 143° C.

* 26.

Mit Hilfe von Tafel 2 findet man die Erhöhung des Abgasverlustes zu 1378000 kcal/h entsprechend einer Kohlenmenge ($\mathfrak{H}_u$ = 6490 kcal/kg) von 212 kg/h.

Bei 6 m/s Rauchgasgeschwindigkeit ist nach Abb. 115 der Zugverlust im Ekonomiser rd. 40 mm W.-S. bei $\frac{G}{F}$ = 0,57. Um diese Geschwindigkeit auch bei der großen Last $\left(\frac{G}{F} = 1,03\right)$ und bei der etwas erhöhten mittleren Rauchgastemperatur im Ekonomiser (524° C gegenüber 482° C vor der Änderung) zu verwirklichen, müßte der Querschnitt des Ekonomisers rd. $\frac{13,8(524 + 273)}{6(482 + 273)}$ = 2,43 mal vergrößert werden. Da die Heizfläche ungeändert bleiben soll, wird seine Höhe 2,43 mal geringer. Da etwa im selben Maße auch der Zugverlust fällt, beträgt er nur noch rd. $\frac{40}{2,43}$ = rd. 16,5 mm W.-S. Somit ist

gesamte Verkleinerung des
Zugverlustes = 120 — 16,5 =   103,5 mm W.-S.
damit verkleinern sich

Zugstärke am Ventilatoreintritt
gegen die bei hoher Geschwindigkeit auf 211 — 103,5 =   107,5 mm W.-S.

Kraftbedarf des Saugzuges von
273 kW auf rd. $273 \cdot \frac{107,5}{211}$ = 139   kW

Arbeitsersparnis = 273 — 139 =   134   kWh

Dampfverbrauch je kWh (angenommen)   5   kg/kWh

Verdampfungsziffer (Versuchswert) . . . .   8,62 kg/kg

somit:

Kohlenersparnis $\frac{5 \cdot 134}{8,62}$ = . . . rd. 78   kg/h.

Würde man also im Ekonomiser die Rauchgasgeschwindigkeit auf 6 m/s erniedrigen, so würde man zwar am Kraftbedarf der Saugzuganlage rd. 78 kg/h Kohle sparen, müßte aber infolge des höheren Abgasverlustes, um die gleiche Dampfleistung zu erzielen, rd. 212 kg/h Kohle mehr aufwenden. Außerdem würde sich der Ekonomiser dann infolge der bei schwacher Kesselbelastung sehr kleinen Gasgeschwindigkeit u. U. leichter mit Flugasche zusetzen. Obwohl das angewandte Rechnungsverfahren nicht völlig genau ist, zeigt es doch genügend deutlich, daß im vorliegenden Falle die hohe Rauchgasgeschwindigkeit wirtschaftlich ist.

In ähnlicher Weise kann man mit Hilfe des Preises von 1 m² Ekonomiserheizfläche noch errechnen, ob es sich lohnen würde, die Gasgeschwindigkeit im Ekonomiser zwar auf 6 m/s herabzusetzen,

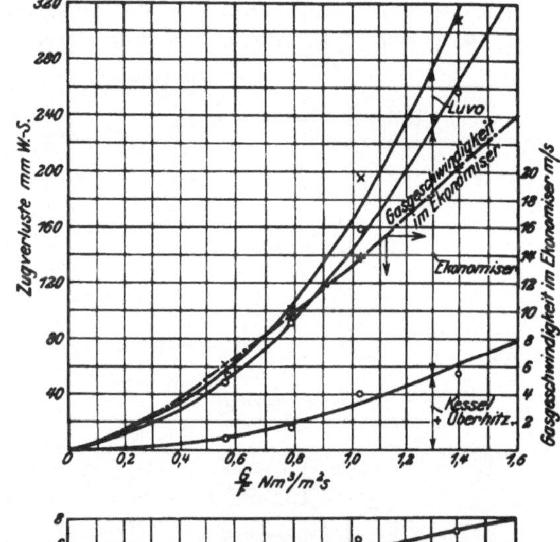
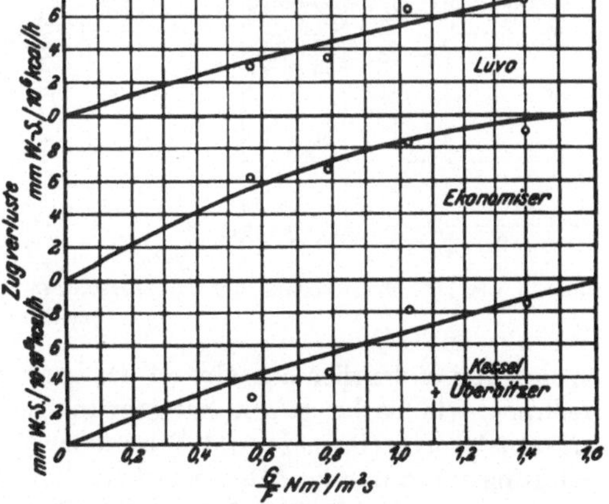

Abb. 115 und 116. Zugverlust des in Abb. 108 dargestellten Kessels im Calumet-Kraftwerk.

aber gleichzeitig seine Heizfläche so zu vergrößern, daß der Abgasverlust konstant bleibt. Bei einer solchen Wirtschaftlichkeitsrechnung müßte man übrigens, um völlig exakt vorzugehen, noch berücksichtigen, daß das ganze Kraftwerk um den Kraftbedarf der Saugzugventilatoren vergrößert werden muß, wenn es dieselbe Nutzleistung wie ein Werk mit natürlichem Zug haben soll. Da die Kesselanlage im Mittel 30 vH des ganzen Kraftwerkes kostet, bedeutet 1 vH höherer Kraftbedarf der Hilfsmaschinen eine Verteuerung der Kesselanlage um rd. 3 vH.

Errechnet man die zur Übertragung von 1000000 = 10⁶ kcal/h erforderliche Zug-

stärke, so zeigt sich, daß verglichen mit dem Ekonomiser der Luftvorwärmer trotz der
tieferen Temperaturen günstig abschneidet. Beide bleiben aber in dieser Beziehung
hinter dem Kessel zurück (hier ist der Zugverlust auf $10\,000\,000 = 10^7$ kcal/h bezogen),
da hier die mittlere Temperaturdifferenz Δt_m von ganz anderer Größenordnung ist.

In Abb. 117 bis 119 ist für dieselben drei Anlagen in großem Maßstab noch der
Kraftverbrauch der Hilfsmaschinen eingetragen. In der für die Werte des Calumet-
Kraftwerkes benutzten Originalarbeit kann, was auch eine schriftliche Anfrage inzwischen
bestätigt hat, der Kraftverbrauch für die Mühlen nicht stimmen, da er bezogen auf 1 t
Kohle mit zunehmendem Durchsatz steigt, statt fällt. Um nun auch andere Zufälligkeiten, wie z. B. Unterschiede in der Güte der drei Saugzuganlagen usw., nach Möglich-
keit auszuscheiden, wurde bei allen drei Werken der Kraftverbrauch der Saugzug-

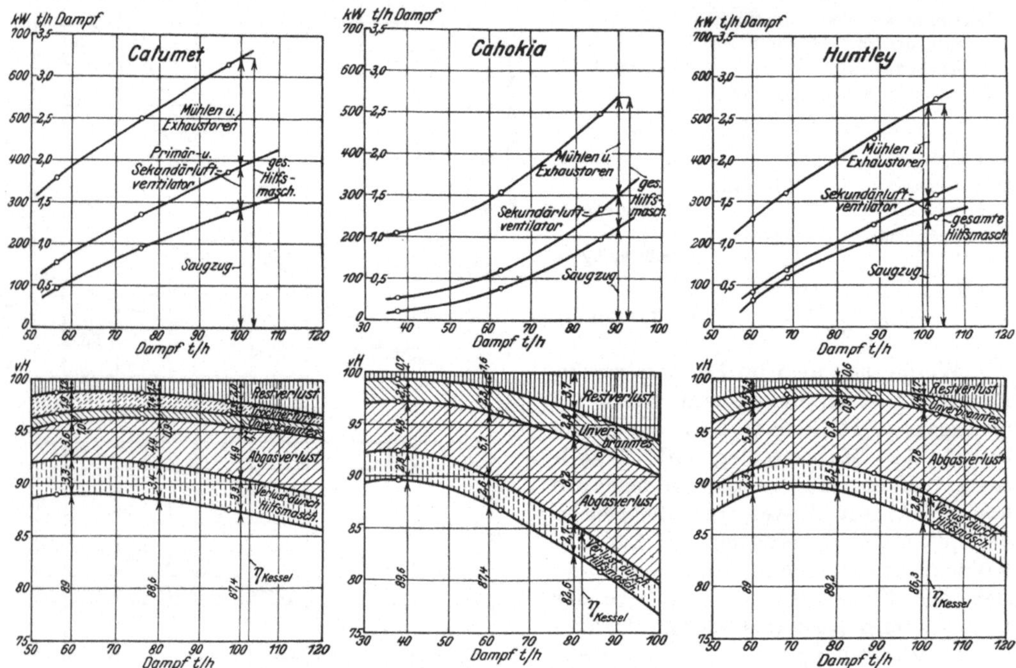

Abb. 117 bis 119. Kraftbedarf der Hilfsmaschinen und Wärmebilanz der drei in Abb. 108 bis 111 dargestellten Kessel.

ventilatoren einheitlich auf Grund der gemessenen Zugverluste und mit Wirkungsgraden
errechnet, wie sie bei guten Saugzuganlagen erreichbar sind. Für den Kraftbedarf der
Luftventilatoren (Primär- und Sekundärluft) konnte mangels genügender Angaben diese
Rechnung nicht durchgeführt werden. Es wurden daher die betreffenden Versuchswerte
übernommen. Für die Mühlen wurden durchweg Einzelmühlen vorausgesetzt, und zwar
für Cahokia und Huntley je zwei, für den wesentlich größeren Kessel in Calumet drei
Mühlen. Ihre Größe wurde so bemessen, daß eine Mühle in den beiden ersten Werken
noch rd. 70 vH und daß zwei Mühlen in Calumet noch rd. 90 vH der Spitze des Kessels
geben können. Der spezifische Kraftbedarf bei vollbelasteten Mühlen wurde einschließlich aller elektrischen Verluste zu rd. 19 kWh/t angenommen. Der stündliche Dampfverbrauch des Werkes wurde in allen Fällen sehr reichlich zu 5 kg/kWh angenommen.
Die Abb. 117 bis 119 zeigen, wieviel unter verschiedenen Konstruktions- und Betriebs-
bedingungen von der im Brennstoff zugeführten Wärme im Dampf nutzbar zur Verfügung steht. Der Kraftbedarf der Mühlen und übrigen Hilfsmaschinen, wie Unterwind-
und Saugzugventilatoren, liegt in dem in Abb. 117 bis 119 dargestellten Belastungs-

bereich zwischen 2,3 und 3,4 vH der in der Kohle zugeführten Wärme, davon entfallen
40 bis 75 vH auf die Mühlen und ihre Exhaustoren.

Trägt man die im erzeugten Dampf nutzbar wiedergewonnene Wärme in Abhängigkeit von der dem Kessel zugeführten Wärme auf, Abb. 120, und verlängert die durch die betreffenden Versuchspunkte gegebene Kurve stetig bis zum Schnitt mit der durch eine Dampferzeugung = 0 kcal/h gehenden Ordinate, so muß der Leerlaufverbrauch für Calumet und Huntley zwischen 3 und 6 vH, für Cahokia zwischen 2,5 und 5,5 vH des Verbrauches bei der größten Dampferzeugung der betreffenden Kessel liegen. Sein wahrscheinlichster Wert ist für Calumet und Huntley etwa 4 vH, für Cahokia 3,5 vH. Diese Werte sind aber etwas unsicher, weil Versuche bei schwacher Last nicht vorliegen. Man kann ferner für Calumet zwischen 40 und 100 vH Kesselleistung die Abhängigkeit der im erzeugten Dampf nutzbar gewonnenen von der dem Kessel in der Kohle zugeführten Wärme sehr gut durch eine durch den Nullpunkt gezogene Gerade darstellen, die größte

Abweichung zwischen ihr und der tatsächlichen Leistungskurve liegt unter 1,5 vH, d. h. der Wirkungsgrad ist in diesem Belastungsgebiet fast konstant. In Huntley und besonders in Cahokia dagegen sind die Abweichungen von einer solchen Geraden bei hoher Last erheblich größer, sie haben nicht die sehr flache Wirkungsgradkurve von Calumet, Abb. 117 bis 119.

Jedenfalls zeigen die drei untersuchten Kraftwerke, wie wichtig es ist, durch große Ekonomiser und Luftvorwärmer und große Gasgeschwindigkeiten in ihnen hohe Kesselleistung mit gutem Kesselwirkungsgrad zu vereinigen.

13. Kosten von Kesselanlagen. Entscheidend für die praktische Brauchbarkeit und Wettbewerbsfähigkeit einer Maschine sind bei gleicher Betriebssicherheit und gleich günstigem Allgemeinverhalten ihre Anlagekosten bzw. ihr Einfluß auf die Betriebskosten. Auf hohen thermischen Wirkungsgrad wird häufig zu großer Wert gelegt und nicht

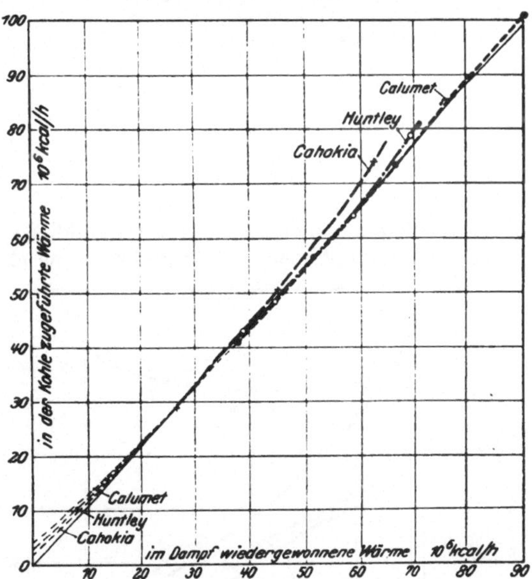

Abb. 120. Abhängigkeit der im Dampf wiedergewonnenen von der in der Kohle zugeführten Wärme bei den drei in Abb. 108 bis 111 dargestellten Kesseln.

danach gefragt, für welchen Preis er erkauft werden muß. Dies gilt nicht nur für die Konstruktion einer Maschine als solche, sondern auch mit Bezug auf die für sie unter gegebenen Verhältnissen günstigsten Arbeitsbedingungen. Auf Dampferzeuger angewendet bedeutet dies, daß von zwei Kesselanlagen die eine sowohl dadurch überlegen sein kann, daß die Kessel zweckmäßiger bemessen und konstruiert sind, als auch dadurch, daß ihre thermischen Werte, wie z. B. Temperatur der Verbrennungsluft, der Feuerraumbelastung, u. U. auch der Dampfdruck günstiger gewählt wurden.

Wenngleich es über den Rahmen dieser Arbeit hinausgehen würde, die zahlreichen Einflüsse auf die Kosten von Dampfkesseln zu untersuchen, so soll doch in großen Zügen ihre Abhängigkeit vom Druck und von der Konstruktion an einem, aus einem anderen Anlaß errechneten Beispiel gezeigt werden[a], bei dem der wirtschaftlichste Dampfdruck für Elektrizitätswerke ermittelt wurde. Die Spitze des Werkes beträgt 270000 kW, seine ausgebaute Leistung rd. 360000 kW. Insgesamt werden 4 Turbinen von je

---

[a] *17.*

90000 kW (eine davon dauernd in Reserve) aufgestellt, von denen jede durch 3 Kessel mit Dampf versorgt wird. Für sämtliche Drücke gelten folgende Voraussetzungen:

Bauart: Feuerung . . . . Kohlenstaubfeuerung
   Kessel . . . . Zweitrommelsteilrohrkessel
Temperaturen:
 Verbrennungsluft vor Luftvorwärmer . . . . 20° C
 Verbrennungsluft nach Luftvorwärmer . . . . 350° C
 Feuerraum . . . . 1350° C
 Abgase hinter Luftvorwärmer . . . . 200° C
 Speisewassererwärmung im Ekonomiser . . . . 40° C
Spezifische Feuerraumbelastung . . . . rd. 200000 kcal/m³h
Wirkungsgrad . . . . 86 vH
Dampftemperatur hinter Überhitzer
 bis 50 atü . . . . 455° C
 von 50 bis 100 atü . . . . 465° C
 über 100 atü . . . . 495° C
Speisewassertemperatur vor Ekonomiser
 bei 16 atü . . . . 135° C
  ,, 24,5 ,, ... 145° C
  ,, 38 ,, ... 155° C
  ,, 65 ,, ... 165° C
  ,, 108 ,, ... 185° C
  ,, 140 ,, ... 195° C.

In solchen Fällen kann es zweckmäßig sein, als Leistung eines Kessels nicht seine stündliche Dampferzeugung, sondern seine elektrische Nutzleistung anzugeben, da dadurch sämtliche Verluste im Kraftwerk und der mit dem Dampfdruck wechselnde spezifische Wärmeverbrauch der Turbinen erfaßt werden. Jeder Kessel wurde daher für eine niederspannungsseitig gemessene elektrische Nutzleistung von 24000/30000 kW als Zweitrommelsteilrohrkessel ausgelegt. Damit ergeben sich die Heizflächen in Abbildung 121 und je nachdem, mit welchen Grundpreisen und Beanspruchungen gerechnet wird, die in dem schraffierten Gebiet zwischen Kurve *A* und *B* in Abb. 122 liegenden Kesselkosten. Ein besonders vorteilhaft bemessener und konstruierter Kessel derselben elektrischen Nutzleistung kann demnach für 140 atü Dampfdruck für einen Mehrpreis von 25 bis 35 vH gegenüber einem 16 atü Kessel gebaut werden. Die Kosten von Löfflerkesseln derselben elektrischen Nutzleistung einschließlich der Umlaufpumpe und ihres Antriebes zeigen die Kurven *C* und *D*. Löfflerkessel von 110 atü kosten

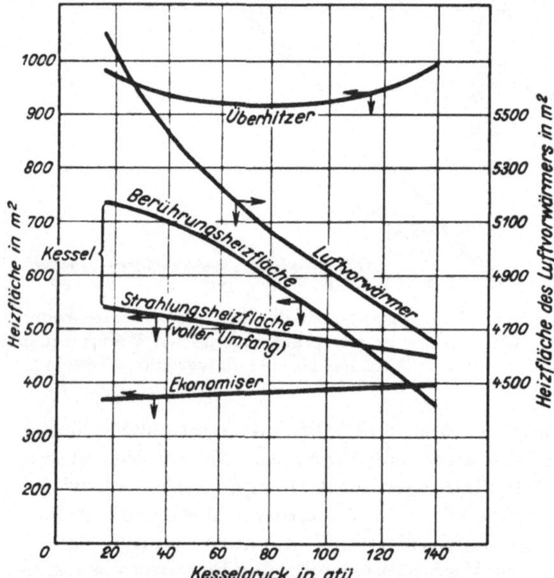

Abb. 121. Für einen Dampferzeuger von 24000/30000 KW elektrischer Nutzleistung bei Frischwasserkühlung der Turbinenkondensatoren benötigte Heizflächen.

nach Abb. 122, wenn sie ebenso kalkuliert werden wie Wasserrohrkessel, etwa soviel wie thermisch besonders günstig bemessene Zweitrommel-Steilrohrkessel für 30 bis 45 atü. Die kleinen Kesselheizflächen normaler Wasserrohrkessel in Abb. 121 erklären sich durch die hohen Temperaturen des überhitzten Dampfes und der Verbrennungsluft und dadurch, daß die Kessel keine Nachheizfläche haben. Es ist von Interesse, sie mit der Heizfläche des unter ähnlichen Bedingungen arbeitenden Kessels in Calumet-Kraftwerk zu vergleichen, Abb. 108 und Zahlentafel 5. Die Werte von Abb. 121 sind unter Voraussetzung sehr günstiger Verhältnisse errechnet und gelten nur für reine Heizflächen. Neigt daher eine Kohle zur Bildung von Ansätzen, so kann es sich empfehlen, die Heizflächen etwas zu vergrößern.

Abb. 123 zeigt die Kosten von 1 m² verschiedener Heizflächen in Abhängigkeit vom Kesseldruck. Bei den Kühlflächen wurde mit der vollen Oberfläche gerechnet (s. S. 94). Die Kosten der Kühlfläche (einschließlich Sammelkästen und Verbindungen mit dem eigentlichen Kessel) hängen sehr davon ab, ob sie aus glatten, unmittelbar aneinandergereihten Rohren, aus Baileyplatten oder aus Flügelrohren besteht, und sind erheblich teurer als die sämtlicher anderer Heizflächen.

Die Länge der Kesseltrommeln wird bei einer bestimmten spezifischen Feuerraumbelastung durch die Breite des benötigten Feuerraumes festgelegt. Nach der heutigen Anschauung braucht man für eine bestimmte Dampferzeugung eine bestimmte Ausdampffläche in den Obertrommeln. Auf die Abmessungen der Kesseltrommeln kann also, wenigstens innerhalb gewisser Grenzen, die Größe der Kesselheizfläche u. U. von nur sekundärem Einfluß sein. Arbeitet ein Kessel z. B. mit hoher Vorwärmung des Speisewassers und der Verbrennungsluft und womöglich noch mit hoher Überhitzung, und hat er keine Nachheizfläche, so ist bei gleichen Trommelabmessungen weniger Kesselheizfläche erforderlich, als wenn die Rauchgase die Kesselheizfläche mit tiefer Temperatur verlassen. An denselben Trommeln kann daher trotz gleichen Gesamtwirkungs-

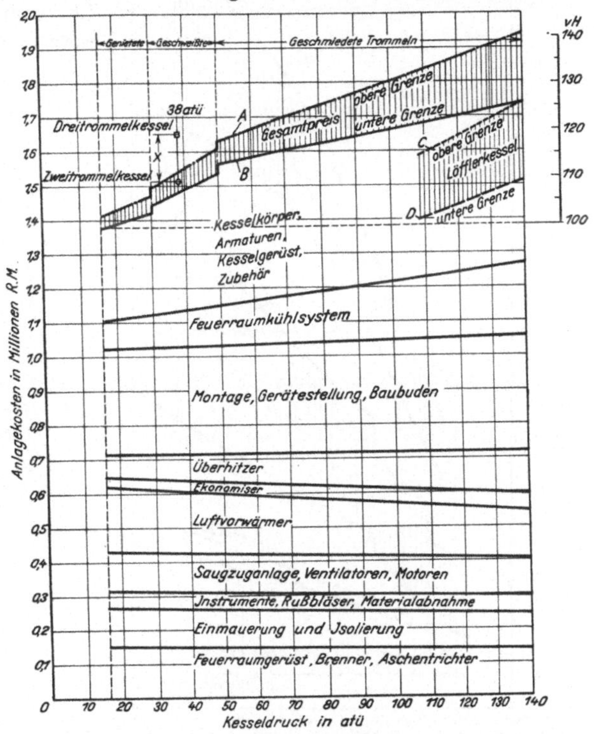

Abb. 122. Kosten eines betriebsfertigen Dampferzeugers von 24000/30000 kW elektrischer Nutzleistung bei Frischwasserkühlung der Turbinenkondensatoren in Abhängigkeit vom Kesseldruck.

grades eine sehr verschiedene Rohrheizfläche angeschlossen sein. Infolgedessen wird der Preis von 1 m² Kesselheizfläche bei derselben Dampfleistung verschieden, je nachdem, ob die Trommeln nur mit so viel Rohren besetzt sind, als man gerade benötigt, oder mit der auf ihnen überhaupt unterbringbaren Anzahl. Daher ist die Kesselheizfläche moderner, hoch belasteter Kessel mit hoher Vorwärmung der Luft und des Speisewassers verhältnismäßig teuer, und zwar um so teurer, je höher der Kesseldruck liegt. Wie bereits auf S. 94 gezeigt wurde, wird häufig übersehen, daß die hohe Leistung bestrahlter Kühlflächen nur auf etwa $^1/_3$ ihres Rohrumfanges wirksam ist. Infolgedessen wird die Leistung von Kühlflächen nicht selten außerordentlich überschätzt. Nach Abb. 124, die die Kosten verschiedener Heizflächen bezogen auf eine übertragene Wärmemenge von 10000 kcal/h zeigt, schneiden in finanzieller Hinsicht Kühlflächen trotz des verfügbaren hohen Temperaturgefälles keineswegs so günstig ab, wie fast allgemein angenommen wird. Die geringe Leistung von Luftvorwärmern dagegen erklärt sich durch die tiefe, in ihnen herrschende Rauchgastemperatur im Verein mit der hohen, heute gebräuchlichen Vorwärmung der Verbrennungsluft.

Zweitrommelsteilrohrkessel für hohe absolute und spezifische Dampfleistungen haben sich bisher wenig eingeführt. Schuld hieran ist u. a. der Umstand, daß sich die Erkenntnis, mit welch kleinen Kesselheizflächen man bei hoher Dampf- und Verbrennungslufttemperatur und hoher Speisewasservorwärmung auskommt, noch wenig durchgesetzt hat. Auch die Vorteile weitgehender Auskleidung der Feuerräume mit Kühlflächen und die daraus sich ergebenden konstruktiven Forderungen und Möglichkeiten wurden bisher nur wenig in ihrer ganzen Bedeutung erkannt. Die Hauptursache der Bevorzugung von Steilrohrkesseln mit drei oder mehr Trommeln liegt aber in der Be-

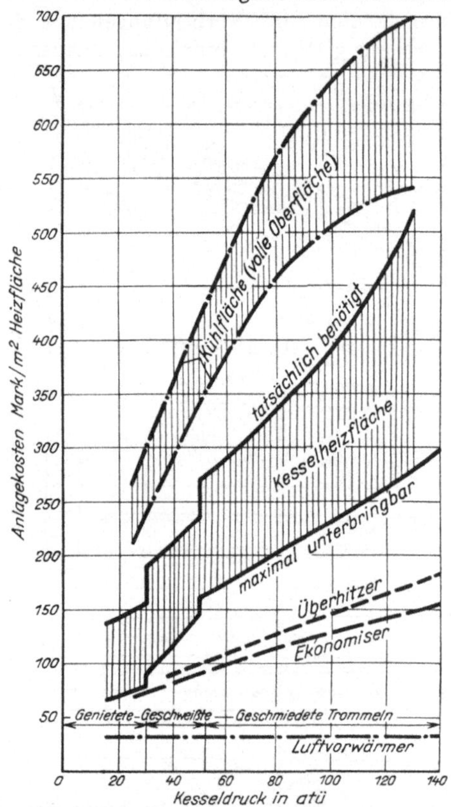

Abb. 123. Anlagekosten je m² Heizfläche von Dampferzeugern für eine elektrische Nutzleistung von rd. 24000/30000 kW in Abhängigkeit vom Kesseldruck.

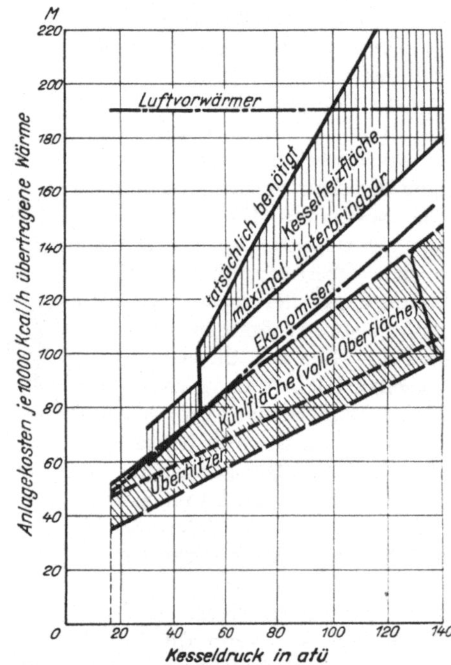

Abb. 124. Anlagekosten der Heizflächen je 10000 kcal/h übertragene Wärme bei Dampferzeugern für eine elektrische Nutzleistung von rd. 24000/30000 kW in Abhängigkeit vom Kesseldruck.

fürchtung, Zweitrommelkessel haben keinen ausreichenden Wasserumlauf. Tatsächlich hängt der Wasserumlauf weit weniger von der Zahl der Obertrommeln als davon ab, wie heiß die Rauchgase an den Wasserrohren sind, die als Fallrohre wirken sollen. Je höher Überhitzung, Luftvorwärmung und Speisewasservorwärmung werden, um so heißer, also für guten Rücklauf des Wassers ungünstiger, wird die Temperatur, gleichgültig, ob ein Kessel eine oder mehrere Obertrommeln besitzt. Man hat es aber durch konstruktive Maßnahmen in der Hand, auch bei hohen Rauchgastemperaturen am Kesselende einen guten Wasserumlauf zu erzielen.

Erhebliche Ersparnisse lassen sich machen, wenn man wenige große statt zahlreicher kleinerer Kessel aufstellt. In Zahlentafel 6 sind 4 Fälle mit derselben Gesamtdampfleistung miteinander verglichen, und zwar sind in Fall I und II 20 Kessel, in Fall III und IV 12 Kessel vorgesehen. Es wurden durchweg dieselbe Abgastemperatur und derselbe Wirkungsgrad angenommen. Fall III und IV unterscheiden sich durch die Temperatur der Heißluft und die spezifische Feuerraumbelastung. Die im günstigsten Fall

erreichbaren Gesamtersparnisse einschließlich der Gebäudekosten bei Aufstellung von 12 nach den neuesten Gesichtspunkten bemessenen und gebauten Kesseln statt 20 Kesseln einer Bauart, wie sie vor 4 Jahren modern war, betragen also rd. 24 vH, Fall I und IV.

Strecke X in Abb. 122 zeigt, um wieviel ein 38 atü-Kessel derselben elektrischen Nutzleistung (24000/30000 kW) teurer ist, wenn er 3 statt 2 Trommeln hat, wenn die Temperatur der Verbrennungsluft 150°C statt 350°C, die Feuerraumbelastung 140000 statt 200000 kcal/m³h beträgt und wenn er im Gegensatz zu den vorhin gekennzeichneten Zweitrommelkesseln mit der üblichen Heizflächenbemessung und Bauweise ausgeführt ist. Der Mehrpreis beträgt rd. 8 vH und ist bei hohem Kesseldruck noch größer. Er rührt zu annähernd gleichen Teilen einerseits von der dritten Trommel und der weniger günstigen Heizflächenbemessung, andererseits von der niedrigeren Heißlufttemperatur und Feuerraumbelastung her. Es handelt sich also um recht ansehnliche, durch vorteilhaftere Konstruktion und Bemessung ersparbare Beträge. Nach Abb. 125, die die Gesamtkosten eines Kraftwerkes für rd. 260000 kW elektrischer Nutzleistung mit Frischwasserkühlung zeigt, ist der Anteil der Kosten der Kesselanlage besonders bei hohem Druck sehr groß und die Hauptursache, wes-

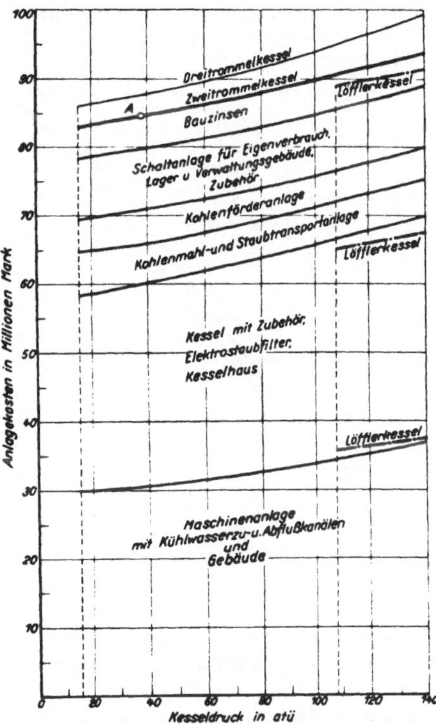

Abb. 125. Anlagekosten eines Kraftwerkes von 258400 kW elektrischer Nutzleistung bei Frischwasserkühlung der Turbinenkondensatoren in Abhängigkeit vom Kesseldruck.

halb hohe Dampfdrücke bei vielen Elektrizitätswerken mit Belastungsfaktoren unter 30 bis 35 vH und normalen Wasserrohrkesseln nur selten wirtschaftlich sind. Die verhältnismäßigen Mehrkosten eines Großkraftwerkes vorstehender Nutzleistung für

Zahlentafel 6. Einfluß der Bauart und der Heizflächenbemessung auf die Kosten von Kesseln und ganzen Kesselanlagen.

Fall		I	II	III	IV
Bauart des Kessels		Dreitrommel	Zweitrommel	Dreitrommel	Zweitrommel
Dampferzeugung eines Kessels	t/h	65/77	65/77	106/130	106/130
Zahl der Kessel		20	20	12	12
Temperaturen:					
Überhitzter Dampf	°C	420	420	455	455
Heißluft	°C	150	150	150	350
Speisewasser im Ekonomiser	°C	140/180	140/180	140/180	155/195
Abgase	°C	200	200	200	200
Feuerraumbelastung	kcal/m³h	140000	140000	140000	200000
Lichte Feuerraumbreite	m	8,6	8,6	12,5	8,6
Kosten eines Kessels	Millionen Mk.	1,11	1,06	1,65	1,48
Kosten sämtlicher Kessel	Millionen Mk.	22,2	21,2	19,8	17,8
Dasselbe in vH		100	95,6	100	90
Kosten der ganzen Kesselanlage einschl. Gebäude Millionen Mk.		29,56	28,56	25,66	22,36
Dasselbe in vH		100	96,6	86,8	76,0

einen höheren Kesseldruck als 17 ata zeigt Abb. 126 für Frischwasserkühlung, Abb. 127 für Rückkühlung. Die Kurven stellen Mindestwerte dar, die bei Verwendung von Kesseln mit mehr als zwei Trommeln oder ungünstig bemessenen oder konstruierten Kesseln erheblich überschritten werden können.

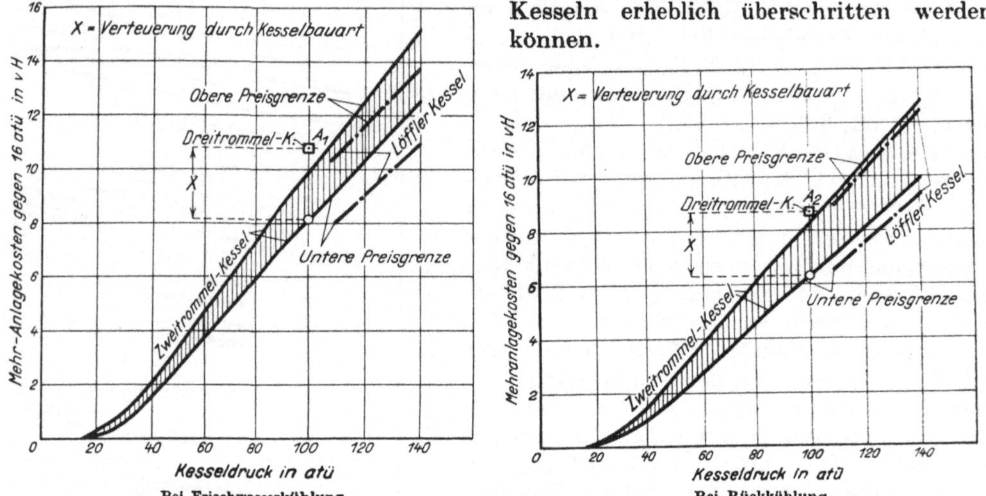

Abb. 126 und 127. Prozentuale Mehrkosten eines Kraftwerkes derselben elektrischen Nutzleistung von 258 400 kW bei einem höheren Kesseldruck als 17 at abs.

Die durch die neueren Bestrebungen, wie günstige Bemessung der Heizflächen, Erhöhung der spezifischen Feuerraumbelastung, Anwendung sehr hoher Luftvorwärmung und Steigerung der Einzelleistung von Kesseln ermöglichten Ersparnisse zeigen, wie wichtig es für ihre Erzielung ist, sich mit den einschlägigen Problemen theoretisch und praktisch eingehend vertraut zu machen.

V. Anhang.

a) Umrechnungstabelle von amerik. (englischen) in deutsche Maße und umgekehrt.

Der deutsche | amerik. Wert wird erhalten durch Multiplikation des amerik. | deutschen Wertes mit

	deutsche ← amerik.	amerik. ← deutschen	
Längen			
inch (1″, in)	25,4	0,03937	mm
foot (1′, ft.)	0,305	3,28	m
yard = 3′ (yd.)	0,9144	1,093	m
fathom = 6′	1,83	0,547	m
mile = 1760 yards	1,609	0,621	km
nautical mile = admiralty knot	1,853	0,539	km
Flächen			
square inch = sq. in.	6,45	0,155	cm²
sq. foot	0,0929	10,76	m²
acre	0,40	2,47	ha
sq. mile = 640 acres	2,59	0,386	km²
Raummaße			
cu. inch	16,387	0,0610	cm³
cu. foot	28,3	0,0353	l
cu. yard	0,7646	1,31	m³
cu. ft. per minute	1,699	0,589	m³/h
register ton = 100 cu. ft.	2,832	0,353	m³
(ocean ton = 40 cu. ft.	1,133	0,8829	m³)
Imp. gallon	4,544	0,2201	l
U. S. A. gallon	3,785	0,2642	l
pint = $\frac{1}{8}$ Imp. gallon	0,568	1,76	l
barrel petoleum = 42 U. S. A. gallons	1,590	0,6291	hl
Gewichte			
grain = $\frac{1}{7000}$ lb.	0,0648	15,43	g
ounce = $\frac{1}{16}$ lb. (oz.)	28,35	0,035	g
pound = 1 lb.	0,4536	2,20	kg
hundred weight = 112 lbs.	50,802	0,0197	kg
(short ton = 2000 lbs.	907,19	$\frac{1,102}{1000}$	kg)
long ton = 2240 lbs.	1016	$\frac{0,9842}{1000}$	kg
lbs. per lin. ft.	1,488	0,672	kg/lfd. m
Druck (gauge pressure = Überdruck)			
oz. per sq. inch	44	0,0227	mmWS
in. of water	25,4	0,0337	„
lb. per sq. inch	0,0703	14,2	kg/cm²
lb. per sq. ft.	4,88	0,205	kg/m²
ton per sq. inch	157,5	$\frac{6,35}{1000}$	kg/cm²
in mercury	345	$\frac{0,29}{100}$	mmWS
Dichte			
grain per cu. ft.	2,29	0,436	g/m³
grain per imp. gallon	0,0143	70,12	kg/m³
oz. per cu. ft.	1,0	1,0	kg/m³
lb. per cu. ft.	16,0	0,0624	kg/m³
lb. per gallon	100	0,01	kg/m³
cu. ft. per pound	62,5	0,016	l/kg
„ „ „ „	0,0625	16,0	m³/kg
Widerstandsmoment			
inch³	16,39	0,0611	cm³

Der deutsche | amerik. Wert wird erhalten durch Multiplikation des amerik. | deutschen Wertes mit

	deutsche ← amerik.	amerik. ← deutschen	
Trägheitsmoment			
inch⁴	41,6	0,024	cm⁴
Arbeit und Leistung			
ft. lbs.	0,1383	7,23	mkg
Horse Power	1,0138	0,986	PS

B. H. P. = Brake Horse Power = Brems PS

1 HP = 746 W = 76 mkg/s

1 HP = 33000 ft. lbs. per min. = 550 ft. lbs. per s

1 kW = 1,359 PS = 1,34 HP = 738 ft. lbs. per s

1 kWh = 3411 B. T. U. = 860 kcal

Wasserhärte

	deutsche ← amerik.	amerik. ← deutschen	
deg. of hardness Engl.	0,8	1,25	Deutsche Härtegrade

Temperatur

0° C = 32° Fahrenheit

−273° C = −459,4° „ ; 0° Fahrenheit = −17,75° C

100° C = 212 ° „ ; 100° „ = 37,8 °C

Temp. Celsius = $\frac{5}{9}$ (Temp. Fahrenheit −32°)

„ Fahrenheit = $\frac{9}{5}$ Temp. Celsius +32°

„ Celsius abs. = $\frac{5}{9}$ (Temp. Fahrenheit +459,4°)

„ Fahrenheit abs. = $\frac{9}{5}$ Temp. Celsius +491,4°

Wärmegrößen

	deutsche ← amerik.	amerik. ← deutschen	
B. T. U. = 1 deg. Fahr. per lb.	0,252	3,97	kcal
B. T. U. per lb.	0,555	1,80	kcal/kg
„ per cu. ft.	8,9	0,1121	kcal/m³
„ per sq. ft.	2,71	0,369	kcal/m²
„ per sq. ft. per hour per ° Fahr.	4,87	0,206	kcal/m²h °C
B. T. U. per ft. per hour per ° Fahr.	1,49	0,671	kcal/mh °C
B. T. U. per in. per hour per ° Fahr.	17,85	0,056	kcal/mh °C

100% rating = 3,45 lbs. per sq. ft. per h. (Dampf v 539 kcal/kg Erzeugungswärme)

	deutsche ← amerik.	amerik. ← deutschen	
100% rating	9080	$\frac{0,1101}{1000}$	kcal/m²h
100% rating	16,85	$\frac{5,95}{100}$	kg Dampf/m²h v. 539 kcal/kg Erz.-W

Kesselleistung

1 Boiler HP = 10 sq. ft. = 0,929 m²

Die Angabe „1 Boiler HP = 15,65 kg/h Damp = 8440 kcal/h" bedeutet, daß 10 sq. ft. Kesselheiz fläche bei 100 % rating 15,65 kg Dampf von 539 kcal/k Erzeugungswärme liefern. (Zur Zeit, als dieser Be griff festgesetzt wurde, konnte mit 15,65 kg Damp 1 HP/h erzeugt werden.)

Normale Abmessungen

Wagerechte Rohrteilung bei amerik. Sektionalkessel Von 102 bis 210 mm schwankend, häufig 176 mm

Retortenteilung bei Unterschubstokern[a]:

Taylor	rd. 530 mm	
Westinghouse, Frederick	„ 535 „	
Riley Standard	„ 483 „	
Riley Super	„ 560 „	

[a] Die Feuerraumbreite amerikanischer Kessel wird vielfach nur durch die Zahl der Rostretorten angegeben.

b) Buchstaben- und Formelverzeichnis.

Zum schnellen Auffinden der Bedeutung der verwendeten Buchstabenbezeichnungen und um das Verständnis der Gleichungen auch ohne das Studium des zugehörigen Textes zu ermöglichen, sind nachstehend die benutzten Buchstabenbezeichnungen und Formeln zusammengestellt. Soweit ihre Bedeutung nicht ohne weiteres aus der beigefügten Erläuterung hervorgeht, ist auf die Textstellen, Abbildungen und Gleichungen verwiesen, in denen die Buchstaben vorkommen.

Buchstabenverzeichnis.

Bezeichnung	Erläuterung	Dimension	Texthinweis S.
A	Verbrennungsluftmenge je kg Kohle	kg/kg	
$\mathfrak{B}_{Fl}$	spezifische Flammenbelastung	kcal/m³h	37, 53
b	absoluter Druck	mm Q.-S.	
b'	Barometerstand	mm Q.-S.	
C_1, H_1, S_1, O_1, N_1	Gehalt der Kohle an Kohlenstoff usw. vor der Trocknung	vH	
C_2, H_2, S_2, O_2, N_2	Gehalt der Kohle an Kohlenstoff usw. nach der Trocknung	vH	
C_1, C_2	Strahlungszahlen	kcal/m²h[°abs.]⁴	11
C_s	Strahlungszahl des schwarzen Körpers	kcal/m²h[°abs.]⁴	9
C_R	stündlich verfeuerte Kohlenmenge je m² bestrahlte Heizfläche	kg/m²h	70
$\left\| C_p^m \right\|_{t_2}^{t_1}$	mittlere spezifische Wärme von 1 Nm³ bei konstantem Druck zwischen zwei beliebigen Temperaturen t_1 und t_2	kcal/Nm³°C	
$\left\| c_p^m \right\|_{t_2}^{t_1}$	mittlere spezifische Wärme von 1 kg Gas bei konstantem Druck zwischen t_1 und t_2	kcal/kg°C	
c_p	wahre spezifische Wärme von Gasen bzw. Wasserdampf bei konstantem Druck	kcal/kg°C	
c	eine Konstante		20
D	Belastung von 1 m² Kesselheizfläche (ohne Überhitzer und Ekonomiser), aber unter Verrechnung der im Überhitzer aufgenommenen Wärmemenge, bezogen auf eine Erzeugungswärme von 640 kcal/kg	kg/m²h	69
d	Rohrdurchmesser	m	
E_S	je m² und Stunde von der Oberfläche eines schwarzen Körpers ausgestrahlte Energie	kcal/m²h	
F	Feuerraummaulquerschnitt	m²	106
$F, F_1, F_2, \ldots$	{ Heizfläche bzw. Größe der strahlenden Fläche	m²	
F_H	Kesselheizfläche (ohne Überhitzer und Ekonomiser)	m²	
F_R	Rostfläche	m²	
F_W	Fläche der Feuerraumwände	m²	13
G	{ Gewicht der Verbrennungsprodukte bzw. Rauchgasmenge	kg/h Nm³/s	
H_a	Im Feuerraum verfügbare Wärmemenge aus 1 kg Kohle = unterer Heizwert der Kohle abzüglich der Verluste in der Feuerung	kcal/kg	70
$\mathfrak{H}_u$	unterer Heizwert der Kohle	kcal/kg	
$\mathfrak{H}_{u_1}$	desgleichen vor der Trocknung	kcal/kg	
$\mathfrak{H}_{u_2}$	desgleichen nach der Trocknung	kcal/kg	
h	Überdruck oder Unterdruck über bzw. unter den jeweiligen Barometerstand	mm W.-S.	
J	Wärmeinhalt von 1 m³ Rauchgas bzw. Luft bei beliebigem Zustand	kcal/m³	
$J_{Nm³}$	Wärmeinhalt von 1 Nm³ (= 1 m³ bei 0°C und 760 mm Q.-S.) Rauchgas bzw. Luft	kcal/Nm³	

Bezeichnung	Erläuterung	Dimension	Texthinweis S.
k	Beanspruchung des Materials	kg/mm^2	68
K	eine Konstante		13
k	Wärmedurchgangszahl	$kcal/m^2h\,°C$	6
L	bespülte Rohrlänge bzw. Länge einer Rohrschlange	m	
m	$\dfrac{CO_2\text{-Raumanteil in vH der nassen Rauchgase}}{CO_2\text{-Raumanteil in vH der trockenen Rauchgase}}$		
n	veränderlicher Zahlenwert		20
p	Druck	at abs.	
$p_{CO_2},\ p_{H_2O}$	Partialdruck von Kohlensäure bzw. Wasserdampf	at abs.	22 Tafel 8
Q	übertragene Wärmemenge	$kcal/h$	
Q_B	durch Verbrennung der Kohle frei gewordene Wärmemenge	$kcal/h$	12, 13, 53
Q_F	von den festen und gasförmigen Teilen der Flamme im Feuerraum abgegebene Wärmemenge	$kcal/h$	12, 13
Q_{HS}	durch indirekte Strahlung an das Kesselwasser übergehende Wärmemenge	$kcal/h$	12, 13
Q_{HT}	desgleichen durch direkte Strahlung	$kcal/h$	12, 13
Q_L	fühlbare, in der Verbrennungsluft durch deren Übertemperatur gegenüber der Außenluft dem Feuerraum zugeführte Wärme	$kcal/h$	53
Q_{LS}	Wärmemenge, die durch die Feuerraumwand hindurch an die Verbrennungsluft übergeht	$kcal/h$	12, 13
Q_R	fühlbare Wärme in den Verbrennungsprodukten bei Eintritt in die Kesselheizfläche	$kcal/h$	13, 53
Q_T	dem Feuerraum insgesamt zugeführte Wärmemenge	$kcal/h$	12, 13
q_H	von 1 m^2 projizierter Kühlfläche des Feuerraumes aufgenommene Wärmemenge	$kcal/m^2h$	53
$q_{HS},\ q_{HT}$	von der Kesselheizfläche zurückgestrahlte Wärmemenge	$kcal/h$	12
r_{CO_2}	CO_2-Raumanteil in vH der trockenen Rauchgase (Anzeige des Orsatapparates)	vH	
r'_{CO_2}	desgleichen in vH der nassen Rauchgase	vH	
S_H	Summe der gesamten im Feuerraum angebrachten „kalten Flächen", nachdem sie auf die Wand projiziert wurden, vor der sie angebracht sind	m^2	35, 53
S_S	Summe der nicht mit „kalten Flächen" ausgekleideten feuerfesten Wandflächen	m^2	35
s	Stärke der strahlenden Gasschicht	mm	22, Tafel 8
T	absolute Temperatur	$°abs.$	
$T_1,\ T_R$	abs. Temperatur der Brennstoffschicht (Rostoberfläche)	$°abs.$	
T_2	abs. Temperatur der Feuerraumwand	$°abs.$	
T_F	mittlere abs. Feuerraumtemperatur (= mittl. Rauchgastemperatur am Eintritt in das Rohrbündel des Kessels)	$°abs.$	
T_H	abs. Temperatur der Heizfläche	$°abs.$	
$t,\ t_1,\ t_2,$	Temperatur	$°C$	
t_F	mittlere Feuerraumtemperatur (= mittl. Rauchgastemperatur am Eintritt in das Rohrbündel des Kessels)	$°C$	
t_R	Rauchgastemperatur bzw. Temperatur der Brennstoffschicht (Rostoberfläche)	$°C$	
t_W	Rohrwandtemperatur	$°C$	
V	Volumen	m^3	
V_{Fl}	Flammenvolumen	m^3	37, 51, 53
V_F	Feuerraumvolumen	m^3	51
V_{Nm^3}	Volumen im Normalzustand (0 °C 760 mm Q.-S)	Nm^3	
v	Geschwindigkeit (Dampf, Gas usw.)	m/s	
w_{H1}	Wassergehalt der Kohle vor der Trocknung	vH	
w_{H2}	Wassergehalt der Kohle nach der Trocknung	vH	
X	an 1 m^2 bestrahlte projizierte Heizfläche übertragene Wärmemenge	$kcal/m^2h$	70
X_s	Wärmeverlust durch Leitung und Strahlung der Feuerraumwanderungen	$kcal/h$	12

Bezeichnung	Erläuterung	Dimension	Texthinweis S.
Z_H	von den Kühlflächen an den Seitenwänden des Feuerraumes durch Berührung aufgenommene Wärmemenge	kcal/h	12
α, α_1, α_2, . . .	Wärmeübergangszahlen	kcal/m²h°C	
α_B	Wärmeübergangszahl durch Berührung	kcal/m²h°C	
α_s	Wärmeübergangszahl durch Gasstrahlung	kcal/m²h°C	
γ	spezifisches Gewicht	kg/m³	
γ_1	spez. Gewicht des Gases bei 1 at abs. Druck und der mittleren Temperatur aus Gas und Rohrwandtemperatur	kg/m³	
Δg	Temperaturdifferenz auf der Seite, wo sie am größten ist (am Anfang oder Ende der Heizfläche)	°C	18
Δk	Temperaturdifferenz auf der Seite, wo sie am kleinsten ist (am Anfang oder Ende der Heizfläche)	°C	18
Δt_m	mittlere Temperaturdifferenz	°C	
δ, δ_1, δ_2, ...	Dicke von wärmedurchflossenen Wänden oder Schichten	m	
λ, λ_1, λ_2	Wärmeleitzahlen von Heizflächen bzw. deren Belag, Wänden, Gasen und Wasserdampf	kcal/mh°C	
λ	Wellenlänge	$\mu = 0{,}001$ mm	8, 9
λ	Luftüberschußzahl $= \dfrac{\text{tatsächlich zugeführte Verbrennungsluftmenge}}{\text{theoretisch erforderliche Verbrennungsluftmenge}}$		
μ	Zähigkeit eines Gases bei der mittleren Temperatur aus Gas- und Rohrwandtemperatur	kgs/m²	19, 20
μ_6	Anteil der von der Fläche S_H aufgenommenen, an der gesamten der Feuerung zugeführten Wärme. . . .		53
ϱ	Massendichte des Gases bei der mittleren Temperatur aus Gas- und Rohrwandtemperatur	kgs²/m⁴	19, 20
φ	Strahlung der Gase in vH der Gesamtstrahlung des schwarzen Körpers		23
φ'	eine Konstante		69
ψ	Kühlziffer, Anteil der „kalten Flächen" an der Innenfläche des Feuerraumes		35

Formelverzeichnis.

Nr.	Formel	Dimension	Texthinweis S.
1	$Q = \alpha \cdot F \cdot (t_1 - t_2)$	kcal/h	5
2	$k = \dfrac{1}{\dfrac{1}{\alpha_1} + \dfrac{\delta}{\lambda} + \dfrac{1}{\alpha_2}}$	kcal/m²h°C	6
3	$Q = k \cdot F \cdot (t_1 - t_4)$	kcal/h	6
4	$Q = \alpha_1 \cdot F \cdot (t_1 - t_2)$	kcal/h	7
5	$Q = \dfrac{\lambda}{\delta} \cdot F \cdot (t_2 - t_3)$	kcal/h	7
6	$Q = \alpha_2 \cdot F \cdot (t_3 - t_4)$	kcal/h	7
7	$k = \dfrac{1}{\dfrac{1}{\alpha_1} + \dfrac{\delta_1}{\lambda_1} + \dfrac{\delta}{\lambda} + \dfrac{\delta_2}{\lambda_2} + \dfrac{1}{\alpha_2}}$	kcal/m²h°C	7, 25
8	$k = \dfrac{1}{\dfrac{1}{\alpha_1} + \dfrac{1}{\alpha_2}}$	kcal/m²h°C	8, 25
9	$E_s = C_s \left(\dfrac{T}{100}\right)^4$	kcal/m²h	9
10	$Q = \dfrac{F}{\dfrac{1}{C_1} + \dfrac{1}{C_2} - \dfrac{1}{C_s}} \left[\left(\dfrac{T_1}{100}\right)^4 - \left(\dfrac{T_2}{100}\right)^4\right]$	kcal/h	11
11	$\dfrac{1}{\dfrac{1}{C_1} + \dfrac{1}{C_2} - \dfrac{1}{C_s}} = 4{,}0 \div 4{,}2$	kcal/m²h [°abs.]⁴	11

Nr.	Formel	Dimension	Texthinweis S.
12	$Q_B = Q_R + Q_F$	kcal/h	12
13	$Q_R = G \left. \mid c_p^m \right.\mid_{t_1}^{t_F} (t_F - t_1)$	kcal/h	13
14	$Q_F = K(T_F^4 - T_H^4) + \sum F_W \cdot \alpha_B \cdot \Delta t_m$	kcal/h	13
15	$Q_T = Q_B + Q_{LS} + q_{HS} + q_{HT}$	kcal/h	13
16	$X_S + Q_{HS} + Q_{HT} + Z_H = $ der Flamme entzogene Wärme	kcal/h	13
17	$V = V_{Nm^3} \dfrac{273 + t}{273}$	m³	14
18	$V = 2{,}78 \cdot V_{Nm^3} \dfrac{273 + t}{b}$	m³	14
19	$V = 2{,}78 \cdot V_{Nm^3} \dfrac{273 + t}{b' \pm \dfrac{h}{13{,}6}}$	m³	14
20	$V = V_{Nm^3} \dfrac{273 + t}{264{,}2 \cdot p}$	m³	14
21	$J = J_{Nm^3} \dfrac{273}{273 + t}$	kcal/m³	15
22	$J = J_{Nm^3} \dfrac{b}{2{,}78\,(273 + t)}$	kcal/m³	15
23	$J = J_{Nm^3} \dfrac{b' \pm \dfrac{h}{13{,}6}}{2{,}78\,(273 + t)}$	kcal/m³	15
24	$J = J_{Nm^3} \dfrac{264{,}2\,p}{273 + t}$	kcal/m³	15
25	$\left.\mid C_p^m \right.\mid_0^t = \left.\mid C_{p_{H_2O}}^m \right.\mid_0^t - m \cdot \left[\left.\mid C_{p_{H_2O}}^m \right.\mid_0^t - \left.\mid C_{p_{N_2}}^m \right.\mid_0^t - r_{CO_2} \left(\left.\mid C_{p_{CO_2}}^m \right.\mid_0^t - \left.\mid C_{p_{N_2}}^m \right.\mid_0^t \right) \right]$	kcal/Nm³°C	16
26	$J_{Nm^3} = \left.\mid C_p^m \right.\mid_0^t \cdot t$	kcal/Nm³	16
27	$\left.\mid C_p^m \right.\mid_{t_2}^{t_1} = \dfrac{\left.\mid C_p^m \right.\mid_0^{t_1} \cdot t_1 - \left.\mid C_p^m \right.\mid_0^{t_2} \cdot t_2}{t_1 - t_2}$	kcal/Nm³°C	16
28	$\Delta t_m = \Delta g \cdot \dfrac{1 - \dfrac{\Delta k}{\Delta g}}{\ln \cdot \dfrac{\Delta g}{\Delta k}}$	°C	18
29	$\alpha_B = c \cdot \dfrac{\lambda}{d} \cdot \left(\dfrac{v \cdot d \cdot \varrho}{\mu} \right)^n$	kcal/m²h°C	20
30	$\alpha_B = 23{,}7 \cdot L^{-0{,}05} \cdot d^{-0{,}16} \cdot (v \cdot p)^{0{,}79} \cdot \lambda^{0{,}21} \cdot (\gamma_1 \cdot c_p)^{0{,}79}$	kcal/m²h°C	21
31	$\alpha_S = 23{,}7 \cdot L^{-0{,}05} \cdot d^{-0{,}16} \cdot v^{0{,}79} \cdot \lambda^{0{,}21} \cdot (\gamma \cdot c_p)^{0{,}79}$	kcal/m²h°C	24
32	$\psi = \dfrac{S_H}{S_H + S_S}$		35
33	$Q_B + Q_L = Q_R + S_H \cdot q_H$	kcal/h	53
34	$\mathfrak{B}_{Fl} \cdot V_{Fl} = Q_B$	kcal/h	53
35	$\mu_6 = \dfrac{S_H \cdot q_H}{V_{Fl} \cdot \mathfrak{B}_{Fl} + Q_L}$		53
36	$0{,}0056 \cdot \varphi' \cdot \dfrac{F_R}{F_H} \cdot \dfrac{1}{D} \left(\dfrac{T_R}{100} \right)^4 + 0{,}00054\, t_R = 1$	T_R in °abs. t_R in °C	69
37	$X = C_R \cdot H_6 \cdot \dfrac{1}{1 + \dfrac{A\sqrt{C_R}}{59{,}6}}$	kcal/m²h	70
38	$C_2, H_2, S_2, O_2, N_2 = C_1, H_1, S_1, O_1, N_1 \cdot \dfrac{100 - w_{H2}}{100 - w_{H1}}$	vH	82
39	$\mathfrak{H}_{u_2} = \dfrac{\mathfrak{H}_{u_1}(100 - w_{H2}) + 600\,(w_{H1} - w_{H2})}{100 - w_{H1}}$	kcal/kg	82
40	$\left(\dfrac{T_2}{100} \right)^4 = \dfrac{1}{n - 1} \left[(n - 2) \left(\dfrac{T_1}{100} \right)^4 + 750 \right]$	T_2 in °abs.	101

c) Literaturverzeichnis.

1 Bailey, E. G.: „Some factors in furnace design for high capacity." Transact. American Society of Mechanical Engineers, New York, Dez. 1927.

2 ten Bosch M.: „Die Wärmeübertragung." 2. Auflage. Berlin: Julius Springer 1927.

3 Broido, B. N.: „Radiation in boiler furnaces." Mechanical Engineering, Februar 1926.

4 Cushing u. Moore: „Direct-fired powdered-fuel boilers with well-type furnaces at Charles R. Huntley-Station." Transact. American Society of Mechanical Engineers, Fuels and Steam Power, Bd. 50, Nr. 8.

5 Eberle u. Holzhauer: „Die Wärmeleitfähigkeit von Kesselsteinen." Arch. Wärmewirtsch. H. 6, Juni 1928.

6 Frantz: „Was der Dampfkessel-Ingenieur von dem Material, dem Bau und dem Betriebe der Abgas-Speisewasser-Vorwärmer wissen muß." Wärme Nr. 30. 1928.

7 Gramberg, A.: „Maschinenuntersuchungen und das Verhalten der Maschinen im Betriebe." 3. Aufl. Berlin: Julius Springer 1924.

8 Gröber, H.: „Die Grundgesetze der Wärmeleitung und des Wärmeüberganges." Berlin: Julius Springer 1921.

9 Gröber, H.: „Einführung in die Lehre von der Wärmeübertragung." Berlin: Julius Springer 1926.

10 Haslam u. Hottel: „Combustion and heat transfer." Transact. American Society of Mechanical Engineers, Fuels and Steam Power, Bd. 50, Nr. 8.

11 Hildebrand, Ed.: „Bestimmung des Strahlungsmeßfehlers bei der Temperaturmessung mit Thermoelementen in Gasen." Arch. Wärmewirtsch. 1926, H. 11.

12 Hütte: „Des Ingenieurs Taschenbuch". 25. Aufl. Bd. 1.

13 Lent u. Thomas: „Versuche über die Eigenstrahlung der Gase." Mitteilung Nr. 65 der Wärmestelle des Vereins deutscher Eisenhüttenleute, Verlag Stahleisen, Düsseldorf.

14 Münzinger, F.: „Untersuchungen an Steilrohrkesseln." Z. V. d. I. 1920, Nr. 21/22.

15 Münzinger, F.: „Leistungssteigerung von Großdampfkesseln." Berlin: Julius Springer 1922.

16 Münzinger, F.: „Kesselanlagen für Großkraftwerke." Berlin: V. D. I.-Verlag 1928.

17 Münzinger, F.: „Der wirtschaftlichste Dampfdruck in Elektrizitätswerken unter Berücksichtigung des Löfflerkessels." Berichtsheft über die 4. Mitgliederversammlung der Studienkommission für Hochdruckanlagen bei der Vereinigung der Elektrizitätswerke 1929.

18 Nusselt: „Der Wärmeübergang im Kreuzstrom." Z. V. d. I. 1911.

19 Nusselt: „Der Wärmeübergang im Rohr." Z. V. d. I. 1917.

20 Nusselt: „Wärmeleitfähigkeit von Wärmeisolierstoffen." V. d. I. Forschungsheft Nr. 63.

21 Orrok, G. A.: „Radiation in boiler furnaces." Mechanical Engineering, März 1926.

22 Reiher: „Wärmeübertragung von strömender Luft an Rohre und Röhrenbündel im Kreuzstrom." Forschungsheft Nr. 269. V. D. I.-Verlag 1925.

23 Reiher u. Cleve: „Temperaturmeßfehler in Gasen und überhitzten Dämpfen durch Wärmeableitung von der Meßstelle." Arch. Wärmewirtsch. 1926.

24 Report Prime Movers Committee, National Electric Light Association New York, August 1926.

25 Report Prime Movers Committee, National Electric Light Association, New York, August 1927.

26 Report Prime Movers Committee, National Electric Light Association New York, August 1928.

27 Reutlinger: „Mitteilungen über Forschungsarbeiten." H. 94.

28 Schack: „Der Wärmeübergang in technischen Feuerungen unter dem Einfluß der Eigenstrahlung der Gase." Mitteilung der Wärmestelle Nr. 55, Verlag Stahleisen, Düsseldorf.

29 Schack: „Geräte und Verfahren zu Temperaturmessungen." Mitteilung der Wärmestelle Nr. 97, Verlag Stahleisen, Düsseldorf.

30 Schack: „Zur Kritik der Ähnlichkeitstheorie des Wärmeüberganges." Mitteilung der Wärmestelle Nr. 98, Verlag Stahleisen, Düsseldorf.

31 Seibert: „Die Wärmeaufnahme der bestrahlten Kesselheizfläche." Arch. Wärmewirtsch. Juni 1928, S. 180.

32 Sherman u. Taylor: „Refractories service conditions in furnaces burning powdered Illinois coal with long flame burners." Transact. American Society of Mechanical Engineers, Fuels and Steam Power, Bd. 50, Nr. 15.

33 Strunk: „Stratification of gases within a boiler furnace." Power Bd. 57, Nr. 5.

34 Tenney: „Unit mill fired boilers at Cahokia Station." Power, 31. Januar 1928.

35 Thatcher: „Notes on the sampling of boiler-flue gases." Power Bd. 64, Nr. 21.

36 Thoma: „Hochleistungskessel." Berlin: Julius Springer 1921.

37 Urbanczyk: „Festigkeitseigenschaften von Kesselblechen bei Temperaturen von 20 bis 600°." Stahleisen 1927, Nr. 27.

38 Wamsler: „Mitteilung über Forschungsarbeiten." H. 98/99.

39 Wohlenberg u. Anthony: „Influence of coal type on radiation in boiler furnaces." Transact. American Society of Mechanical Engineers, New York, Dez. 1928.

40 Wohlenberg u. Brooks: „Some fundamental considerations in the design of boiler furnaces." Transact. American Society of Mechanical Engineers, Fuels and Steam Power, Bd. 50, Nr. 15.

41 Wohlenberg u. Lindseth: „The influence of radiation in coal-fired furnaces on boiler-surface requirements and a simplified method for its calculation." American Society of Mechanical Engineers. Paper Nr. 2024.

42 Wohlenberg u. Morrow: „Radiation in the pulverized-fuel furnace." American Society of Mechanical Engineers, Paper Nr. 1956.

43 Zeitschrift des Bayerischen Revisions-Vereins: „Versuche über den Einfluß der Wasserführung auf den Wärmedurchgang durch Ekonomiserheizflächen." 1914. H. 3—7.

Die Dampfmaschine. Von Professor Dr.-Ing. e. h. **M. F. Gutermuth,** Geh. Baurat, Darmstadt. Bearbeitet in Gemeinschaft mit Professor Dr.-Ing. **A. Watzinger,** Drontheim. In drei Bänden.

Erster Band: Allgemeiner Teil. Theorie, Berechnung und Konstruktion. Mit 1230 Textfiguren. XX, 992 Seiten. 1928.

Zweiter Band: Ausgeführte Konstruktionen. Mit über 500 Textfiguren und 68 lithographischen Tafeln. I. Teil (Textband). VI, 389 Seiten. 1928. 2. Teil (Tafelband). 1928.

Dritter Band: Untersuchungen ausgeführter Maschinenanlagen. Mit über 300 Textfiguren, 31 Tabellen und 18 lithographischen Tafeln. IV, 254 Seiten. 1928. Drei Bände zusammen gebunden RM 300.—

Die Wärmeübertragung. Ein Lehr- und Nachschlagebuch für den praktischen Gebrauch von Professor Dipl.-Ing. **M. ten Bosch** in Zürich. Zweite, stark erweiterte Auflage. Mit 169 Textabbildungen, 69 Zahlentafeln und 53 Anwendungsbeispielen. VIII, 304 Seiten. 1927. Gebunden RM 22.50

Einführung in die Lehre von der Wärmeübertragung. Ein Leitfaden für die Praxis von Dr.-Ing. **Heinrich Gröber.** Mit 60 Textabbildungen und 40 Zahlentafeln. X, 200 Seiten. 1926. Gebunden RM 12.—

Der Wärmeübergang an strömendes Wasser in vertikalen Rohren. Von Dr.-Ing. **Waldemar Stender.** Mit 25 Abbildungen im Text. 86 Seiten. 1924. RM 5.10

Über Wärmeleitung und andere ausgleichende Vorgänge. Von Professor Dr. **Emil Warburg,** Berlin. Mit 18 Abbildungen. X, 106 Seiten. 1924. RM 5.70

Technische Wärmelehre der Gase und Dämpfe. Eine Einführung für Ingenieure und Studierende. Von Dipl.-Ing. **Franz Seufert,** Oberingenieur für Wärmewirtschaft. Dritte, verbesserte Auflage. Mit 26 Textabbildungen und 5 Zahlentafeln. IV, 84 Seiten. 1923. RM 1.80

Reutlinger-Gerbel, Kraft- und Wärmewirtschaft in der Industrie. I. Band von Dr.-Ing. **Ernst Reutlinger**-Köln unter Mitwirkung von Oberbaurat Ing. **M. Gerbel**-Wien. Gleichzeitig dritte, vollständig erneuerte und erweiterte Auflage von „Urbahn-Reutlinger, Ermittlung der billigsten Betriebskraft für Fabriken". Mit 109 Textabbildungen und 53 Zahlentafeln. V, 264 Seiten. 1927. Gebunden RM 16.50

Abwärmeverwertung zu Heiz-, Trocken-, Warmwasserbereitungs- und ähnlichen Zwecken. Von Ingenieur **M. Hottinger,** Privatdozent, Zürich. Mit 180 Abbildungen im Text. X, 240 Seiten. 1922. RM 8.—; gebunden RM 10.—